U0036980

Deepen Your Mind

Deepen Your Mind

前言

　　隨著巨量資料時代的來臨，機器學習技術突飛猛進，並且在人類社會中扮演著越來越重要的角色。例如，你可能已經習慣了每天使用 Google、百度、Bing 等搜尋引擎查詢資訊，或者享受電子商務網站和視訊網站的推薦系統帶來的便利，以及利用 Google、百度等網站提供的機器翻譯學習外語，這些應用都離不開機器學習模型的支援。但機器學習模型，尤其是當下流行的深度學習模型，面臨著域外泛化、可解釋性、公平性等挑戰。例如，利用深度學習模型做影像分類時可能會根據圖片中的沙漠背景立刻判斷影像中會出現駱駝，這是因為它不會意識到「沙漠背景」和「駱駝出現」之間只存在相關性。也就是說，「沙漠背景」並不是「駱駝出現」的原因。而意識到這一點對人類來說並不難。因此，為了實現通用人工智慧，機器學習演算法需要具備判斷特徵和標籤間是否存在因果關係的能力。

　　另外，機器學習中對因果關係的研究也一直扮演著重要的角色。例如，在流行病學中，孟德爾隨機化揭示了基因對患病機率的影響，其本質是一種基於工具變數的因果推斷方法。在研究疫苗的有效率時，雙盲實驗扮演著不可替代的角色。這是因為雙盲實驗可以衡量疫苗對免疫力的因果效應。而近幾年出現了許多利用機器學習方法解決因果推斷問題的研究。這是因為機器學習模型不僅可以有效地處理複雜的輸入資料（如影像、文字和網路資料），還能夠學習到原因和結果間複雜的非線性關係。

　　如今，因果機器學習的研究在學術界可謂百花齊放，從利用機器學習模型解決因果推斷問題到將因果關係增加到機器學習模型中，都會涉及因果機器學習。而在業界，無論是像 Google 和 BAT[①]這樣的大公司、Zalando（總部位於德國柏林的大型網路電子商場，其主要產品是服裝和鞋類）這樣的中型公司，還

---

① BAT 是中國三大網際網路公司百度公司（Baidu）、阿里巴巴集團（Alibaba）、騰訊公司（Tencent）字首的縮寫。

是像 Causalens（一家英國無程式因果 AI 產品開發廠商）這樣的創業公司，因果機器學習都在解決業務問題中扮演著重要的角色。這意味著業界對因果機器學習人才的需求也處於一個上升期。例如，2022 年的就業市場對這類人才的需求就是一個證明。但是，目前大專院校開設的課程中很少有同時涉及因果推斷和機器學習的。這是因為因果推斷被認為是統計學、經濟學、流行病學的課程。而機器學習主要出現在電腦科學和資料科學的教學大綱中。因此，希望本書的出現可以幫助那些想要系統學習因果機器學習，並在將來從事相關工作的讀者。

為了幫助讀者建立連接因果推斷和機器學習這兩個重要領域所需要的知識系統，本書對內容做了精心規劃。為了照顧到沒有因果推斷基礎的讀者，第 1章解答了在學習因果推斷之初讀者可能面臨的問題。例如，潛結果框架和結構因果模型兩種基礎理論框架到底有什麼區別？因果推斷的經典方法有哪些，它們分別適用於什麼場景？在此基礎上，第 2 章介紹了更前端的、利用機器學習模型來解決因果推斷問題的具有代表性的方法，希望那些想要解決因果效應估測、政策評估、智慧行銷增益模型（uplift modeling）這些因果推斷問題的讀者從中有所收穫。第 3、4 章中討論的域外泛化、可解釋性和公平性問題都在近幾年受到學界和業界的大量關注。它們表現了基於相關性的機器學習模型的局限性。而基於因果性的因果機器學習方法對於克服這些局限性十分有效。這部分知識可以回答在機器學習領域工作的讀者的一個問題：為什麼因果性對於機器學習的研究和實踐非常重要？第 5 章介紹基於因果的推薦系統和學習排序方法，以幫助對這些領域感興趣的讀者打下堅實的基礎，並在相關的科學研究和實踐中做到遊刃有餘。第 6 章是對全書主要內容的複習。

我們基於在因果機器學習研究、教學和實踐中累積的知識和經驗撰寫了這本書，旨在探索如何建構一個容易被讀者接受的因果機器學習知識系統，為培養因果機器學習的跨學科人才做一份貢獻。

由於作者的能力和精力有限，本書難免會出現一些紕漏，歡迎讀者們批評、指正。希望每一位讀者都能在閱讀本書的過程中有所收穫。無論讀者是對因果推斷的基礎知識進行了補充，還是對因果機器學習的前端方向進行了了解，對我們來講都是莫大的榮幸。

本書在寫作、校對和出版的過程中，獲得了國內外許多專家學者和出版人員的大力支持與幫助。在此，我們對那些為本書做出貢獻的朋友表達誠摯的謝意。感謝為本書撰寫推薦語的多位專家學者，他們是（排名不分先後）：吉林大學人工智慧學院院長常毅教授、美國維吉尼亞大學張愛東教授、美國 LinkedIn 公司工程總監洪亮劼博士。

感謝對本書的寫作提供巨大幫助的各位老師和同學，他們是（排名不分先後）：亞利桑那州立大學資料探勘與機器學習實驗室（DMML）全體成員、Meta AI 人工智慧科學家張鵬川博士、微軟雷蒙德研究院資深首席研究員 Emre Kiciman 博士、維吉尼亞大學李駿東助理教授和博士生馬菁、加州理工學院岳一松副教授、約翰霍普金斯大學 Angie Liu 助理教授。

感謝正在閱讀本書的你。

感謝為本書付出努力的電子工業出版社編輯李利健及她的同事。

衷心感謝我們的親人和摯友。沒有你們一路的支持、陪伴和理解，我們無法完成對因果機器學習的探索和本書的寫作。

作者

V

目錄

第3章 因果表徵學習與泛化能力

第4章 可解釋性、公平性和因果機器學習

第 5 章　特定領域的機器學習

第 6 章　複習與展望

第 1 章
因果推斷入門

　　在機器學習被廣泛應用於對人類產生巨大影響的場景（如社群網站、電子商務、搜尋引擎等）無處不在的今天，因果推斷的重要性開始在機器學習社區的論文和演講中被不斷提及。圖靈獎得主 Yoshua Bengio 在他對系統 2（system 2，這個說法來自心理學家 Daniel Kahneman 在他的作品 [1] 中所寫到的，人類大腦由兩套系統組成：系統 1 負責快速思考，做下意識的反應；系統 2 則負責比較耗時的思考，如理解事物之間的因果關係）的天馬行空中強調，在實現強人工智慧的過程中，我們必須在設計機器學習演算法的時候使它們擁有意識到因果關係的能力。

　　本章將介紹因果推斷的入門知識。透過介紹兩種被廣泛應用的數學框架（結構因果模型和潛結果模型）來舉出因果關係的定義。另外，將介紹這兩種框架所帶來的因果辨識方法，這些方法可以幫助我們把無法從資料中直接估計的因果關係轉化成可以從資料中估計的機率分佈。

1.1　定義因果關係的兩種基本框架

在不同的研究領域中，因果關係（causality）具有相當廣泛的定義。為了與其他領域中的定義（如格蘭傑因果，即 Granger causality）區別開，這裡首先將因果關係定義為隨機變數之間的一種關係，這是因為本書所介紹的因果推斷和機器學習都源於一個以隨機變數為基礎的學科——統計學。

> **定義 1.1　因果關係。**
>
> 設 X 和 Y 是兩個隨機變數。定義 X 是 Y 的因，即因果關係 $X \to Y$ 存在，當且僅當 Y 的取值一定會隨 X 的取值變化而發生變化。

若要更好地理解定義 1.1，需要知道因果關係是用來描述資料生成過程（data generating process, DGP）的。我們說 X 是 Y 的因，就是在說 X 是影響 Y 的生成過程的一個因素。如果改變了 X 的值，再用新的 X 來生成一次 Y，那麼 Y 的值就會改變。

舉個例子，我們知道對一家餐廳的評價會影響它的銷量。如果有關餐廳的評價上升了，很有可能會觀測到它的銷量也會隨之上升。而與因果關係相對應的是統計連結（statistical association）或者相關性（correlation）。兩個變數 X、Y 之間有相關性往往不是我們能判斷它們之間有因果關係的依據。其中包括三種情況：X 是 Y 的因、X 是 Y 的果、X 與 Y 有共同原因（common cause）。對於第三種情況，我們把這種不是因果關係的相關性叫作虛假相關（spurious correlation）。例如，夏天冰淇淋店的銷量會上升，冰淇淋店裡空調產生的電費也會上升。但我們知道電費的上升不會造成冰淇淋銷量的上升，反之亦然。如果在訓練資料中虛假相關強於因果關係，那麼虛假相關就有可能會被機器學習學到並用來預測。然而在訓練集（training set）中成立的虛假相關可能會在那些分佈與訓練集不同的測試集（test set）中並不成立，從而引發機器學習模型泛化、解釋性和公平性等一系列問題，相關內容將在後面章節介紹。

　　從上述介紹的內容中可以發現一個問題，那就是用傳統的統計學中用到的各類機率分佈：邊緣分佈（如 *P(X)*）、聯合分佈（如 *P(X,Y)*）或者條件分佈（如 *P(Y|X)*），無法直接定義因果關係。這其實也回答了大家關心的一個問題：為什麼機器學習模型不可以直接用來解決因果推斷問題？我們知道，機器學習模型是強大的機率分佈擬合工具，它們可以從觀察性資料（observational data）中學習到各種各樣的機率分佈。觀察性資料是指透過觀察性研究（observational study）所獲取的資料。在觀察性研究中，研究人員在資料搜集過程中不會去控制任何變數的值。觀測性資料是最便於搜集的一種資料。與觀察性研究相對應的則是隨機控制實驗（randomized controlled trials, RCT）。隨機控制實驗往往意味著昂貴的支出、大量的時間，甚至可能引發倫理問題。比如，機器學習社區中被大量研究的深度學習模型都是強大的擬合資料分佈的工具，它們能夠極佳地根據觀測到的資料樣本對資料的分佈進行擬合。例如，基於生成對抗網路（generative adversarial networks,GAN）[2] 和視覺 Transformer（vision Transformer）[3] 的深度神經網路模型可以生成栩栩如生的圖片。

　　然而，它們能夠擬合的機率分佈無法直接表示因果關係。從上述內容已經知道，傳統的機率分佈並不能定義因果關係，因此，接下來將介紹兩種被廣泛使用的框架，它們不但提供了對因果關係嚴謹的定義，建立了機率分佈和因果關係之間的連接，還因此成為我們解決因果推斷問題的利器。

　　下面將重複使用一個例子來解釋一些概念，以方便讀者理解相關內容。本書將考慮一個研究使用者評價對餐廳客流量影響的場景。在很多網站上，如中國大陸的大眾點評網（網址見「連結 1」）和美國的 Yelp（網址見「連結 2」），使用者可以留下一段文字來描述自己對餐廳的評價，並且可以在每個評價中給每家餐廳打 1~5 顆星。其中，1 顆星代表最差，5 顆星代表最好。經濟學家們曾對這種星級評分對餐廳客流量的影響進行了研究 [4]。本章將利用這個例子來解釋因果推斷中的概念。在這個例子中，評分就是處理變數（treatment variable），而客流量就是結果變數（outcome variable）。為了方便理解，我們只考慮正負兩種評分，即處理變數 $T \in \{0,1\}$。當一家餐廳收穫了正評價（大於 3 分）時，它就屬於實驗組（$T = 1$），如果它遭遇了負評價（小於或等於 3 分），它就屬於對照組（$T = 0$）。在此同時假設客流量為一個非負整數。注意，這種設定並不一定適用於實際的研究，只是方便作為例子說明概念。

1.1.1　結構因果模型

透過圖靈獎獲得者 Judea Pearl 教授提出的結構因果模型（Structural Causal Model, SCM），可以用嚴謹的數學符號來表示隨機變數之間的因果關係 [5]。結構因果模型可以詳細地表示出所有觀測到的變數之間的因果關係，從而準確地對一個資料集的資料生成過程進行描述。有時候我們也可以根據需要把隱變數和相關性考慮進來，表示在結構因果模型中。結構因果模型一般由兩部分組成：因果圖（causal graph 或 causal diagram）和結構方程組（structural equation）。

1・因果圖

因果圖一般用來描述一個結構因果模型中的結構，即隨機變數之間的非參數的因果關係。下面舉出因果圖的正式定義。

定義 1.2　因果圖。

一個因果圖 $G = (V, \varepsilon)$ 是一個有向無環圖，它描述了隨機變數之間的因果關係，V 和 ε 分別是節點和邊的集合。在一個因果圖中，每個節點表示一個隨機變數，無論它是否是被觀察到的變數。一條有向邊 $X \rightarrow Y$，則表示 X 是 Y 的因，或者說存在 X 對 Y 的因果效應。

我們可以把因果圖看成一種特殊的貝氏網路（Bayesian networks）[6]。與貝氏網路一樣，用一個圓圈來代表一個隨機變數。而與貝氏網路不同的是，在因果圖中利用有向邊（directed edges）表示因果關係。在一些情況下，本書也會用附帶虛線的圓圈表示隱變數（沒有被觀測到的隨機變數），以及用雙向邊代表相關性。在圖 1.1 中，觀測到的變數 X 是 Y 的因，而隱變數 U 與 X 之間具有相關性。

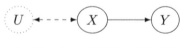

▲ 圖 1.1　一個因果圖的例子

　　因果圖仍然繼承了貝氏網路的一項重要性質，即根據網路結構，可以利用 D-分離（D-separation）判斷一個給定的條件獨立（conditional independence）是否成立。這裡結合一些簡單的因果圖作為實例來講解關於 D- 分離的基礎知識。在與因果圖相關的討論中，有時候會用節點代表隨機變數。

　　這裡首先結合圖 1.2 介紹一些必需的概念來幫助我們理解因果圖和條件獨立的關係。一條通路（path）是一個有向邊的序列。而一條有向通路（directed path）則是一條所有有向邊都指向同一個方向的通路。本書採用因果推斷領域常用的設定，即只考慮有向無環圖（directed acyclic graph，DAG）。在單向無環圖中，不存在第一個節點與最後一個節點是同一個節點的有向通路。

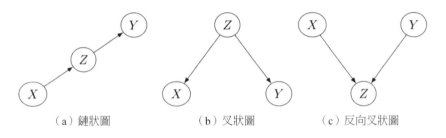

（a）鏈狀圖　　　　　　（b）叉狀圖　　　　　（c）反向叉狀圖

▲ 圖 1.2　三種典型的因果圖

　　圖 1.2 中包含三種典型的有向無環圖。其中圖 1.2(a) 展示了一個鏈狀圖（chain），在圖中，X 對 Y 的因果效應是透過它對 Z 的因果效應進行傳遞的，Z 在因果推 中又常常被稱為中介變數（mediator）。因果推斷中存在專門研究中介變數的分支——中介變數分析（mediator analysis），相關內容將在後面章節中介紹。而在如圖 1.2(b) 所示的叉狀圖中，Z 是叉狀圖的中心節點，也是 X 和 Y 的共同原因。在因果推斷中，如果在研究 X 對 Y 的因果效應，則 X 是處理變數，Y 是結果變數的情況下，我們會把 Z 這種同時影響處理變數和結果變數（X 和 Y）的變數稱為混淆變數（confounders 或者 confounding variable）。在這個圖中，X 和 Y 之間存在相關性，但它們之間不存在因果關係。這是因為 X 和 Y 之間有一條沒有被阻塞的通路（注意相關性的存在只依賴於通路，而不依賴於有向通路）。當 Z 是一個對撞因數（collider）時，正如圖 1.2(c) 中的反向叉狀圖（inverted fork）所示，X 和 Y 都是 Z 的因，但此時 X 和 Y 之間既沒有相關性，也不存在因果關係。這是因為 X 和 Y 之間的通路被對撞因數 Z 阻塞了。接下來將更詳細地介紹阻塞和 D- 分離這兩個概念。

要定義 D- 分離，還需要定義一個概念——阻塞（blocked）。阻塞分為通路的阻塞和節點的阻塞。在鏈狀圖（見圖 1.2(a)）和叉狀圖（見圖 1.2(b)）中，X 和 Y 間的通路都會在以 Z 為條件的時候被阻塞。與此相反，在有共同效應節點的圖中（見圖 1.2(c)），以 Z 為條件反而會引入 X 和 Y 之間的相關性，即 $X \perp\!\!\!\perp Y$，但 $X \not\!\perp\!\!\!\perp Y \mid Z$。我們說以一個節點集合為條件會使一條通路阻塞，當且僅當這條通路上存在任何一個被阻塞的節點。下面定義節點的阻塞。

定義 1.3　節點的阻塞。

我們說以一個節點的集合 S 為條件，節點 Z 被阻塞了，當且僅當以下兩個條件中的任何一個被滿足：

- $Z \in S$ 及 Z 不是一個共同效應節點（例如圖 1.3(a) 所示的情況）；
- Z 是一個共同結果節點，同時 $Z \notin S$ 以及不存在任何 Z 的後裔（descendent）屬於集合 S（例如圖 1.3(b) 所示的情況）。

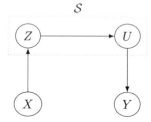

(a) 以集合 S 為條件會阻塞節點 Z，這是因為 $Z \in S$ 以及 Z 不是一個共同效應節點

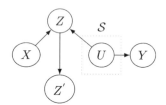

(b) 以集合 S 為條件會阻塞節點 Z，這是因為 Z 是一個共同效應節點，以及 Z 和 Z' 都不在集合 S 中

▲ 圖 1.3　以集合 S 為條件會使節點 Z 被阻塞的兩個例子

有了通路阻塞的定義，就可以定義 D- 分離了。

定義 1.4　D- 分離（D-separation）。

我們說以一個節點的集合 S D- 分離了兩個隨機變數 X 和 Y，當且僅當以 S 為條件的時候，X 與 Y 之間的所有通路都被阻塞了。

在圖 1.3(a) 和圖 1.3(b) 中可以發現，以變數集合 S 為條件，D- 分離了隨機變數 X 和 Y。在因果圖中，常常會假設因果馬可夫條件（causal Markovian condition）。同貝氏網路中的馬可夫條件相似，它的意思是每一個變數的值僅由它的父變數（parent variables）的值和雜訊項決定，而不受其他變數的影響。考慮有 J 個變數 $\{X^1, \cdots, X^J\}$ 的一個因果圖中的變數 X^j 和 X^i，$i \neq j$，可以用以下條件獨立來描述因果馬可夫條件，如式（1.1）所示：

$$X^j \perp\!\!\!\perp X^i | \mathrm{Pa}(X^j), \epsilon^j \tag{1.1}$$

在因果馬可夫條件下，對有 J 個變數 $\{X^1, \cdots, X^J\}$ 的一個因果圖，總是可以用式（1.2）來分解它對應的聯合分佈 $P(X^1, \cdots, X^J)$：

$$P(X^1, \cdots, X^J) = \prod_{j=1}^{J} P\left(X^j | \mathrm{Pa}(X^j), \epsilon^j\right) \tag{1.2}$$

其中，$\mathrm{Pa}(X^j)$ 代表 X^j 的父變數的集合，而雜訊項 ϵ^j 代表沒有觀測的變數對 X^j 的影響。這個分解可以很自然地由式（1.1）得到。在式（1.2）中，右邊的每一項 $P(X^j | \mathrm{Pa}(X^j), \epsilon^j)$ 其實對應一個結構方程式（structural equation），每個結構方程式恰好描述了每個變數的值是如何由其對應的父變數和雜訊項決定的。而把所有方程式放在一起就會得到描述一個因果圖的結構方程組。也有人把結構方程組叫作結構方程式模型（structural equation models, SEM）。

2 · 結構方程組

接下來將詳細介紹與因果圖共同組成結構因果模型的結構方程組。之前已經提到，每個因果圖都對應一個結構方程組。而結構方程組中的每個方程式都用來描述一個隨機變數是如何由其父變數和對應的雜訊項生成的。在等式的左邊是被生成的隨機變數，在右邊則是顯示其生成過程的函數。以圖 1.4(a) 為例，可以寫出式（1.3）所示的結構方程組：

$$\begin{aligned} X &= f_X(\epsilon^X) \\ T &= f_T(X, \epsilon^T) \\ Y &= f_Y(X, T, \epsilon^Y) \end{aligned} \tag{1.3}$$

其中，ϵ^X、ϵ^T、ϵ^Y 分別是 X、T 和 Y 對應的雜訊項，而 f_X、f_T 和 f_Y 則分別是生成 X、T 和 Y 的函數。注意，這裡不對函數的具體形式進行任何限制。需要特別說明的是，在結構因果模型中，我們常常假設雜訊項（如 ϵ^X、ϵ^T、ϵ^Y）是外生變數（exogenous variable），它們不受任何其他變數的影響。這裡隱含的意思是雜訊項代表相互獨立的，沒有被測量到的變數對觀測到的變數的影響。與外生變數所對應的概念是內生變數（endogenous variable）。內生變數代表那些受到因果圖（或結構方程組）中其他變數影響的變數，這裡其他變數一般不包括雜訊項。比如圖 1.4(a) 中的 T 和 Y 就是兩個內生變數，而 X 是一個外生變數。在每個結構方程式中，因果關係始終是從右至左的。即左邊的變數是右邊變數的果，右邊的變數是左邊變數的因。也就是說，左邊的變數是由右邊的函數生成的，而函數的輸入是左邊變數的父變數和雜訊項。這個順序是不可以顛倒的。也就是說，即使存在 f_X 的反函數 f_X^{-1}，也不可以把式（1.3）中第一個描述 X 的結構方程式改寫成如式（1.4）的形式：

$$\epsilon^X = f_X^{-1}(X) \tag{1.4}$$

因為在式（1.4）中，左邊的變數 ϵ^X 並不是右邊 X 的果。也就是說，它並沒有描述 ϵ^X 的生成過程，因此不是一個有效的結構方程式。比如，我們知道餐廳的客流量受到餐廳評分的影響，所以客流量應該總是出現在結構方程式的左邊，而餐廳的評分則應出現在結構方程式的右邊。這個順序不可以顛倒。而式（1.4）違反了這個規則，會讓我們對結構方程式中表達的因果關係產生誤解。

3．因果效應

在因果圖中可以很方便地表示因果推斷中的一個重要概念——干預（intervention），它對定義因果效應非常重要。在結構因果模型系統下，干預是定義因果效應的基礎。在結構因果模型中，干預是由 do 運算元來表示的。用圖 1.4(a) 來描述一個因果推斷問題中常見的因果圖。在這個因果圖中，三個變數 X、T 和 Y 分別代表混淆變數、處理變數和結果變數。我們的目標常常是研究處理變數對結果變數的因果效應。比如，在研究餐廳評分對餐廳客流量的因果效應時，評分就是處理變數，客流量就是結果變數。而混淆變數可以是餐廳的種類。比如，像麥當勞這樣的速食店，它的客流量往往很大，但餐廳評分通常不

會很高。一家高級的飯店往往會有比較高的評分，但並不會擁有像速食店一樣大的客流量 [7]。

　　要在結構因果模型中定義因果效應，就必須借助 do 運算元，或者干預這一概念。在因果圖中，如果干預一個變數，就會用它的 do 運算元來表示這個被干預的變數，正如圖 1.4(b) 中處理變數 T 變成 do(T = t) 那樣。被干預的變數的值不再受到它的父變數的影響，因此，在因果圖中，一個被干預的變數不會再有任何進入它的有向邊，正如圖 1.4(b) 中受到干預的處理變數 do(T = t) 那樣。這一點也意味著在 T 受到干預的情況下，X 不再同時影響處理變數 T 和結果變數 Y，因此 X 不再是混淆變數。在例子中，干預意味著人為修改了網站上對餐廳的評分。因此，餐廳的評分不再受到餐廳類型的影響，所以餐廳的類型不再是一個混淆變數。但評分仍然會影響餐廳的客流量。這意味著可以直接由圖 1.4(b) 中帶有 do 運算元的條件分佈來定義 T 對 Y 的因果效應。在定義因果效應之前，首先定義一個更廣泛的概念——干預分佈（interventional distribution，有時也被稱為 post-intervention distribution）。

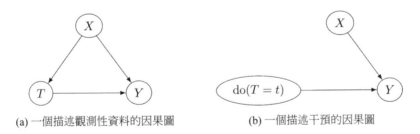

(a) 一個描述觀測性資料的因果圖　　　　　(b) 一個描述干預的因果圖

▲ 圖 1.4　兩個因果圖：圖 1.4(a) 描述觀測性資料的生成過程，圖 1.4(b) 代表當處理變數受到干預時的因果圖。X 是混淆變數，T 是處理變數，而 Y 是結果變數。do(T = t) 代表處理變數 T 的值不再由其父變數 X 決定，而是由干預決定。當干預隨機設定 T 值的時候，圖 1.4(b) 可以描述一個隨機試驗，即處理變數的值不受混淆變數的影響

定義 1.5　干預分佈。

干預分佈 $P(Y|do(T = t))$ 是指當我們透過干預將變數 T 的值固定為 t 後，重新運行一次資料生成過程得到的變數 Y 的分佈。

如果考慮圖 1.4(b) 中的干預分佈 $P(Y|do(T{=}t))$，那麼它便是根據該因果圖描述的資料生成過程（T 被干預，固定取值為 t）來產生的 Y 的分佈。在結構方程組中，也可以很方便地表示干預。比如，可以寫出圖 1.4(b) 所對應的結構方程組，如式（1.5）所示：

$$
\begin{aligned}
X &= f_X(\epsilon^X) \\
T &= t \\
Y &= f_Y(X, T, \epsilon^Y)
\end{aligned}
\tag{1.5}
$$

與式（1.3）對比可以發現，它們唯一的區別是第二個結構方程式中，處理變數 T 的值不再受到其父變數、混淆變數 X 和 T 對應的雜訊項 ϵ^T 的影響，而是由干預直接設定為固定的值 t。而我們也很容易理解這個改變將影響到第三個結構方程式中生成的 Y 的分佈。透過結構方程式，我們可以很生動地理解在定義 1.5 中提到的「重新運行一次資料生成過程」所代表的意思，即表示在改變結構方程組（式（1.5））中第二個結構方程式後，從上到下、從右至左依次生成各變數（X、T 和 Y）的值。從結構方程組（見式（1.5））中很容易理解，在我們的例子中，干預分佈 $P(Y|do(T{=}t))$ 就代表當人為地把每家餐廳的評分都設為 t 時所觀察到的客流量的分佈。有了干預分佈的定義後，就能夠在因果結構模型中定義因果效應這一重要概念。

整體來說，在因果結構模型中，一種因果效應總是可以被定義為實驗組（treatment group）和對照組（control group）所對應的兩種結果變數的干預分佈的期望的差。假設處理變數 T 只能從 {0,1} 中取值，則可以透過 do 運算元來定義 T 對 Y 的平均因果效應（average treatment effect，ATE）[①]，如式（1.6）所示：

$$
\text{ATE} = \mathbb{E}[Y|do(T = 1)] - \mathbb{E}[Y|do(T = 0)]
\tag{1.6}
$$

---

① 本書沒有採用處理效應這個詞來直譯 treatment effect，這是因為因果效應這個詞可以代表更廣泛的場景。例如，在一個資料集中可以研究多對變數之間的因果效應，此時可能並不會定義處理變數。

　　基於平均因果效應，很容易更進一步地定義實驗組平均因果效應（average treatment effect on the treated，ATT）、對照組平均因果效應（average treatment effect on the controlled，ATC），以及條件平均因果效應（conditional average treatment effect，CATE），如式（1.7）所示：

$$
\begin{aligned}
\text{ATT} &= \mathbb{E}[Y|\mathrm{do}(T=1), T=1] - \mathbb{E}[Y|\mathrm{do}(T=0), T=1] \\
\text{ATC} &= \mathbb{E}[Y|\mathrm{do}(T=1), T=0] - \mathbb{E}[Y|\mathrm{do}(T=0), T=0] \\
\text{CATE}(x) &= \mathbb{E}[Y|\mathrm{do}(T=1), X=x] - \mathbb{E}[Y|\mathrm{do}(T=0), X=x]
\end{aligned}
\quad (1.7)
$$

　　完成這些定義之後的一個直觀結論便是，由於 do 運算元的存在，我們無法直接從觀測性資料中估測任何一個附帶 do 運算元的量，無論它是 ATE、ATT、ATC 還是 CATE。其實在處理變數取值更豐富的情況下，仍然可以利用 do 運算元來定義各種因果效應。例如，當考慮 $T \in \mathbb{R}$，即處理變數可以取任意實數的情況下，要定義因果效應，常常需要定義一個對照組。例如，可以令 $T=0$，表示對照組，而任意其他值 $T=t \neq 0$，表示一個實驗組，那麼可以效仿式（1.6）和式（1.7）來定義 ATE、ATT、ATC 和 CATE，如式（1.8）所示：

$$
\begin{aligned}
\text{ATE}(t) &= \mathbb{E}[Y|\mathrm{do}(T=t)] - \mathbb{E}[Y|\mathrm{do}(T=0)] \\
\text{ATT}(t) &= \mathbb{E}[Y|\mathrm{do}(T=t), T=1] - \mathbb{E}[Y|\mathrm{do}(T=0), T=1] \\
\text{ATC}(t) &= \mathbb{E}[Y|\mathrm{do}(T=t), T=0] - \mathbb{E}[Y|\mathrm{do}(T=0), T=0] \\
\text{CATE}(x,t) &= \mathbb{E}[Y|\mathrm{do}(T=t), X=x] - \mathbb{E}[Y|\mathrm{do}(T=0), X=x]
\end{aligned}
\quad (1.8)
$$

　　與式（1.6）和式（1.7）相比，在式（1.8）中因果效應的定義成了 t 的函數，也就意味著因果效應會隨著處理變數取值的變化而變化。比如，當餐廳評分為 1 ～ 5 星時，如果像文獻 [4] 中一樣令 3 星為對照組，那麼處理變數取值為 1、2、4、5 星時，則對應四種不同的 ATE、ATT、ATC 和 CATE。值得注意的是，do 運算元或干預分佈一般不會用於定義 ITE（individual treatment effect，個體因果效應）。

　　附帶有 do 運算元的量都是一類與干預相關的因果量（另一類因果量則與反事實相關），而把那些沒有 do 運算元的量稱為統計量。這正是因果推斷問題中最核心的挑戰之一：如何用觀測性資料來估測帶有 do 運算元的因果量？或者更具體地說，由於因果效應總是干預分佈的期望的差，如果可以從觀測性

資料中估測到干預分佈的期望，就可以估測因果效應了。注意，在大多數情況下，只需要估測干預分佈的期望（如 $\mathbb{E}[Y|do(T)]$），並不需要估測整個干預分佈（如 $P[Y|do(T)]$）。另一個值得注意的是，干預分佈 $P(Y|do(T=t))$ 和條件分佈 $P(Y|T=t)$ 有著很大的區別。我們可以透過式（1.3）和式（1.5）的對比來理解這個區別。在沒有干預的情況下，可以查看由式（1.3）產生的資料並估測到條件分佈 $P(Y|T=t)$。但可以發現它與干預分佈 $P(Y|do(T=t))$ 的不同。用本章的例子來講，$P(Y|T=t)$ 代表的是那些在原來使用者自由評分的情況下，評分為 t 的那些餐廳的客流量分佈。而 $P(Y|do(T=t))$ 則是在透過干預把所有餐廳的評分設為 t 之後觀測到的所有餐廳的客流量分佈。這一區別是一般情況下不能用估測到的統計量直接計算因果量的這一原則的表現。考慮原來的因果圖（見圖 1.4(a)）和受到干預後的因果圖（見圖 1.4(b)）的差別，其實可以發現在圖 1.4(a) 中存在混淆變數 X，而在干預 $do(T=t)$ 的情況下，不再存在任何混淆變數。這表示 $P(Y|do(T=t))$ 和 $P(Y|T=t)$ 的區別就是因果推斷問題中常說的混淆偏差（confounding bias）。接下來舉出混淆偏差的正式定義。

定義 1.6　混淆偏差。

考慮兩個隨機變數 T 和 Y，我們說對於因果效應 $T \rightarrow Y$ 存在混淆偏差，當且僅當干預分佈 $P(Y|do(T=t))$ 與條件分佈 $P(Y|T=t)$ 並不總是相等，也就是存在 t，使 $P(Y|do(T=t)) \neq P(Y|T=t)$。

　　我們知道，從觀測性資料中可以用傳統的機率圖模型或者更複雜的深度學習模型得到對於各類分佈準確的估測，無論這樣的估測有多準確，它仍然停留在對統計量的估測。我們離估測任何一個因果量仍然有一段距離。因此，我們需要一個步驟來解決從因果量到統計量的轉變，這正是因果推斷研究中最重要的步驟：因果辨識（causal identification）。後面章節將詳細講解多種因果辨識的方法。

　　要做到因果辨識，在結構因果模型中需要用到一些規則 [5]。其中最常用的規則便是後門準則（back-door criterion）。要理解後門準則，需要定義後門通路（back-door path）。

定義 1.7　後門通路。

考慮兩個隨機變數 T 和 Y，當我們研究因果效應 $T \to Y$ 時，說一條連接 T 和 Y 的通路是後門通路，當且僅當它滿足以下兩個條件：

- 它不是一條有向通路；
- 它沒有被阻塞（它不含對撞因數）。

用結構因果模型的語言，可以把之前的例子中（見圖 1.4(a) 和圖 1.4(b)）用 $P(Y|T{=}t)$ 估測 $P(Y|\text{do}(T{=}t))$ 會引起混淆偏差的原因歸咎於圖 1.4(a) 中存在由處理變數到結果變數的後門通路。而在隨機實驗中，會像圖 1.4(b) 中那樣，對處理變數進行干預。更具體地講，考慮 $T \in \{0,1\}$ 的情況，對每一個單位（unit，機器學習社區的文獻中也用個體或者樣本、實例這些詞來表達同樣的意思），我們可以拋一枚硬幣來隨機設定處理變數的值。如果拋到正面，就讓這個單位進入實驗組，拋到反面，則讓它進入對照組。這樣後門通路便不復存在，就可以直接從資料中估測到 ATE。根據後門通路的定義也可以舉出混淆變數的定義。

定義 1.8　混淆變數。

考慮兩個隨機變數 T 和 Y，當研究因果效應 $T \to Y$ 時，定義一個變數為混淆變數，當且僅當它是一條 T 與 Y 之間的後門通路上的一個叉狀圖的中心節點。

可以用圖 1.3(a) 和圖 1.3(b) 作為例子來加深我們對混淆變數的理解。如果研究的是 $Z \to Y$ 的因果效應，那麼在圖 1.3(a) 中，U 便不是一個混淆變數，這是因為圖中根本不存在 Z 和 Y 之間的後門通路。而在圖 1.3(b) 中，U 是一個混淆變數，因為它位於 Z 和 Y 之間的後門通路之間的後門通路 $Z \leftarrow U \to Y$ 上，並且恰好是一個叉狀圖的中心節點。

我們也可以從另一個角度來理解混淆偏差。在圖 1.4(a) 中，條件機率 $P(Y|T{=}t)$ 其實對應兩條不同的通路，即對應因果效應的單向通路 $T \to Y$ 和含有混淆變數 X 的後門通路 $T \leftarrow X \to Y$。要做到因果辨識，得到對因果效應的無偏估計，需要排除掉後門通路帶來的影響。

4 · 因果辨識與後門準則

下面對因果辨識舉出一個正式定義。

定義 1.9　因果辨識。

我們說一個因果效應被因果辨識了，當且僅當定義該因果效應所用到的所有因果量都可以用觀測到的變數的統計量的函數來表示。

正如前文所說，在結構因果模型中，因果量往往是指干預分佈的期望。在之後要介紹的潛結果模型中也會有對應的概念。

當在有後門通路存在的情況下，常用後門準則來做到因果辨識。後門準則的核心是透過以一些觀測到的變數為條件來阻塞到所有的後門通路。在圖 1.4(a) 中，如果 X 是離散變數，而 x 代表 X 的取值，那麼以變數 X 為條件的意思便是到每一個 $X=x$ 的亞樣本（subsample）中估測對應的結果變數的分佈。我們可以這樣理解後門準則，就是從混淆變數的取值的角度來看，每個這樣的亞群中的所有單位都是非常相似的（甚至一樣的）。那麼，只有處理變數的不同能夠造成每個亞群中不同單位的結果的區別。這種理解正對應調控（adjustment for）混淆變數，從而滿足後門準則來達到因果辨識的目的。接下來舉出後門準則的定義 [5]。

定義 1.10　後門準則。

考慮兩個隨機變數 T 和 Y，當研究因果效應 $T \rightarrow Y$ 時，我們說變數集合 X 滿足後門準則，當且僅當

● 以 X 中的所有變數為條件時，T 和 Y 之間所有的後門通路都被阻塞了；
● X 不含有任何處理變數 T 的後代變數（descendants）。

在因果推斷的文獻中，有時會把這樣的變數的集合叫作容許集（admissible set）。在本章的例子中，我們感興趣的因果效應是評分對客流量的影響 $T \rightarrow Y$。等值地講，對干預分佈 $P(Y|\text{do}(T))$ 感興趣。如果要用後門準則來完成因果辨識，則需要找到一個容許集，然後測量容許集裡所有變數的值。在這個問題中，假

設容許集只包含一個變數——餐廳的種類，即 $\mathcal{X}=\{X^{j}\}$，或者說餐廳的種類 X^{j} 是唯一的混淆變數，那麼以餐廳的種類為條件來估測客流量的分佈，就可以滿足後門準則。接下來介紹使用後門準則達到因果辨識的公式。這裡假設容許集只包含變數 X，即 $\mathcal{X}=\{X\}$，且 X 是離散變數（只能取有限個值），而 $T\in\{0,1\}$。那麼可以用式（1.9）根據後門準則辨識 ATE：

$$
\begin{aligned}
&P\big(Y|\mathrm{do}(T=1)\big) - P\big(Y|\mathrm{do}(T=0)\big) \\
&= \sum_{x} \big(P(Y|\mathrm{do}(T=1), X=x) - P(Y|\mathrm{do}(T=0), X=x)\big) P(X=x) \\
&= \sum_{x} \big(P(Y|T=1, X=x) - P(Y|T=0, X=x)\big) P(X=x)
\end{aligned}
\tag{1.9}
$$

其中，第一個等式是概率論中的邊緣化（marginalization）操作。第二個等式就來自後門準則本身，當 X 是容許集中所有變數的時候，總是有 $P(Y|\mathrm{do}(T),X)=P(Y|T,X)$。即當後門通路全部被阻塞的情況下，干預分佈與對應的條件機率相等。我們很容易把式（1.9）拓展到 T 為離散變數，而 X 為連續變數的情況下，如式（1.10）所示：

$$
\begin{aligned}
&P\big(Y|\mathrm{do}(T=t)\big) - P\big(Y|\mathrm{do}(T=0)\big) \\
&= \int_{x} \big(P(Y|T=t, X=x) - P(Y|T=0, X=x)\big) P(X=x)\, \mathrm{d}x
\end{aligned}
\tag{1.10}
$$

事實上，在式（1.9）和式（1.10）中，利用後門準則做到了對這兩個干預分佈的差的辨識，這超出了因果辨識 ATE（期望）的最低要求。而我們只要對式（1.10）的左右兩端同時求期望，就可以在等式左邊得到 ATE，同時在等式右邊得到需要估測的統計量。

而用後門準則做到對 CATE 的因果辨識也十分直接。在考慮 T 為離散變數，而 X 為連續變數的情況下，CATE 的因果辨識可以用式（1.11）達到：

$$
\begin{aligned}
&P(Y|\mathrm{do}(T=t), X=x) - P(Y|\mathrm{do}(T=0), X=x) \\
&= P(Y|T=t, X=x) - P(Y|T=0, X=x)
\end{aligned}
\tag{1.11}
$$

這個等式也可以由後門準則得到。

一般來講，根據一個資料集中觀測到的變數是否包括所有容許集內的變數，可以把用於因果推斷的觀測性資料分為兩類。在第一類中，測量到的特徵或者協變數（covariates）的集合已經是容許集的一個母集，在這種情況下，可以直接利用後門準則完成因果辨識。在第二類中，沒有滿足這一條件，也就是說，有的混淆變數沒有被測量到，變成了隱藏混淆變數（hidden confounders）。這就要求我們利用其他的因果辨識方法來解決問題。這些問題將在後面章節詳細討論。

UCLA 的 Judea Pearl 提出了一種特殊情況，即在沒有後門通路的情況下，也可能會有混淆偏差的存在。考慮圖 1.5 中的因果圖，考慮 $T,Z=\{0,1\}$。我們假設存在選擇偏差，即僅當一個單位的 $Z=1$ 時，我們才可以觀測到這個單位。如果用這樣的觀測性資料中的條件分佈 $P(Y|T)$ 去估測干預分佈 $P(Y|do(T))$，並且得到 ATE $\mathbb{E}[(Y|do(T=1))]- \mathbb{E}[(Y|do(T=0))] \neq 0$，即估測到因果效應不是 0。這與因果圖中的情況不符，因為存在對撞因數 Z，T 到 Y 的唯一一條通路是被阻塞的，所以 $T \to Y$ 的 ATE 應當為 0。當然，如果我們深入思考，這裡的選擇偏差 $Z=1$ 其實相當於以 Z 為條件，從而建構了 T 到 X 的通路，所以等值於存在後門通路 $T\text{-}X \to Y$。其中無向邊 "-" 表示存在相關性。

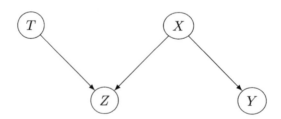

▲ 圖 1.5 一個特殊情況的因果圖：在資料集存在選擇偏差時，
沒有後門通路也可能存在混淆偏差

5・結構因果模型和 do 運算元的局限性

最後，簡單介紹一下結構因果模型和 do 運算元的一些局限性。一個主要的局限性就是結構因果模型依賴於獨立同分佈（independent and identically distributed，i.i.d.）假設。也就是說，所有資料中的單位都是由同一個因果圖代表的資料生成過程產生的。這使得直接用 do 運算元定義反事實（counterfactual）

面臨一些挑戰。反事實其實是因果推斷中非常常見的概念，在文獻 [8] 中，Pearl
教授用了以下符號來定義反事實 $P(Y_{X=x}=y|Y=y',X=x')$（為了更明確地表達意思，
這裡稍微修改了一些符號）。這個機率的意義是，在觀察到一個單位的兩個變
數取值 $Y=y'$、$X=x'$ 的情況下，該單位的 $X=x$、$Y=y$ 時的機率。可以發現，反事
實是針對個體等級（individual-level）定義的。也就是說，我們只想更改當前個
體的 X 值，然後觀察它在 $X=x$ 時 Y 值的分佈。這意味著其他單位的 X 的取值都
不會被改變。而 do 運算元或者干預都是對一個亞群或在整體中定義的。從因果
圖上講，反事實將造成定義反事實的這個單位的因果圖與其他單位不一致的問
題。從實際的角度講，即使可以對某個亞群或整體做干預，我們也無法得到反
事實。所以 Pearl 在文獻 [8] 中用想像（imagining）來描述反事實。用本章的例
子即使能夠人為地干預餐廳的評分，比如，把點評網或者 Yelp 上顯示的平均評
分變成中位數評分，而且這個干預使餐廳 A（一個個體）的評分提高了 0.5 分，
再去觀察餐廳的客流量，仍然無法得到餐廳 A 的反事實，那就是當其他一切都
不變的情況下，僅由餐廳 A 的評分提高 0.5 分會對它的客流量造成什麼樣的影
響。這就是為什麼反事實也可以被定義為無法透過干預達到因果辨識的量。獨立
同分佈假設也使結構因果模型在處理干擾（interference，有時也被稱為 spillover
effect）時面臨困難。干擾是現實世界中非常常見的現象。它意味著一個單位的
處理變數可能會影響到其他單位的結果。比如，一家麥當勞餐廳的評分高可能
會使同一區域的肯德基的客流量下降。受限於獨立同分佈假設，目前利用結構
因果模型解決干擾問題的工作還比較少 [9]。

1.1.2 潛結果框架

潛結果框架（potential outcome framework）又被稱為 Neyman-Rubin 因果
模型 [10-11]。因為其簡單好用，所以它在實踐中常常被用來解決因果推斷，尤其
是因果效應估測的問題。下面先定義潛結果。

定義 1.11 潛結果。

考慮兩個隨機變數 T 和 Y，當我們研究因果效應 $T \rightarrow Y$ 時，如果處理變數
$T=t$，單位 i 的潛結果可以被寫成 Y_i^t。它代表單位 i 在處理變數 $T=t$ 時的結
果變數的值。

　　注意，與結構因果模型不同，潛結果框架首先定義了一個個人等級的因果量——潛結果。而在潛結果框架中，因果量是指那些含有潛結果符號的量。有了潛結果的定義，就很容易定義個體因果效應（ITE）。

定義 1.12　個體因果效應（潛結果框架）。

假設考慮處理變數 $T \in \{0,1\}$，結果變數 $Y \in \mathbb{R}$：單位 i 的 ITE 就是當這個單位在實驗組和對照組時所對應的兩個潛結果的差，如式（1.12）所示：

$$\mathrm{ITE}(i) = Y_i^1 - Y_i^0 \tag{1.12}$$

　　然後可以根據 ITE 的定義延伸出其他的因果效應的定義。

定義 1.13　條件因果效應（潛結果框架）。

特徵（協變數）的取值為 $X = x$ 的亞群上的條件因果效應即是 ITE 在該亞群上的期望，如式（1.13）所示：

$$\mathrm{CATE}(x) = \mathbb{E}_{i:X_i = x}\left[Y_i^1 - Y_i^0\right] = \mathbb{E}[Y^1 - Y^0 | X = x] \tag{1.13}$$

定義 1.14　平均因果效應（潛結果框架）。

平均因果效應是 ITE 在整體上的期望，如式（1.14）所示：

$$\mathrm{ATE} = \mathbb{E}\left[Y_i^1 - Y_i^0\right] \tag{1.14}$$

　　相似地，也可以定義 ATT 和 ATC。在此不再贅述。

　　有了這些基礎後，就很容易從潛結果的定義出發來理解因果推斷問題面臨的挑戰，即統計學家常常會提到的缺失資料的問題（missing data problem）。更詳細地講，就是在資料中（無論是觀測性的還是由隨機實驗得到的），對於每一個單位，往往只能觀測到一個潛結果。而在潛結果框架裡定義的因果效應都

是需要兩個潛結果才可以計算的。比如，在式（1.12）中，對於單位 i，需要觀測 Y_i^1 和 Y_i^0 兩個潛結果。可是在資料中，一個單位 i 只能出現在對照組或者實驗組中，不可以同時屬於這兩個組。所以只能觀測到一個結果 Y_i，如式（1.15）所示：

$$Y_i = TY_i^1 + (1-T)Y_i^0 \qquad (1.15)$$

這個觀測到的結果 Y_i 也常常被稱為事實結果（factual outcome），而那些沒有被觀測到的結果則是反事實結果（counterfactual outcome）。得益於潛結果的個人等級的定義，反事實在潛結果框架中擁有非常簡單而自然的定義。ATE 和 CATE 的期望形式在有限樣本（finite sample）的情況下可以被寫成如式（1.16）所示的平均值：

$$
\begin{aligned}
\text{ATE} &= \frac{1}{N}\sum_i \left(Y_i^1 - Y_i^0\right) \\
\text{CATE}(x) &= \frac{1}{N(x)}\sum_{i:X_i=x} \left(Y_i^1 - Y_i^0\right)
\end{aligned}
\qquad (1.16)
$$

其中，$N(x)$ 代表滿足特徵取值 $X_i=x$ 的單位 i 的數量。

接下來介紹潛結果模型中的因果辨識。與結構因果模型中 $P(Y|do(T=t))$ 和 $P(Y|T=t)$ 的區別類似，在潛結果模型中，$P(Y^t)$ 和 $P(Y|T=t)=P(Y^t|T=t)$ 之間也存在很大區別。注意，前者的潛結果沒有下標 i，表示所有的單位在處理變數取值為 t 時的潛結果的分佈。而後者是那些被觀測到的處理變數取值為 $T=t$ 的單位的潛結果的分佈。其中，等式 $P(Y|T=t)=P(Y^t|T=t)$ 用到了潛結果框架中常見的一個假設，即一致性（consistency）。我們常說因果推斷就是一門尋找合理假設的科學，因為因果辨識總是依賴於因果的假設。這也就是哲學家 Cartwright 所說的 "no cause in，no cause out"。潛結果模型做到因果辨識最常見的方法就是基於以下幾個假設。

> **定義 1.15　個體處理穩定性假設（stable unit treatment value assumption，SUTVA）。**
>
> 個體處理穩定性假設包含以下兩部分。
>
> - 明確的處理變數取值（well-defined treatment levels）：對於任何一對單位（個體）i、j，如果 $T_i = T_j = t$，則意味著這兩個單位的狀態是一模一樣的；
> - 沒有干擾（no interference）：一個單位被觀測到的潛結果應當不受其他單位元的處理變數的取值的影響。

　　用本章的例子來講，假設考慮 $T=1 \sim 5$ 分別代表 $1 \sim 5$ 星的評分，那麼明確的處理變數取值要求 $T_i = 1$ 和 $T_j = 1$ 都代表餐廳評分為 1 星，這一點不隨著餐廳的變化而變化。而沒有干擾這個假設則常常是對真實世界的一種簡化。它意味著麥當勞的客流量僅由麥當勞自己的評分決定，而不考慮同一區域肯德基的評分對麥當勞的客流量的影響。正如我們在結構因果模型的局限性中提到的那樣，潛結果模型的常用假設 SUTVA 排除了干擾的存在，也就意味著它在使用 SUTVA 時無法解決干擾的問題。但如果我們不假設 SUTVA，潛結果模型是可以用來解決有干擾的因果推斷問題的。比如在二分實驗（bipartite experiment）[12] 中，我們會考慮一類單位（如電子商務網站上的產品）上的處理變數（如打折與否）對另一類單位（如電子商務網站上的買家）的結果變數（如購買行為）的干擾。而在該工作中，作者也是基於潛結果模型進行因果效應估測的研究的。

　　接下來介紹潛結果框架中常用的第二個假設——一致性假設。下面是一致性的定義。

> **定義 1.16　一致性（consistency）。**
>
> 一致性指一個單位被觀測到的結果（事實結果）就是它的處理變數被觀測到的取值所對應的那個潛結果。在考慮 $T \in \{0,1\}$ 的情況，即滿足式（1.15）。

現在我們應該可以理解為什麼一致性會使 $P(Y_i|T_i=t)=P(Y_i^t|T_i=t)$ 成立。這是因為在知道 $T_i=t$ 的情況下，觀測到的結果 Y_i 一定就是潛結果 Y_i^t。在這兩個假設的基礎上，如果再引入強可忽略性假設，就有了在潛結果框架下最基礎、最常用的一個因果辨識的方法。強可忽略性又被稱為非混淆（unconfoundedness）。接下來舉出強可忽略性的定義。

定義 1.17 強可忽略性。

強可忽略性一般包括兩個條件。

第一，以所有觀測到的特徵或者一部分特徵（X）為條件，潛結果與處理變數相互獨立，如式（1.17）所示：

$$Y_i^1, Y_i^0 \perp\!\!\!\perp T_i | X_i \qquad (1.17)$$

第二，重疊（overlapping），指在產生資料的處理變數分配機制中，任何一個可能的特徵的取值既可能被分配到實驗組，也可能被分配到對照組，如式（1.18）所示：

$$P(T=1|X=x) \in (0,1), \forall x \qquad (1.18)$$

接下來就可以透過簡單的數學推導實現潛結果框架下 CATE 的因果辨識，如式（1.19）所示：

$$
\begin{aligned}
\text{CATE}(x) \quad &= \mathbb{E}[Y^1 - Y^0 | X=x] \\
&= \mathbb{E}[Y^1|X=x] - \mathbb{E}[Y^0|X=x] \\
&= \mathbb{E}[Y^1|X=x, T=1] - \mathbb{E}[Y^0|X=x, T=0] \\
&= \mathbb{E}[Y|X=x, T=1] - \mathbb{E}[Y|X=x, T=0]
\end{aligned}
\qquad (1.19)
$$

其中，第一個等式是 CATE 的定義（見式（1.13））。第二個等式基於期望的性質（差的期望等於期望的差）。第三個等式用到了強可忽略性中的條件獨立，即式（1.17）。第四個等式用到了一致性，即被觀測到的結果與其對應的潛

結果相等。最終成功去掉了 CATE 定義中的潛結果符號，使其等於兩個統計量的差，也就意味著可以直接從資料中估測 CATE。這就達到了因果辨識的目的。

而從實際出發，要使我們能夠從觀測性資料中估測期望 $\mathbb{E}[Y|X=x,T=1]$ 和 $\mathbb{E}[Y|X=x,T=0]$，重疊（見式（1.18））是必要的。有了重疊，才能保證在有限樣本的情況下，當整體足夠大、單位足夠多時，對每一個特徵的取值 x，可以觀測到在實驗組和對照組中都存在特徵取值為 x 的單位。

最後，對結構因果模型和潛結果框架進行一個簡單比較。在文獻 [13] 中，Pearl 提到了在一定條件下兩種框架的等值性。單一世界干預圖（single world interention graphs，SWIG）則被提出來系統性地統一化結構因果模型和潛結果模型 [14]。從實際角度出發，比起需要考慮所有變數間的因果關係的結構因果模型，潛結果模型往往在因果推斷問題中用起來更方便。要利用潛結果模型做到因果辨識，往往只需要遵循某種範式。比如，利用前面提到的那三個假設就可以做到因果辨識。後面會介紹更多種類的範式來解決當這三個假設不都成立的情況下的因果辨識問題。

當然，結構因果模型也有它常用的範式，可以解決因果辨識問題，比如，後門準則和前門準則。而結構因果模型因為考慮了所有變數之間的因果關係，因此除了可以做因果推斷，也常常被用於因果發現（causal discovey）。因果發現的目的是從資料中學習因果圖。我們將在後面章節中詳細介紹相關內容。

1.2　因果辨識和因果效應估測

在 1.1 節中其實已經介紹了兩種最基本的因果辨識的方法：利用結構因果模型下的後門準則或者潛結果模型中的三個基本假設，透過一些推導就可以做到對 ATE 和 CATE 的因果辨識。我們知道，無論是後門準則還是潛結果框架下的強可忽略性，都依賴於不存在沒有觀測到的混淆變數這一點。而這一點可能在現實世界的資料集中很難被滿足。因此，本節將介紹其他幾種因果辨識方法來克服這一局限性：工具變數（instrumental variables，IV）、中斷點回歸設計（regression discontinuity design，RDD）和前門準則。

　　有時一個因果辨識的方法會與一個估測的方法一同出現，但這並不意味著它們一定需要一起使用。事實上，因果辨識跟估測應該是可以分開的兩個步驟。在達到因果辨識之後，因果效應估測就只剩下估測這一步。估測實際上就是一個普通的監督學習（supervised learning）問題，也可以說是分類或者回歸問題（取決於結果變數是離散的還是連續的）。可以說，因果效應估測＝因果辨識＋估測。

1.2.1　工具變數

　　利用工具變數的因果辨識方法是一類常見的處理存在隱藏混淆變數的情況的方法。MIT（美國麻省理工學院）的 Sinan Aral 等人曾用工具變數來研究使用社群網站對人們鍛煉習慣的影響[15]，他們很聰明地利用了天氣這個外生變數作為工具變數。接下來將介紹工具變數在結構因果模型和潛結果框架中辨識因果效應的方法。

1·工具變數在結構因果模型中的用法

　　下面用如圖 1.6 所示的因果圖來展示一個常見的可以利用結構因果模型做因果辨識的情況。用本章中的例子可以說觀測到了一個混淆變數 X，即餐廳的類別，而存在一些隱藏混淆變數 U，阻礙了我們直接利用後門準則。令工具變數 Z 表示使用者是否提交評論，即 Z=1（或 Z=0）表示使用者提交了（或沒提交）評論。假設使用者提交評論是不受其他變數影響的，那麼它就有可能是一個有效的工具變數。接下來定義結果因果模型下的工具變數[16]。

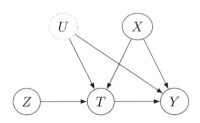

▲ 圖 1.6 一個典型的可以利用工具變數（Z）達成因果辨識的因果圖。我們不要求所有的混淆變數都被觀測到，即只能觀測到 X，不能觀測到 U

定義 1.18　工具變數。

考慮隨機變數 Z、處理變數 T、結果變數 Y 和特徵 X，我們說 Z 是一個有效的工具變數，當且僅當它滿足以下條件：

- Z 是外在變數；
- 以觀測到的特徵為條件，Z 與 T 不相互獨立，如式（1.20）所示：

$$X \not\perp\!\!\!\perp Y \mid Z \tag{1.20}$$

- 以觀測到的特徵和對處理變數進行干預為條件，Z 與 Y 相互獨立，如式（1.21）所示：

$$Z \perp\!\!\!\perp Y \mid X, \mathrm{do}(T) \tag{1.21}$$

　　在潛結果因果模型中，式（1.20）意味兩種可能的情況：第一，在因果圖中存在一條有向邊 $Z \to T$；第二，存在一個以 X 為對撞因數的反向叉狀圖 $Z \to X \leftarrow T$。在實際問題中，第一種情況可能更常見。第二種情況（見式（1.21））看上去有點難以理解，因為它是以 X 和 $\mathrm{do}(T)$ 同時為條件。它常被稱為排除約束（exclusion restriction）。我們也可以用語言來表達這一點，即任何一條沒有被阻塞的以 Z 為第一個點而 Y 為最後一個點的通路，都用一條有向邊指向處理變數 T。實際上，用因果圖來講，它意味著以 Z 為第一個點，而 Y 為最後一個點的通路有且只有一條，就是 $Z \to T \to Y$。用文字表達則意味著工具變數 Z 對結果變數 Y 的影響只能透過它對處理變數 T 的影響來達成。在文獻 [17] 中，卡內基美隆大學的 Cosma Shalizi 教授認為可以把工具變數 Z 對結果變數 Y 的因果效應對應的干預分佈分解成兩部分，即工具變數 Z 對處理變數 T 的影響和處理變數 T 對結果變數 Y 的影響。假設處理變數 T 是離散變數，可以用式（1.22）來表示這個分解過程：

$$P\big(Y|\mathrm{do}(Z)\big) = \sum_t P\big(Y|\mathrm{do}(T=t)\big)P\big(T=t|\mathrm{do}(Z)\big) \tag{1.22}$$

接下來展示如何在線性的結構因果模型中利用工具變數做到因果辨識。首先，根據因果圖 1.6 定義一組線性的結構方程式，如式（1.23）所示：

$$\begin{aligned} T &= g(X, U, Z, \epsilon^T) = \alpha_Z Z + \alpha_X X + \alpha_U U + \alpha_0 + \epsilon^T \\ Y &= f(X, U, T, \epsilon^Y) = \tau T + \beta_X X + \beta_U U + \beta_0 + \epsilon^Y \end{aligned} \tag{1.23}$$

其中，假設兩個雜訊項 ϵ^Y 和 ϵ^T 都服從平均值為 0 的高斯分佈，而 τ 便是想要得到的平均因果效應。這種能夠用一個常數表示所有單位的因果效應的情況，我們稱為同質性因果效應（homogeneous treatment effect）。在很多情況下，每個單位的因果效應可能不同，我們稱這種情況下的因果效應為異質性因果效應（heterogeneous treatment effect）。可以把式（1.23）中的第一個等式代入第二個等式的右邊，然後化簡得到式（1.24）：

$$Y = \tau\alpha_Z Z + (\tau\alpha_U + \beta_U)U + (\tau\alpha_X + \beta_X)X + \gamma_0 + \eta \tag{1.24}$$

其中，$\gamma_0 = \tau\alpha_0 + \beta_0$，而 $\eta = \tau\epsilon^T + \epsilon^Y$。那麼得出式（1.25）：

$$\mathbb{E}[Y|\text{do}(Z=1)] - \mathbb{E}[Y|\text{do}(Z=0)] = \mathbb{E}[Y|Z=1] - \mathbb{E}[Y|Z=0] = \tau\alpha_Z \tag{1.25}$$

第一個等式中因為 Z 是外在變數，因此 $P(Y|\text{do}(Z))=P(Y|Z)$。而根據式（1.25），可以算出 $\mathbb{E}[Y|\text{do}(Z=1)]-\mathbb{E}[Y|\text{do}(Z=0)]=\tau\alpha_Z$。類似地，可以根據線性結構因果模型（見式（1.23））和 Z 是外在變數，以及 $P(T|\text{do}(Z))=P(T|Z)$ 這一事實得到式（1.26）：

$$\mathbb{E}[T|\text{do}(Z=1)] - \mathbb{E}[T|\text{do}(Z=0)] = \mathbb{E}[T|Z=1] - \mathbb{E}[T|Z=0] = \alpha_Z \tag{1.26}$$

結合式（1.25）和式（1.26），就可以得到線性結構因果模型下的比例估計量（ratio estimator），如式（1.27）所示：

$$\tau = \frac{\mathbb{E}[Y|Z=1] - \mathbb{E}[Y|Z=0]}{\mathbb{E}[T|Z=1] - \mathbb{E}[T|Z=0]} \tag{1.27}$$

　　這裡隱含的條件是分母 α_z 不為 0，即工具變數 Z 對處理變數 T 的因果效應不為 0。之後只需要利用回歸或者分類模型（取決於 Y 取值是連續的還是離散的）估測等式右邊的期望 $\mathbb{E}[Y|Z]$ 和 $\mathbb{E}[T|Z]$，即可完成因果效應估測。

2・工具變數在潛結果框架中的用法

　　用潛結果框架也可以利用工具變數做到因果辨識。為了方便讀者理解，這裡仍然以圖 1.6 作為參考，而且不需要對模型做線性假設，但只能辨識到一個亞群的平均因果效應。在潛結果模型中，考慮 $Z,T \in \{0,1\}$ 可以把工具變數 I 對結果變數 Y 的 ITE 表示成式（1.28）：

$$Y_i(1, T_i(1)) - Y_i(0, T_i(0)) \tag{1.28}$$

　　其中，1 和 0 是工具變數 I 的取值，$Y_i(Z, T_i(Z))$ 和 $T_i(Z)$ 分別是潛結果和處理變數的函數形式，這種表達強調了工具變數對處理變數和結果變數的取值的影響。注意，接下來會用 $Y_i(Z)$ 表示受工具變數影響的潛結果，而 Y_i^T 表示受處理變數影響的潛結果。然後可以由式（1.28）推導得到式（1.29）：

$$\begin{aligned}
&Y_i(1, T_i(1)) - Y_i(0, T_i(0)) \\
&= Y_i(T_i(1)) - Y_i(T_i(0)) = [Y_i^1 T_i(1) + Y_i^0(1 - T_i(1))] - \\
&[Y_i^1 T_i(0) + Y_i^0(1 - T_i(0))] = [Y_i^1 - Y_i^0][T_i(1) - T_i(0)]
\end{aligned} \tag{1.29}$$

　　其中第一個等式利用了之前的假設，即排除約束假設（見式（1.21））——工具變數 I 只透過影響處理變數 T 來影響結果變數 Y。第二個等式可以直接由一致性得到（見式（1.15））。第三個等式則直接由數學推導獲得。到這一步，仍然沒有完成因果辨識。注意式（1.29）這一表達與式（1.22）的區別在於它是個人等級的，裡面的變數都帶有下標 i。接下來對式（1.29）求期望，如式（1.30）所示：

$$\begin{aligned}
&\mathbb{E}[(Y_i^1 - Y_i^0)(T_i(1) - T_i(0))] \\
&= \mathbb{E}[Y_i^1 - Y_i^0 | T_i(1) - T_i(0) = 1]P(T_i(1) - T_i(0) = 1) - \\
&\mathbb{E}[Y_i^1 - Y_i^0 | T_i(1) - T_i(0) = -1]P(T_i(1) - T_i(0) = -1)
\end{aligned} \tag{1.30}$$

其中，等式右邊的部分由 $Y_i(T_i(1))-Y_i(T_i(0))$ 分解而來。注意，當 $T_i(1)-T_i(0)=0$ 時，$Y_i(T_i(1))-Y_i(T_i(1))=0$ 總是成立，所以這樣的情況對應的因果效應總是為 0。接下來將討論如何基於以上推導得到最簡單的一個利用工具變數的因果效應的估計量。這裡需要加入一個新的假設，即單調性（monotonicity）。

定義 1.19 單調性。

單調性指處理變數的值隨工具變數的值增大而不會變小，即 $T_i(1) \geq T_i(0)$。這意味著 $P(T_i(1)-T_i(0)=-1)=0$。

單調性假設可以使式（1.30）右邊的第二項為 0，因為 $P(T_i(1)-T_i(0)=-1)=0$。這樣就可以得到經典的比例估計量，如式（1.31）所示：

$$\mathbb{E}\left[Y_i^0 - Y_i^0 | T_i(1) - T_i(0) = 1\right] = \frac{\mathbb{E}\left[\left(Y_i(1) - Y_i(0)\right)\left(T_i(1) - T_i(0)\right)\right]}{P(T_i(1) - T_i(0) = 1)}$$
$$= \frac{\mathbb{E}\left[\left(Y_i(1) - Y_i(0)\right)\right]}{\mathbb{E}\left[\left(T_i(1) - T_i(0)\right)\right]} \tag{1.31}$$

其中，等式左邊的期望是估測的目標，即所謂的局部平均因果效應（local average treatment effect，LATE）。局部代表只考慮那些滿足單調性的個體。也有人把它叫作服從者平均因果效應（compiler average treatment effect）。服從者也是代表滿足單調性的個體組成的亞群。到這一步則可以利用工具變數是外在變數這一點，把等式右邊出現的受工具變數 Z 影響的潛結果和處理變數（這裡處理變數也可以看作是受工具變數影響的潛結果）這些因果量替換為對應的統計量。因為工具變數是外在變數，在潛結果框架下有式（1.32）：

$$Z_i \perp\!\!\!\perp \{Y_i(1), Y_i(0), T_i(1), T_i(0)\} \tag{1.32}$$

這有時也被稱為隨機化假設。基於這些獨立條件，可以將 $\mathbb{E}[(Y_i(1)-Y_i(0))]$ 和 $\mathbb{E}[(T_i(1)-T_i(0))]$ 這兩個因果量寫成統計量，如式（1.33）所示：

$$
\begin{aligned}
\mathbb{E}\big[(Y_i(1) - Y_i(0))\big] &= \mathbb{E}[Y_i(1)] - \mathbb{E}[Y_i(0)] \\
&= \mathbb{E}[Y_i(1)|Z = 1] - \mathbb{E}[Y_i(0)|Z = 0] \\
&= \mathbb{E}[Y|Z = 1] - \mathbb{E}[Y|Z = 0]
\end{aligned} \tag{1.33}
$$

類似地，可以得到 $\mathbb{E}[(T_i(1)-T_i(0))]=\mathbb{E}[T|Z=1]-\mathbb{E}[T|Z=0]$。這樣就完成了在潛結果框架中利用工具變數對局部平均因果效應的因果辨識，即利用比例估測量來估測局部平均因果效應，如式（1.34）所示：

$$
\mathbb{E}\big[Y_i^0 - Y_i^0 | T_i(1) - T_i(0) = 1\big] = \frac{\mathbb{E}[Y|Z = 1] - \mathbb{E}[Y|Z = 0]}{\mathbb{E}[T|Z = 1] - \mathbb{E}[T|Z = 0]} \tag{1.34}
$$

這樣就可以用觀測性資料中可以估測的量 $\mathbb{E}[Y|Z]$ 來估測 LATE。在 2017 年以後的研究中，工具變數方法不再侷限於單調性假設，而是被延伸到基於深度神經網路的評價器中 [18]。對工具變數而言，另一個比較重要的概念是兩階段最小平方方法（two stage least square，2SLS）[19]。圖 1.7 展示了可以應用 2SLS 的一個因果圖。與圖 1.6 相比可以發現，在圖 1.7 中工具變數 Z 不再必須是外生變數。我們仍然可以利用 Z 來提供與未觀測到的混淆變數 U 獨立的隨機性，這有助於我們辨識因果效應 $\mathbb{E}[Y|\mathrm{do}(T)]$。傳統的 2SLS 假設工具變數 Z 與 T 之間的關係和 T 與 Y 之間的關係都是線性的。因此，在 2SLS 中，先利用 Z 對 T 做回歸得到預測的 $\hat{T}$，然後利用 $\hat{T}$ 對 Y 的線性回歸來得到因果效應。與傳統的 2SLS 不同，在實際問題中，我們常面臨的挑戰是非線性關係，這意味著傳統的基於線性回歸的 2SLS 無法被直接應用。在文獻 [18] 中，Hartford 等人提出了如式（1.35）所示的目標方程式：

$$
\min_{\hat{h} \in H} \mathbb{E}_{z \sim P(Z)}\Big[\big(\mathbb{E}[Y|z] - \mathbb{E}_{\hat{X} \sim g(z)}[\hat{h}(\hat{T})]\big)^2\Big] \tag{1.35}
$$

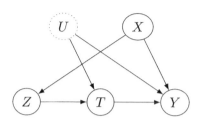

▲ 圖 1.7　一個典型的可以利用兩階段最小平方方法達成因果辨識的因果圖。
　　　　不要求 $T \to Y$ 的混淆變數 U 都被觀測到

　　其中，$\hat{h}$ 是將輸入的預測的處理變數 $\hat{T}$ 映射到預測的結果變數 $\hat{Y}$ 的函數。
而 g 則是將觀測到的工具變數 Z 映射到預測的處理變數 $\hat{T}$ 的函數，我們可以利
用觀測到的資料來學習函數 g，然後解決最佳化問題（見式（1.35））來學習處
理變數與結果變數之間的非線性關係。有興趣的讀者可以自行閱讀文獻 [18]。

1.2.2　中斷點回歸設計

　　中斷點回歸設計（RDD）適用於一些特殊場景。在這些場景中，處理變數
T 的取值只由設定變數（running variable，有時也被稱作 assignment variable 或
者 forcing variable）R 的值決定。在此考慮最簡單的情況，即處理變數 $T=\mathbb{1}(R \geq r_0)$，其中 $\mathbb{1}(R \geq r_0)$ 在 $R \geq r_0$ 時取值為 1，其他情況下取值為 0。即一個單位被
分配到實驗組時，當且僅當設定變數大於或等於一個設定值 r_0。在研究餐館評
分對餐館客流量的因果效應時 [4]，我們知道，在網站的搜尋結果頁面中，評分
常常被四捨五入到最近的以半顆星為單位的星級。例如，一家餐館 A 的評分為
3.24，它會被顯示成三顆星。而如果一家餐館 B 的評分為 3.26，它就會被顯示
成三顆半星。基於這一事實，可以研究餐館評分對客流量的影響。因為餐館 A
和餐館 B 的真實評分十分接近，但在搜尋結果頁面的顯示則差半顆星。更具體
地講，當考慮所有的評分在 $R \in [3,3.5]$ 的餐館時，可以令 $r_0=3.25$，則處理變數
可以被定義為 $T=\mathbb{1}(R \geq r_0)$。那些分數 $R \in [3.25,3.5]$ 的餐館從四捨五入中獲得了
優勢，即顯示的星數比實際分數高。我們認為這些餐館屬於實驗組。而那些分
數 $R \in [3.0,3.25)$ 的餐館則因此吃了虧，我們認為這些餐館屬於對照組。在這種
情景下，可以使用一種叫作精確中斷點回歸設計（sharp regression discontinuity
design，sharp RDD）的方法 [4, 20]。精確中斷點回歸設計的想法基於兩個假設。

首先，那些評分接近設定值的餐館的混淆變數取值是十分相似的。其次，因果效應是同質的，即從四捨五入中得的對每家餐館客流量的影響是相同的。這兩個假設使我們可以做到因果辨識。在精確中斷點回歸設計中，我們認為結果變數 Y、設定變數 R 和同質因果效應 τ 之間存在如式（1.36）所示的關係：

$$Y = f(R) + \tau T + \epsilon = f(R) + \tau \mathbb{1}(R \geqslant r_0) + \epsilon \tag{1.36}$$

其中，ϵ 是雜訊項，一般是平均值為 0 的獨立同分佈的外生變數，比如正態分佈 $\epsilon \in N(0,1)$。在因果效應是同質的情況下，常常可以用 τT 項來量化處理變數 T 對結果變數 Y 的因果效應。f 是在 $R=r_0$ 處連續的一個函數，它的參數化（parameterization）可以是很靈活的。當然在實際情況中，對 f 的模型誤判（model misspecification）可能造成對平均因果效應估測的偏差。例如，哥倫比亞大學的統計學家 Andrew Gelman 和史丹佛大學的經濟學家 Guido Imbens 指出，當 f 被參數化為高階多項式（high-order polynomials）的時候，很可能得到有誤導性的結果[21]。本質上這是因為在他們研究的資料集中，f 的基準真相不是高階多項式。注意，在這個例子中，$R \in [3.0, 3.5]$ 這個範圍由頻寬（0.25）決定。頻寬代表的是我們認為函數 f 相同的單位的設定變數的取值範圍，意味著中斷點回歸設計估測的平均因果效應本質上是一種局部平均因果效應。因此，當有足夠多的資料時，也可以把這個範圍設定得更小，從而保證估測的精確性。比如，當把頻寬設定為 0.05 時，設定變數的範圍就變為 $R \in [3.2, 3.3]$。意思是我們認為只有評分在這個範圍中的餐館才有同樣的函數 f。在有的研究中，也傾向於使用多種頻寬展示所選擇的設定變數的正確性和估測到的平均因果效應的堅固性。

圖 1.8 展示了一個在模擬資料中利用精確中斷點回歸設計來估測因果效應的例子。餐館上評分網站 Yelp 上的評分 $T = \mathbb{1}(R \geq 3.25)$ 對客流量 Y 的因果效應的例子。其中，假設函數 f 是一個線性分段函數，如式（1.37）所示：

$$f(R) = \begin{cases} w_1 R + b_1 & R \geqslant 3.25 \\ w_2 R + b_2 & R < 3.25 \end{cases} \tag{1.37}$$

其中，w_1、w_2、b_1、b_2 是線性回歸的參數，可以分別在實驗組和對照組中求解線性回歸，得到函數 f 的參數。然後就可以利用這兩條線段與 $R=3.25$ 這條直線的兩個交點的垂直座標之差得到平均因果效應 τ。

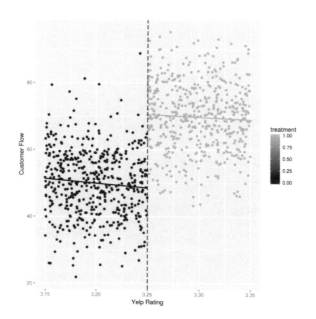

▲ 圖 1.8 一個利用模擬資料做精確中斷點回歸設計的例子，圖中每個點代表一家餐館。X 軸是 Yelp 上餐館的平均評分（即設定變數 R），Y 軸則是餐廳的客流量。藍色的點代表實驗組的餐館，黑色的點代表對照組的餐館。$f(R)$ 則是一個線性分段函數，黑色和藍色的兩條線段與直線 $R=3.25$ 的交點的 Y 軸的值之差代表該精確中斷點回歸設計估測到的因果效應 τ

在本例中，精確中斷點回歸設計（見式（1.35））基於以下事實：3.25 分是區別實驗組和對照組的一個明確定義的設定值。然而在實際情況中，有可能這樣的事實並不成立。為了應對沒有明確定義的設定值的情況，接下來介紹模糊中斷點回歸設計（fuzzy regression discontinuity design，Fuzzy RDD）[20,22]。在本例中，細心的使用者可能會點擊某個餐館進入餐館的頁面，從而看到餐館真實的評分，而非只基於搜尋結果頁面中四捨五入後的評分做選擇。這樣顧客就會發現上文中評分為 3.24 的餐館 A 和評分 3.26 的餐館 B 的實際評分的差別並沒有半顆星那麼多。在模糊中斷點回歸設計中，假設存在一個隨機的處理變數分配的過程，由條件機率 $P(T=1|R)$ 來表示，可以把它看作是一種傾向性評分模

型（propensity score model）。可以發現與精確中斷點回歸設計中確定性的傾向性評分模型（即 $T = \mathbb{1}\,(R \geq r_0)$）不同。在模糊中斷點回歸設計中，任何一個設定變數的取值 $R=r$ 的單位，一般來說，既有可能被分配到實驗組，也有可能被分配到對照組。這裡的傾向性評分模型一般被假設為一個在設定值 r_0 處不連續的函數。這樣可以寫出如下中斷點回歸設計的結構方程組，如式（1.38）所示：

$$
\begin{aligned}
Y &= f(R) + \tau T + \epsilon^Y \\
Y &= f_2(R) + \pi_2 \mathbb{1}(R \geqslant r_0) + \epsilon^{y_2} \\
T &= g(R) + \pi_1 \mathbb{1}(R \geqslant r_0) + \epsilon^T
\end{aligned}
\tag{1.38}
$$

其中，ϵ^Y 和 ϵ^T 是雜訊項。基於這個結構方程組，可以利用參數 π_2 和 π_1 的比例來估測平均因果效應，即 $\tau = \pi_2 / \pi_1$。它實際上是 $\mathbb{1}\,(R \geq r_0) \rightarrow Y$ 和 $\mathbb{1}\,(R \geq r_0) \rightarrow T$ 這兩個因果關係對應的平均因果效應的比。讀者可以發現這個估測量其實與工具變數中的兩階段最小平方法中的比例估計量相似。兩階段最小平方法基於以下假設：設定變數是否大於設定值對處理變數取值的因果效應，即 π_1 不為 0。我們可以把 $\mathbb{1}\,(R \geq r_0)$ 視為工具變數，它僅透過影響處理變數的取值來影響結果變數。對實踐中的中斷點回歸設計有興趣的讀者可以參考文獻 [23]。

1.2.3　前門準則

前門準則是結構因果模型除後門準則外的一種重要的因果辨識方法 [5]，我們可以把它看作是一種對後門準則的拓展。它允許我們在有隱藏混淆變數的情況下做到因果辨識。下面定義前門準則。

定義 1.20　前門準則。

變數集合 $\mathcal{M}$ 滿足前門準則，當且僅當它滿足以下三個條件：

- 以 $\mathcal{M}$ 中所有的變數為條件時，所有從處理變數 T 到結果變數 Y 的有向通路都會被阻塞；
- 在沒有以任何變數為條件的情況下，不存在沒有被阻塞的對因果關係 $T \rightarrow \mathcal{M}$ 而言的後門通路；
- 以處理變數 T 為條件會阻塞所有對於 $\mathcal{M} \rightarrow Y$ 的後門通路。

　　圖 1.9 展示了兩個因果圖。其中，在圖 1.9(a) 中的集合 M 滿足前門準則，在圖 1.9(b) 中的集合 $\mathcal{M}$ 不滿足前門準則。讀者可以自行分析圖 1.9(b) 中的集合 $\mathcal{M}$ 不滿足前門準則中的那部分。我們也可以說變數集合 $\mathcal{M}$ 是對於因果關係 $T \to Y$ 而言的中介變數的集合，或者說變數集合 $\mathcal{M}$ 中介了（mediates）$T \to Y$ 的因果效應。為了符號的簡單明瞭，接下來假設變數集合 $\mathcal{M}$ 只包含一個變數，即 $\mathcal{M}=\{M\}$。令 M 和 T 都是離散變數。由定義 1.20 中的第一個條件可以得到對於干預分佈 $P(Y|\mathrm{do}(T))$ 的分解，如式（1.39）所示：

$$P\big(Y|\mathrm{do}(T)\big) = \sum_m P\big(Y|\mathrm{do}(M=m)\big)P\big(M=m|\mathrm{do}(T)\big) \tag{1.39}$$

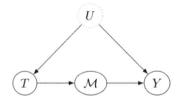

(a) 對因果效應 $T \to Y$ 而言，變數集合 $\mathcal{M}$ 滿足前門準則的範例因果圖。其中 U 是隱藏混淆變數

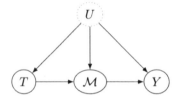

(b) 變數集合 $\mathcal{M}$ 不滿足前門準則的範例因果圖。圖中存在對因果效應 $T \to \mathcal{M}$ 和 $\mathcal{M} \to Y$ 而言的後門通路。其中 U 是隱藏混淆變數

▲ 圖 1.9 兩個分別展示變數集合 $\mathcal{M}$ 滿足與不滿足前門準則的範例因果圖

　　定義 1.20 中的第二個條件意味著不存在對於因果效應 $T \to M$ 而言的混淆變數。也就是說，可以直接用對應的條件分佈代替干預分佈，如式（1.40）所示：

$$P\big(M=m|\mathrm{do}(T)\big) = P(M=m|T) \tag{1.40}$$

　　定義 1.20 中的第三個條件可以使用後門準則去完成對干預分佈 $P(Y|\mathrm{do}(M))$ 的因果辨識，如式（1.41）所示：

$$P\big(Y|\mathrm{do}(M=m)\big) = \sum_t P\big(Y|T=t, M=m\big)P(T=t) \tag{1.41}$$

這樣可以利用第二個和第三個條件得到的式（1.39）和式（1.40）完成對式（1.38）等號右邊的兩個干預分佈的因果辨識。因而也就完成了對估測的目標，即干預分佈 $P(Y|\text{do}(T))$ 的因果辨識。

1.2.4　雙重差分模型

1.2.1 節到 1.2.3 節介紹的方法中，考慮的情況都是資料是靜態的。而在現實世界的應用中，資料可能是動態的，這意味著我們可能會在某一個時刻進行干預，即改變處理變數的值，在這樣的場景中結果變數也會隨著時間變化。而要在動態資料中估測因果效應，我們需要可以對結果變數隨時間變化的關係進行建模。考慮本節的例子可以用一個基於雙重差分模型的准實驗設計（quasi-experiment）來估測餐館評分 T 對餐館客流量的影響 Y。在雙重差分模型中，允許混淆變數的存在，無論它們是隱藏的、可見的還是部分可見的。圖 1.10 展示了一個雙重差分模型的因果圖，在圖中，即使混淆變數 U 均為隱藏變數，仍然可以利用兩個時間步中單位 i 僅在第二個時間步時受到干預，而單位 j 一直在對照組這一事實來做到因果辨識。考慮一對單位，即 i 和 j 在兩個時間步中，假設它們在第一個時間步時都屬於對照組，而在第二個時間步時，僅單位 i 受到干預，變成實驗組（$T_i=1$）。比如，隨機挑選一些餐館，在第二個時間步的時候讓它們在搜尋結果頁面中的評分由四捨五入到半顆星變為向上取整到半顆星，而保持搜尋結果頁面中其他餐館的評分。這樣就可以研究餐館評分上升對客流量的影響。一個雙重差分回歸的經典的例子則是在文獻 [24] 中，加州大學柏克萊分校的經濟學教授 David Card 和普林斯頓大學前教授 Alan B.Krueger 關於美國紐澤西州改變最低薪水對速食業就業的因果效應的研究。在這項研究中，紐澤西州的最低薪水確實上漲了，而他們用紐澤西州鄰近的最低薪水沒有上漲的賓夕法尼亞州作為對照組。我們把第一個時間步的結果叫作干預前結果（pre-treatment outcome），用符號 C 表示。它又被稱為負結果控制（negative outcome control）。而我們感興趣的則是干預後結果 Y_i，即第二個時間步的結果。對於單位 i，將觀測到干預前結果 C_i 和干預後的實驗組結果 $Y_i(1)$，而對於單位 j，我們將觀測到干預前結果 C_j 和干預後的對照組結果 $Y_j(0)$。雙重差分模型的基本思路是利用單位 j 的對照組結果 $Y_j(0)$ 與干預前結果 C_i 和 C_j 之間的關係來推斷單位 i 在干預後的對照組（反事實）結果 $Y_i(0)$。這樣就可以直接估測平均因果效應。

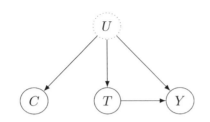

▲ 圖 1.10 雙重差分模型的因果圖

接下來對雙重差分模型進行詳細推導。首先，透過觀察圖 1.10 中的因果圖可以發現，處理變數 T 對干預前結果 C 是不會有因果效應的，考慮 $T \in \{0,1\}$，即 $P(C|\text{do}(T)=1)=P(C|\text{do}(T)=0)$。然而由於混淆變數 U 的存在，我們會發現干預前結果 C 的條件分佈的期望的差 $\mathbb{E}[C|T=1]\text{-}\mathbb{E}[C|T=0]$ 實際上反映了後門通路 $C \leftarrow U \rightarrow T$ 引起的 C 和 T 之間的相關性。這種相關性有時也被稱為加性混淆效應（additive confounding effect）[25]。接下來舉出雙重差分模型中最重要的一個假設，即加性偽混淆假設（additive quasi-confouding）。

定義 1.21　加性偽混淆假設。

加性偽混淆假設是指處理變數 T 和結果變數 Y 之間的加性混淆效應與處理變數 T 和干預前結果變數 C 之間的加性混淆效應大小相同，如式（1.42）所示：

$$\mathbb{E}[Y(0)|T=1] - \mathbb{E}[Y(0)|T=0] = \mathbb{E}[C|T=1] - \mathbb{E}[C|T=0] \qquad (1.42)$$

由加性混淆假設可以做到因果辨識，並得到如式（1.43）所示的估計量：

$$\mathbb{E}[Y(1)-Y(0)|T=1] = (\mathbb{E}[Y|T=1] - \mathbb{E}[Y|T=0]) - \\ (\mathbb{E}[C|T=1] - \mathbb{E}[C|T=0]) \qquad (1.43)$$

式（1.43）意味著實驗組平均因果效應實際上可以表示為 Y 和 T 之間的相關性減去 C 和 T 之間的相關性。我們知道，Y 和 T 之間的相關性包括因果效應 $\mathbb{E}[Y(1)\text{-}Y(0)|T=1]$ 和後門通路 $T \leftarrow U \rightarrow Y$ 造成的混淆效應，因此，減去後門通路 $T \leftarrow U \rightarrow Y$ 造成的混淆效應，就可以得到因果效應 $\mathbb{E}[Y(1)\text{-}Y(0)|T=1]$。從以上推

導可以看出，雙重差分模型辨識和估測的因果效應實際上是實驗組平均因果效應，即 $\mathbb{E}[Y(1)-Y(0)|T=1]$。在實際操作中，當存在可見的混淆變數 X 時，也可以加入一些合理的假設，使用其他方法如回歸調控來辨識和估測由這些混淆變數定義的亞群中的對照組因果效應（例如，以 $X=x$ 為條件）[26]。

到此，可以複習一下雙重差分模型的局限性。它首先依賴於對資料的幾個比較強的假設。假設我們能觀測到兩種單位在兩個時間步中的資料，即 C、T 和 Y 三個變數——干預前結果、處理變數和干預後的結果。我們要求其中一部分單位獲得了干預，在第二個時步進入實驗組，另一部分則在兩個時步中都處於對照組。其次還需要加性偽混淆假設。

1.2.5 合成控制

合成控制 [27] 是經濟學家 Alberto Abadie 等人提出的一種在動態資料中因果辨識和因果效應估測的方法。在合成控制中，一般考慮大型的單位，如一個國家、一個省或一個城市和針對這樣的單位的處理變數，如是否修改最低收入、是否執行一個新的法令等。它考慮的是資料集中單位的數量比較少的情況。注意，這樣的干預一般無法執行小的單位（如個人）。在當今的科技公司中，合成控制常常被用於估測針對大型單位的干預的因果效應。如 Uber 和 Lyft，要估測一種新的計算價格的演算法對某個城市中該公司日營業額的影響，合成控制可能就是一種合理的方法。

與雙重差分模型中僅考慮一個對照組的單位不同，在合成控制中，考慮一個將會受到干預的單位 i 和 J 個不會受到干預的單位 $1,\cdots,i-1,i+1,\cdots,J+1$，這些沒有受到干預的單位的集合又被稱為潛在對照組（donor pool）。而合成控制的主要思想就是要用多個對照組單位的結果的加權平均合成一個受到干預的單位的反事實結果，即如果該受到干預的單位處於對照組時的結果。在經典的合成控制研究中，一個單位常常代表一個地區。例如，在文獻 [28] 中，MIT 經濟系教授 Abadie 和西班牙巴斯克大學的 Gardeazabal 利用合成控制來研究 20 世紀 60 年代的恐怖活動對西班牙巴斯克地區的人均 GDP 的因果效應。在這項研究中，他們將西班牙的其他地區當作潛在對照組。在我們的例子中，如果某一個時刻在 Yelp 的搜尋結果頁面中把美國亞利桑那州坦佩市的餐廳評分由四捨五入到半

顆星變成向上取整到半顆星，就可以利用合成控制法來研究餐館評分提升對這些餐館客流量的影響。其中可以使用亞利桑那州其他城市的餐館作為潛在對照組。用 $t=1,\cdots,t_{max}$ 表示時間步。特別地，用 t_0 表示干預發生的時間步，並假設 $1<t_0<t_{max}$。在實際情況中，如果干預的因果效應有延遲，則可以把 t_0 定義為干預對結果產生因果效應的第一個時間步 [29]。$Y_{jt}(1)$、$Y_{jt}(0)$ 和 Y_{jt} 分別表示單位 j 在時間步 t 受到干預（實驗組），沒受到干預（對照組）的潛結果和事實結果。對於單位 $j \neq i$，$Y_{jt}(0)=Y_{jt}$ 對所有的時間步 t 成立，而對於受到干預的單位 i，則有 $Y_{it}(0)=Y_{it}$，$t<t_0$ 和 $Y_{it}(1)=Y_{it}$，$t \geq t_0$ 成立。這裡一個潛在的假設是，對單位 i 施加的干預不會影響其他單位的結果，即 SUTVA 中沒有干擾這一個假設。與雙重差分模型不同，在合成控制中，允許因果效應隨時間變化，所以用 τ_{it} 表示單位 i 在時間步 t 時的 ITE。而我們感興趣的因果效應 τ_{it} 是干預發生之後的，它可以被表示為式（1.44）所示的形式：

$$\tau_{it} = Y_{it}(1) - Y_{it}(0) = Y_{it} - Y_{it}(0), \ t \geq t_0 \tag{1.44}$$

注意，這裡對干預後的單位 i 的 ITE 感興趣。t 的具體範圍應當由具體的應用來決定，在決定 t 的範圍時，需要考慮干預對結果變數的影響是否有延遲，以及這種因果效應能持續多長時間。注意，在式（1.43）中無法在時間 $t>t_0$ 時觀測到 $Y_{it}(0)$，因此 $Y_{it}(0)$ 將是合成控制中想要估測的反事實結果。對應地，也可以定義隨時間變化的處理變數 T_{it}，如式（1.45）所示：

$$T_{it} = \begin{cases} 1 & t \geq t_0 \\ 0 & t < t_0 \end{cases} \tag{1.45}$$

這樣可以將單位 i 隨時間變化的事實結果表示成對照組結果和因果效應的和，如式（1.46）所示：

$$Y_{it} = Y_{it}(0) + \tau_{it}T_{it} \tag{1.46}$$

在合成控制中，我們的目標是找到最優的權重 $\boldsymbol{w} =[w_1,\cdots,w_{i-1},w_{i+1},\cdots,w_j]$，它代表潛在對照組中每個對照組單位 $j=1,\cdots,i\text{-}1,i\text{+}1,\cdots,J$ 最終在預測 $Y_{it}(0)$ 時的權重。為了避免外插（extrapolation），要求這些權重滿足式（1.47）中的兩個條件：

$$\sum_{j \neq i} w_j = 1, w_j \geqslant 0 \tag{1.47}$$

$\boldsymbol{X}_1 \in \mathbb{R}^{d \times 1}$ 是受到干預的單位 i 的協變數，d 是協變數的維度，而 $\boldsymbol{X}_0 \in \mathbb{R}^{d \times J}$ 是潛在對照組中的所有對照組單位的協變數向量組成的矩陣。Abadie 等人 [27] 求解合成控制權重的方法是透過最小化以下目標方程式得到的，如式（1.48）所示：

$$\begin{aligned} \boldsymbol{w}^* &= \arg\min_{\boldsymbol{w}} \ \| \boldsymbol{X}_1 - \boldsymbol{X}_0 \boldsymbol{w}^{\mathrm{T}} \| \\ s.t. \quad & \sum_{j \neq i} w_j = 1, w_j \geqslant 0 \end{aligned} \tag{1.48}$$

其中，$\| \boldsymbol{X}_1 - \boldsymbol{X}_0 \boldsymbol{w}^{\mathrm{T}} \|$ 常常被定義為帶有權重的歐幾里德範數（Euclidean norm），它可以寫為式（1.49）所示的形式：

$$\| \boldsymbol{X}_i - \boldsymbol{X}_0 \boldsymbol{w}^{\mathrm{T}} \| = \left(\sum_{k=1}^{d} v_k \left(x_{ik} - w_1 x_{k1} - \cdots - w_{J+1} x_{kJ+1} \right) \right)^{1/2} \tag{1.49}$$

其中，x_k 是受到干預的那個單位的第 k 個協變數，v_k 反映了第 k 個協變數的重要性。

接下來利用文獻 [27] 中的線性結構方程式模型來介紹合成控制。首先假設單位 i 的對照組結果由式（1.50）所示的結構方程式生成：

$$Y_{it}(0) = \boldsymbol{\theta}_t \boldsymbol{X}_i + \lambda_t \boldsymbol{\mu}_i + \epsilon_{it} \tag{1.50}$$

其中，$\boldsymbol{X}_i \in \mathbb{R}^{d \times 1}$ 是單位 i 觀測到的不隨時間變化的 d 維特徵，$\mu_i \in \mathbb{R}^{d \times 1}$ 是未觀測到的不隨時間變化的 d' 維特徵。$\boldsymbol{\theta}_t$ 和 λ_t 是兩種特徵對應的權重。ϵ_{it} 是均值為 0 的雜訊項。而在雙重差分模型中考慮的是 λ_t 為常數且不隨時間變化的場景。理想狀態下，我們希望得到的權重 $\boldsymbol{w}$ 同時滿足式（1.51）所示的等式：

$$\begin{cases} \sum_{j \neq i} w_j^* X_j = X_i \\ \sum_{j \neq i} w_j^* Y_j t = Y_i t, t = 1, \cdots, T_0 \end{cases} \tag{1.51}$$

在實際情況中很難找到一組權重使式（1.51）成立。而生成結果的結構方程式也可能不是線性的。在實踐中，只要能找到一組權重使式（1.51）近似成立即可。所以需要決定能否找到一組足夠好的權重，使單位 i 干預後的對照組結果與它的合成控制之間的偏差足夠小。

文獻 [27] 證明了在式（1.50）的情況下，解最佳化問題（見式（1.48））可得到權重 w，然後可以用 w 估測受到干預的單位 i 的 ITE。合成控制模型估測的 ITE 的偏差受到 ϵ_{it} 的大小／方差，以及干預前的時間步數 T_0 的影響。ϵ_{it} 的大小／方差越大，干預前的時間步數 T_0 越少，那麼合成控制模型估測的 ITE 的偏差就會越大。一般情況下，利用可觀測到的資料來提高合成控制的可信程度的方法就是盡量好地擬合受干預的單位 i 在受干預前 $t<T_0$ 時的事實結果 $Y_{it}=Y_{it}(0)$。當 T_0 很小，J 很大，而且雜訊 ϵ_{it} 的方差很大時，合成控制模型可能會過擬合到訓練集，即 $t<T_0$ 的資料上。此時，一種折衷的方案是限制潛在對照組的大小，僅選擇那些與受干預的單位相似的對照組單位進入潛在對照組。例如，在研究東德、西德統一（German reunification）對德國人均 GDP 的影響時，一個好的合成控制模型可能只需要在潛在對照組中考慮 20 世紀 80 年代～ 20 世紀 90 年代與德國經濟發展走勢相近的國家，如荷蘭、美國、奧地利、瑞士和日本等國家 [30]。

有人會問，為什麼不直接將觀測到的協變數當成混淆變數，然後利用回歸調整（regression adjustment）來擬合權重，並最終完成 ITE 的推斷？與其相比，合成控制到底有什麼好處呢？

應該怎麼來做回歸調整呢？假設我們擁有以下資料：

- $Y_0 \in \mathbb{R}^{T-T_0 \times J}$ 代表干預後的時間步中，未受干預的、潛在對照組中的單位的事實結果。

- $\bar{X}_1 \in \mathbb{R}^{(m+1)\times 1}$ 是受到干預的單位的協變數加上一行各元素均是 1 的向量 **1**。類似地，$\bar{X}_0 \in \mathbb{R}^{(m+1)\times J}$ 是潛在對照組中單位的協變數加上一行各元素均是 1 的向量 **1**。

接下來，用 $(\bar{X}_0, Y_0)$ 擬合一個線性回歸，得到權重，如式（1.52）所示：

$$\widehat{B}_0 = \left(\bar{X}_0 \bar{X}_0^{\mathrm{T}}\right)^{-1} \bar{X}_0 Y_0^{\mathrm{T}} \tag{1.52}$$

那麼就可以利用 $\widehat{B}_0^{\mathrm{T}} \bar{X}_1$ 去預測受到干預的單位的反事實結果。而我們可以把它寫成合成控制的形式，如式（1.52）所示：

$$\begin{cases} \widehat{B}_0^{\mathrm{T}} \bar{X}_1 &= Y_0 W_{\mathrm{reg}} \\ W_{\mathrm{reg}} &= \bar{X}_0^{\mathrm{T}} \left(\bar{X}_0 \bar{X}_0^{\mathrm{T}}\right)^{-1} \bar{X}_1 \end{cases} \tag{1.53}$$

其中，W_{reg} 是各潛在對照組中單位的權重，我們可以發現這樣得到的權重的和為 1，但是可能會導致某些單位的權重是負的，從而引起外插。在實踐中，Abadie 等人 [30] 發現如果在東西德合併這個資料集中使用回歸調整，會得到不稀疏的權重，這可能導致模型過擬合，且可能會有負的權重導致外插。除此之外，在計算合成控制的權重時，其實我們並不需要觀測到干預後的潛在對照組中單位的事實結果。這可以避免在設計模型時受到干預後觀測到的資料的影響（例如，可以避免 P-hacking）。合成控制得到的更稀疏的解也有利於提高模型的可解釋性，讓領域內的專家更容易找出模型的問題所在。

雙重差分模型允許隱藏混淆變數的存在，但一個潛在的假設是這些隱藏混淆變數對結果變數的影響是常數。而在上面介紹的合成控制模型中可以看到隱藏混淆變數 U_t 是可以隨時間變化的。即使如此，在文獻 [26] 中提到只要權重向量滿足式（1.54）即可：

$$\begin{cases} Z_i &= \displaystyle\sum_{j\neq i} w_j^* Z_j \\ \mu_i &= \displaystyle\sum_{j\neq i} w_j^* \mu_j \end{cases} \tag{1.54}$$

那麼合成控制就能得到非偏的估測。這意味著即使不能觀測到部分混淆變數，仍有可能得到一組權重使我們獲得非偏的對干預後單位 i 的對照組結果的估測。與雙重差分模型相比，合成控制會基於對結構方程組的線性假設，而且需要觀測到 X_j，即那些不隨時間變化但隨單位變化的特徵。事實上，直接透過事實結果求解權重也是常見的，即只需近似滿足式（1.51）中的第一個等式。

如果受干預的單位有很多，有可能出現一種情況，即 X_1 會出現在 X_0 的 Convex Hull 中，這會導致透過解式（1.48）得到的 w 並不稀疏，從而無法得到合成控制相對於回歸調整的優勢。針對這種情況，在文獻 [31] 中，Abadie 和 L'Hour 提出了新的最佳化問題，或者說是權重 w 的評價器，如式（1.55）所示：

$$\begin{cases} w^* & = \underset{w}{\arg\min} \parallel X_1 - X_0 w^{\mathrm{T}} \parallel^2 + \lambda \sum_{j \neq i} w_j \parallel X_1 - X_j \parallel^2 \\ s.t. & \sum_{j \neq i} w_j = 1, w_j \geqslant 0 \end{cases} \tag{1.55}$$

其中，$\lambda>0$ 控制了目標函數中兩項的重要性。$\parallel X_1\text{-}X_j \parallel^2$ 是潛在對照組中每一個單位與受干預單位的協變數之間的差異（discrepancy）。這使我們能夠降低那些與受干預的單位相似度很低的單位在合成控制模型中的權重，得到更加稀疏的解。

1.2.6　因果中介效應分析

前面針對不同的資料和假設討論了幾種辨識因果效應的方法。本節進一步介紹因果中介效應分析（causal mediation analysis，CMA）這個重要的問題和用來解決它的經典方法。不正式地講，我們把那些處於處理變數和結果變數的因果路徑上的變數叫作中介變數。因果中介效應分析的主要目的是理解中介變數在研究處理變數對於結果變數的因果效應中扮演的角色。最早的對因果中介效應分析的研究可以追溯到文獻 [32]。在這項研究中，統計學家 Cocharan 想要研究幾種土壤薰蒸劑是如何影響莊稼產量的。他發現使用土壤薰蒸劑可以提高燕麥產量，並使線蟲數量下降。要更深刻地理解這三個變數之間的關係，我們其

實想要知道「線蟲數量」這個變數是否是處理變數「使用土壤薰蒸劑」對結果變數「莊稼產量」的因果效應的中介變數。即「使用土壤薰蒸劑」是否是透過影響「線蟲數量」來影響「莊稼產量」？要回答這樣的問題，需要把處理變數對結果變數的總因果效應（total effect，TE）分解成處理變數對結果變數的直接因果效應（direct causal effect）和透過中介變數的間接因果效應（indirect causal effect）。

　　因果中介效應分析的一個主要挑戰是，即使在可以進行隨機實驗的情況下，也需要一些合適的假設才可以辨識因果效應。這裡首先展示在隨機實驗資料中為什麼仍然不能直接做到因果辨識。如圖 1.11 所示的因果圖，假設資料可以表示為 $(T_i, M_i, X_i, Y_i)_{i=1}^n$，其中 $T_i \in \{0,1\}$ 是二元處理變數，M_i 代表單位 i 的中介變數，X_i 代表干預前協變數（pre-treatment covariates）。那麼給定一對處理變數和結果變數，什麼樣的變數可以被稱為中介變數呢？因為中介變數必須存在於處理變數到結果變數的路徑上，我們要求它必須是一個干預後變數（post-treatment variable），同時，它的值必須在結果變數的值被確定之前就已確定 [33]。

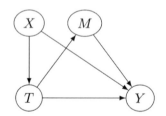

▲ 圖 1.11　一個典型的因果中介效應分析的因果圖

　　接下來，基於潛結果模型舉出在因果中介效應分析中幾個想要辨識和估測的因果效應的定義 [33]。首先，用 $M_i(T_i=t)$ 表示單位 i 的中介變數在處理變數取值為 t 時的潛在取值。然後可以將潛結果表示為一個中介變數和處理變數的函數，即令 $Y_i(T_i=t, M_i=m)$，表示當單位 i 的處理變數為 t、中介變數為 m 時的潛結果。

在潛結果框架中，假設二元處理變數 $T \in \{0,1\}$，單位 i 的因果中介效應 $\delta_i(t)$
是一個處理變數的函數，它的定義如式（1.56）所示：

$$\delta_i(t) = Y_i\big(T = t, M_i(1)\big) - Y_i\big(T = t, M_i(0)\big) \tag{1.56}$$

從定義中可以把因果中介效應理解成潛結果在處理變數被固定為 t，但中介
變數在處理變數取值為 $T=1$ 和 $T=0$ 時的差。換句話說，因果中介效應代表處理
變數透過影響中介變數對結果變數產生的因果效應。在文獻 [34] 中，因果中介
效應 $\delta(t)$ 也被稱為自然間接效應（natural indirect effect，NIE）。因果中介效應
的定義（見定義 1.22）其實基於隱含了一些假設。它要求潛結果僅僅受到處理
變數和中介變數取值的影響，而不論中介變數是否受到干預的影響。也就是說，
它要求當 $M_i(t) = M_i(1-t) = m$ 時，$Y_i(t, M_i(t)) = Y_i(t, M_i(1-t)) = Y_i(t, m)$。那麼很容易由
因果中介效應的定義得到平均因果中介效應（average causal mediation effect，
ACME）的定義，如式（1.57）所示：

$$\begin{aligned}\bar{\delta}(t) \quad &= \mathbb{E}[\delta_i(t)] \\ &= \mathbb{E}\big[Y_i\big(T = t, M_i(1)\big) - Y_i\big(T = t, M_i(0)\big)\big]\end{aligned} \tag{1.57}$$

在潛結果框架中，假設二元處理變數 $T \in \{0,1\}$，單位 i 的總因果效應為 τ_i，
它的定義如式（1.58）所示：

$$\tau_i = Y_i\big(T = 1, M_i(1)\big) - Y_i\big(T = 0, M_i(0)\big) \tag{1.58}$$

本質上，總因果效應與個人因果效應是等值的，但它考慮了中介變數的取
值。我們可以發現因果中介效應和總因果效應的關係可以表示為式（1.59）：

$$\tau_i = \delta_i(t) + \zeta(1 - t) \tag{1.59}$$

其中，$\zeta(t)=Y_i(T=1,M_i(t))-Y_i(T=0,M_i(t))$ 又被稱為自然直接效應（natural direct effect，NDE）或者總直接效應（total direct effect，TDE）。它也是一個處理變數 t 的函數。我們可以把它理解為處理變數不透過中介變數，而直接對結果變數產生的因果效應，或者說，當中介變數的值固定為 $M_i(t)$ 時，改變處理變數對結果變數的影響。那麼式（1.59）意味著總因果效應是因果中介效應在處理變數 t 時的取值與自然直接效應在處理變數為 1-t 時的取值之和。另外，還有一種重要的因果量，即控制直接效應（controlled direct effect）[34-35]，它的定義如下。

定義 1.24　控制直接效應。

在潛結果框架中，假設二元處理變數 $T\in\{0,1\}$，單位 i 的控制直接效應定義如式（1.60）所示：

$$Y_i(T_i=t,M_i=m)-Y_i(T_i=t,M_i=m'),m\neq m' \tag{1.60}$$

我們可以發現控制直接效應同時是處理變數取值 t 和中介變數取值 m、m' 的函數。整體來說，我們可以將因果中介效應分析的目的理解為將總因果效應分解成以上定義，從而解釋總因果效應。

接下來根據這些因果量的定義來分析因果中介效應分析的挑戰：即使在隨機實驗資料中，仍然無法直接辨識平均因果中介效應。而序列可忽略（sequential ignorability）假設 [33] 是當前最常見的用來辨識平均因果中介效應和平均自然直接效應的假設。下面舉出它的定義。

定義 1.25　序列可忽略假設。

在潛結果框架中，假設二元處理變數 $T\in\{0,1\}$，單位 i 的控制直接效應定義如式（1.61）和式（1.62）所示：

$$Y_i(t',m),M_i(t)\perp\!\!\!\perp T_i|X_i=x \tag{1.61}$$

$$Y_i(t',m)\perp\!\!\!\perp M_i(t)|T_i=t,X_i=x \tag{1.62}$$

與非混淆假設相似，序列可忽略假設也需要相對應的重疊假設，如式（1.63）所示：

$$P(T_i = t | X_i = x) \in (0,1)$$
$$P(M_i(t) = m | T_i = t, X_i = x) \in (0,1), \forall x \in \mathcal{X}, m \in \mathcal{M}$$
(1.63)

其中，$\mathcal{X}$ 和 $\mathcal{M}$ 是協變數和中介變數的取值空間。式（1.61）首先假設了處理變數的可忽略性，即給定協變數（干預前變數）的值，一個單位的潛結果和中介變數的潛在取值已經確定，而處理變數只是影響哪一種潛結果或者中介變數的潛在取值會被觀測到。之後，式（1.62）假設了中介變數的可忽略性，即確定了協變數和處理變數的值之後，潛結果不再受中介變數取值的影響。這裡的序列可忽略性假設 [33] 與更早的文獻 [36] 中所提到的序列可忽略假設有一點不同：中介變數的可忽略性不再以未觀察到的干預後混淆變數為條件。接下來利用序列可忽略性假設推導出平均因果中介效應和平均自然直接效應的（非參數的）因果辨識，如式（1.64）～式（1.71）所示：

$$\mathbb{E}[Y_i(t, M_i(t')) | X_i = x]$$
(1.64)

$$= \int \mathbb{E}[Y_i(t,m) | M_i(t') = m, X_i = x] \mathrm{d}\, P(M_i(t') = m | X_i = x)$$
(1.65)

$$= \int \mathbb{E}[Y_i(t,m) | M_i(t') = m, T_i = t', X_i = x] \mathrm{d}\, P(M_i(t') = m | X_i = x)$$
(1.66)

$$= \int \mathbb{E}[Y_i(t,m) | T_i = t', X_i = x] \mathrm{d}\, P(M_i(t') = m | X_i = x)$$
(1.67)

$$= \int \mathbb{E}[Y_i(t,m) | T_i = t, X_i = x] \mathrm{d}\, P(M_i(t') = m | T_i = t', X_i = x)$$
(1.68)

$$= \int \mathbb{E}[Y_i(t,m) | M_i(t) = m, T_i = t, X_i = x] \mathrm{d}\, P(M_i(t') = m | T_i = t', X_i = x)$$
(1.69)

$$= \int \mathbb{E}[Y_i | M_i = m, T_i = t, X_i = x] \mathrm{d}\, P(M_i(t') = m | T_i = t', X_i = x)$$
(1.70)

$$= \int \mathbb{E}[Y_i | M_i = m, T_i = t, X_i = x] \mathrm{d}\, P(M_i = m | T_i = t', X_i = x)$$
(1.71)

其中，式（1.66）來自 $Y_i(t',m) \perp\!\!\!\perp T_i | M_i(t) = m', X_i = x$ ，它可以由式（1.61）（即處理變數的可忽略性）得到。類似地，式（1.68）和式（1.71）也可以由式（1.61）得到。式（1.67）和式（1.69）利用了式（1.62），即中介變數的可忽略性。式（1.67）則利用了潛結果框架中介紹的一致性假設，即 $Y_i = Y_i(T_i, M_i(T_i))$ 。

這樣就可以利用上面的結果（見式（1.71）），再對協變數的邊緣分佈求期望，從而完成對平均因果中介效應和平均自然直接效應的辨識，如式（1.72）所示：

$$
\begin{aligned}
& \mathbb{E}[Y_i(t, M_i(t'))] \\
& = \int \mathbb{E}[Y_i(t, M_i(t')) | X_i = x] \mathrm{d}\,P(X_i = x) \\
& = \int \int \mathbb{E}[Y_i | M_i = m, T_i = t, X_i = x] \mathrm{d}\,P(M_i = m | T_i = t', X_i = x) \mathrm{d}\,P(X_i = x)
\end{aligned}
\tag{1.72}
$$

這樣就可以利用式（1.72）的結論，將 t 和 t' 設為需要的值來估測平均因果中介效應和平均自然直接效應，因為等式右邊的項均為已觀測到的變數的分佈。

近幾年，因果中介效應分析被廣泛應用在機器學習研究中。後面章節將詳細介紹如何利用因果中介效應分析對複雜的機器學習模型（如深度神經網路的可解釋性）進行研究（見 4.1.3 節）。

1.2.7　部分辨識、ATE 的上下界和敏感度分析

1.2.1 節到 1.2.6 節已經介紹了很多種辨識因果效應和估測它們的方法。但我們知道，某種辨識因果效應的方法都依賴於較強的假設。在此考慮一個常見的情況，即存在隱藏混淆變數、可忽略性假設不能被滿足的情況，假如利用 $\mathbb{E}[\mathbb{E}[Y|T=1,X]-E[Y|T=0,X]]$ 這個評價器去估測 ATE，結果會有多大的偏差，這個估測的偏差又主要由哪些因素決定？首先需要明確一點，當用可忽略性假設去做因果辨識和估測得到 ATE 時，得到的是一個點估測，即準確地估測了 ATE 的值。而在更弱的假設下，可能只能將估測變成一個範圍，即想要估測 ATE 的上界和下界。這類估測在可忽略性假設被違反的情況下非常實用。估測因果效應上下界的方法常常被形象地稱為部分辨識（partial identification）[37]。與普通的因果辨識不同，部分辨識只能夠得到因果效應的範圍，而不能得到準確的點估計（point estimate）[38]。

1．基於 ITE 取值範圍的 ATE 的上下界

如果知道潛結果的範圍，就可以直接得到 ITE 的範圍。舉個例子，如果知道式（1.73）：

$$Y_i^1, Y_i^0 \in [a, b] \tag{1.73}$$

則可以知道 ITE 的範圍，如式（1.74）所示：

$$\text{ITE} = Y_i^1 - Y_i^0 \in [a - b, b - a] \tag{1.74}$$

而我們可以對整體求期望，得到 ATE 的範圍，如式（1.75）所示：

$$\text{ATE} = \mathbb{E}[Y_i^1 - Y_i^0] \in [a - b, b - a] \tag{1.75}$$

這意味著 ATE 的範圍大小為 $2b\text{-}2a$，然後嘗試得到一個更小的範圍，使 ATE 的估測更加精確。首先，對 ATE 做一個觀測—反事實分解（observational-counterfactual decomposition），如式（1.76）所示：

$$
\begin{aligned}
\text{ATE} &= \mathbb{E}[Y_i^1 - Y_i^0] \\
&= \mathbb{E}[Y_i^1] - \mathbb{E}[Y_i^0] \\
&= P(T = 1)\mathbb{E}[Y_i^1|T = 1] + P(T = 0)\mathbb{E}[Y_i^1|T = 0] - \\
&\quad P(T = 1)\mathbb{E}[Y_i^0|T = 1] - P(T = 0)\mathbb{E}[Y_i^0|T = 0] \\
&= P(T = 1)\mathbb{E}[Y_i|T = 1] + P(T = 0)\mathbb{E}[Y_i^1|T = 0] - \\
&\quad \mathbb{E}P(T = 1)[Y_i^0|T = 1] - P(T = 0)\mathbb{E}[Y_i|T = 0]
\end{aligned}
\tag{1.76}
$$

其中，第一個等式用到了期望的線性（linearity of expectation）。第二個等式用到了機率密度函數的邊緣化。最後一個等式用到了一致性（consistency）。將式（1.76）稱為觀測—反事實分解是因為我們將潛結果分解成了可以觀測到的事實結果的期望和不能觀測到的反事實結果的期望。為了簡化符號，接下來令 $\pi = P(T = 1)$。由式（1.76）可知，ATE 中無法從觀測性資料中得到的部分就是帶有反事實結果的 $(1 - \pi)\mathbb{E}[Y_i^1|T = 0] - \pi\mathbb{E}[Y_i^0|T = 1]$。所以要得到 ATE 的上下界，需要得到這一部分的上下界。由式（1.73）可以直接得到 ATE 的上下界，如式（1.77）所示：

$$ATE \quad \leqslant \pi\mathbb{E}[Y_i|T=1] + (1-\pi)b - \pi a - (1-\pi)\mathbb{E}[Y_i|T=0]$$
$$ATE \quad \geqslant \pi\mathbb{E}[Y_i|T=1] + (1-\pi)a - \pi b - (1-\pi)\mathbb{E}[Y_i|T=0] \qquad (1.77)$$

這樣就獲得了一組 ATE 的上下界。它唯一需要的假設就是對潛結果的範圍的約束（見式（1.73）），可以得到 ATE 的上下界（見式（1.77））。數學基礎好的讀者可能已經發現，經過觀測—反事實分解，能夠將 ATE 的範圍（即 ATE 上下界之間的差）縮小為 $(1-\pi)b-\pi a-(1-\pi)a+\pi b=b-a$。接下來為了更直觀地表現這些上下界的範圍，採用式（1.78）所示的數值設定作為一個例子：

$$a = 0, b = 1, \pi = 0.25, \mathbb{E}[Y|T=1] = 0.8, \mathbb{E}[Y|T=0] = 0.3 \qquad (1.78)$$

根據這些數值可以由式（1.77）得出 ATE 的下界為：0.25×0.8-0.25×1-0.75×0.3=-0.275，其上界為：0.25×0.8+0.75×1-0.75×0.3=0.725。

2·非負單調狀態回饋假設對 ATE 下界的影響

另一個常見的關於 ITE 取值範圍的假設就是非負單調狀態回饋假設（nonnegative monotonic treatment response），它意味著 ITE=Y_i^1-Y_i^0 ≥ 0,∀i。這個假設在很多場景下都是合理的，如可以保證處理變數為 1 一定是有益的情況。例如，為罪犯提供指導預審服務不會提高罪犯成為累犯的機率 [39]。

有了非負單調狀態回饋假設，就可以利用觀測—反事實分解來收緊 ATE 的下界。我們可以證明在非負單調狀態回饋假設成立的情況下，ATE ≥ 0，證明如式（1.79）所示：

$$\begin{aligned} ATE \quad &= \pi\mathbb{E}[Y_i|T=1] + (1-\pi)\mathbb{E}[Y_i^1|T=0] - \\ &\quad \pi\mathbb{E}[Y_i^0|T=1] - (1-\pi)\mathbb{E}[Y_i|T=0] \\ &\geqslant \pi\mathbb{E}[Y_i|T=1] + (1-\pi)\mathbb{E}[Y|T=0] - \\ &\quad \pi\mathbb{E}[Y|T=1] - (1-\pi)\mathbb{E}[Y_i|T=0] \\ &= 0 \end{aligned} \qquad (1.79)$$

這裡的不等式用到了 $Y_i^1 \geq Y_i^0$，即非負單調狀態回饋假設。利用這個假設時，如果考慮式（1.78）中的設定，那麼可以把 ATE 的範圍從 $[-0.275,0.725]$ 縮小為 $[0,0.725]$。

類似地，如果做出非正單調狀態回饋假設，即 ITE=Y_i^1-$Y_i^0 \leq 0, \forall i$。那麼可以用觀測─反事實分解得到 ATE ≤ 0，它也有助於縮小 ATE 的取值範圍。

3・單調狀態選擇假設及它對 ATE 上下界的影響

下面介紹另一種常見的單調性假設，即單調狀態選擇（monotonic treatment selection）假設。單調狀態選擇意味著實驗組中潛結果的期望總是不比對照組中潛結果的期望小。它的定義可以由式（1.80）舉出：

$$\begin{cases} \mathbb{E}[Y^1|T = 1] \geqslant \mathbb{E}[Y^1|T = 0] \\ \mathbb{E}[Y^0|T = 1] \geqslant \mathbb{E}[Y^0|T = 0] \end{cases} \quad (1.80)$$

符合單調狀態選擇假設的情況也有很多，比如，身體素質好的人更喜歡運動。單調狀態選擇假設可以得到如式（1.81）所示的 ATE 上界：

$$\text{ATE} = \mathbb{E}[Y^1 - Y^0] \leqslant \mathbb{E}[Y|T = 1] - \mathbb{E}[Y|T = 0] \quad (1.81)$$

接下來證明它。由觀測─反事實分解可以得到式（1.82）：

$$\begin{aligned} \text{ATE} \quad &= \pi\mathbb{E}[Y_i|T = 1] + (1 - \pi)\mathbb{E}[Y_i^1|T = 0] - \\ &\quad \pi\mathbb{E}[Y_i^0|T = 1] - (1 - \pi)\mathbb{E}[Y_i|T = 0] \\ &\leqslant \pi\mathbb{E}[Y_i|T = 1] + (1 - \pi)\mathbb{E}[Y^1|T = 1] - \\ &\quad \pi\mathbb{E}[Y^0|T = 0] - (1 - \pi)\mathbb{E}[Y_i|T = 0] \\ &= \mathbb{E}[Y|T = 1] - \mathbb{E}[Y|T = 0] \end{aligned} \quad (1.82)$$

其中不等式利用了單調狀態選擇假設（見式（1.80））。那麼用式（1.78）中例子的數值來看一下這個 ATE 上界能縮小多少 ATE 的取值範圍呢？由 ATE 上界（見式（1.81））可以得到，ATE∈[-0.275,0.5]，比沒有用單調狀態選擇假設時的上界小一些。

4・最優狀態選擇假設及它對 ATE 上下界的影響

下面介紹最優狀態選擇假設（optimal treatment selection）。最優狀態選擇假設意味著每個個體的處理變數的值都是最優的，即事實結果總是不小於反事實結果。最優狀態選擇假設可以用式（1.83）所示的兩筆規則來定義：

$$\begin{cases} T_i = 1 \rightarrow Y_i^1 \geqslant Y_i^0 \\ T_i = 0 \rightarrow Y_i^1 < Y_i^0 \end{cases} \tag{1.83}$$

在現實生活中，也可以找到最優狀態選擇假設的成立場景。比如，一個水準很高的健身教練只會讓那些適合進行高強度訓練的人採取某種高強度的訓練方式，不會讓普通人採取高強度的訓練方式。那麼可以根據最優狀態選擇假設（見式（1.83））得到式（1.84）所示的兩個期望的不等式：

$$\begin{cases} \mathbb{E}[Y|T=1] \geqslant \mathbb{E}[Y^0|T=1] \\ \mathbb{E}[Y^1|T=0] \leqslant \mathbb{E}[Y|T=0] \end{cases} \tag{1.84}$$

由這兩個不等式結合觀測—反事實分解（見式（1.76）），可以得到 ATE 的上界，如式（1.85）所示：

$$\begin{aligned} \text{ATE} &= \pi\mathbb{E}[Y_i|T=1] + (1-\pi)\mathbb{E}[Y_i^1|T=0] - \\ &\quad \pi\mathbb{E}[Y_i^0|T=1] - (1-\pi)\mathbb{E}[Y_i|T=0] \\ &\leqslant \mathbb{E}[Y_i|T=1] + (1-\pi)\mathbb{E}[Y_i|T=0] - \\ &\quad \pi a - (1-\pi)\mathbb{E}[Y_i|T=0] \\ &= \pi\mathbb{E}[Y|T=1] - \pi a \end{aligned} \tag{1.85}$$

其中的不等式用到了潛結果的範圍 $Y^1, Y^0 \geq a$ 和式（1.84）。類似地，可以利用式（1.84）中的第二個不等式和潛結果的範圍 $Y^1, Y^0 \leq b$，得到式（1.86）所示的 ATE 下界：

$$\begin{aligned} \text{ATE} &= \pi\mathbb{E}[Y_i|T=1] + (1-\pi)\mathbb{E}[Y_i^1|T=0] - \\ &\quad \pi\mathbb{E}[Y_i^0|T=1] - (1-\pi)\mathbb{E}[Y_i|T=0] \\ &\geqslant \pi\mathbb{E}[Y_i|T=1] + (1-\pi)a - \\ &\quad \pi\mathbb{E}[Y_i|T=1] - (1-\pi)\mathbb{E}[Y_i|T=0] \\ &= (1-\pi)a - (1-\pi)\mathbb{E}[Y_i|T=0] \end{aligned} \tag{1.86}$$

那麼可以計算這一對由最優狀態選擇假設帶來的 ATE 上下界的範圍 $\pi\mathbb{E}[Y|T=1]-\pi a-(1-\pi)a-(1-\pi)\mathbb{E}[Y_i|T=0]=\pi\mathbb{E}[Y|T=1]-(1-\pi)\mathbb{E}[Y_i|T=0]-a$。用式（1.78）中的數值，可以由最優狀態選擇假設帶來的 ATE 上下界為 $\text{ATE} \in [-0.225, 0.2]$。

其實，還可以用最優狀態選擇假設得到另外一組 ATE 的上下界。首先，基於最優狀態選擇假設的第二部分，即 $T_i=0 \rightarrow Y_i^1<Y_i^0$，透過否定證明可以得到 $Y_i^1 \geq Y_i^0 \rightarrow T_i=1$，從而可以得到式（1.87）：

$$\begin{aligned}\mathbb{E}[Y^1|T=0]\ &=\mathbb{E}[Y^1|Y^1<Y^0]\\&\leqslant\mathbb{E}[Y^1|Y^1\geqslant Y^0]=\mathbb{E}[Y|T=1]\end{aligned} \tag{1.87}$$

其中，第一個等式可以由最優狀態選擇假設的第二部分得到，最後一個等式可以由剛才推導出的 $Y_i^1 \geq Y_i^0 \rightarrow T_i=1$ 得到。然後，與之前的推導方式相似，可以利用觀測—反事實分解得到一個 ATE 的上界，如式（1.88）所示：

$$\begin{aligned}\text{ATE}\ &=\pi\mathbb{E}[Y_i|T=1]+(1-\pi)\mathbb{E}[Y_i^1|T=0]-\\&\quad\pi\mathbb{E}[Y_i^0|T=1]-(1-\pi)\mathbb{E}[Y_i|T=0]\\&\leqslant\mathbb{E}[Y_i|T=1]+(1-\pi)\mathbb{E}[Y_i|T=1]-\\&\quad\pi a-(1-\pi)\mathbb{E}[Y_i|T=0]\\&=\mathbb{E}[Y_i|T=1]-\pi a-(1-\pi)\mathbb{E}[Y_i|T=0].\end{aligned} \tag{1.88}$$

其中，不等式利用了剛剛推導出的式（1.87）和 $Y^1,Y^0 \geq a$。類似地，可以用最優狀態選擇假設的第一部分得到一個 ATE 下界。首先可以用否定證明得到 $Y_i^1<Y_i^0 \rightarrow T_i=0$。然後可以對應地推出式（1.89）：

$$\begin{aligned}\mathbb{E}[Y^0|T=1]\ &=\mathbb{E}[Y^0|Y^1\geqslant Y^0]\\&\leqslant\mathbb{E}[Y^0|Y^1<Y^0]=\mathbb{E}[Y|T=0]\end{aligned} \tag{1.89}$$

將式（1.89）代入觀測—反事實分解中，可以得到 ATE 下界，如式（1.90）所示：

$$\begin{aligned}\text{ATE}\ &=\pi\mathbb{E}[Y_i|T=1]+(1-\pi)\mathbb{E}[Y_i^1|T=0]-\\&\quad\pi\mathbb{E}[Y_i^0|T=1]-(1-\pi)\mathbb{E}[Y_i|T=0]\\&\geqslant\pi\mathbb{E}[Y_i|T=1]+(1-\pi)a-\\&\quad\pi\mathbb{E}[Y_i|T=0]-(1-\pi)\mathbb{E}[Y_i|T=0]\\&=\pi\mathbb{E}[Y_i|T=1]+(1-\pi)a-\mathbb{E}[Y_i|T=0].\end{aligned} \tag{1.90}$$

這樣就可以得到一對 ATE 的上下界 ATE∈[$\pi\mathbb{E}[Y_i|T=1]+(1-\pi)a-\mathbb{E}[Y_i|T=0]$, $\mathbb{E}[Y_i|T=1]-\pi a-(1-\pi)\mathbb{E}[Y_i|T=0]$]。用式（1.78）中的數值，可以計算得到這一對 ATE 上下界的值為 ATE∈[-0.1,0.575]，ATE 的範圍大小為 0.675。這並不意味著這一對上下界總是比由式（1.86）得到的那一對上下界差，我們需要根據具體的情況而定。

整體來說，可以發現隨著假設越來越強，得到的 ATE 的範圍也越來越小。表 1.1 複習了根據本節各例中的數值計算出的各假設推導出的上下界的值。

➡ 表 1.1　根據範例數值中各假設推導出的 ATE 上下界

假設	下界	上界
ITE 取值範圍	-0.275	0.725
非負單調狀態回饋假設	0	0.725
單調狀態選擇假設	-0.275	0.5
最優狀態選擇假設	-0.225	0.2
	-0.1	0.575

5．隱藏混淆變數、可忽略性假設和 ATE 敏感性分析

下面介紹的內容依然會依賴於可忽略性假設，即 $Y^1,Y^0 \perp\!\!\!\perp T|X,U$，其中 U 是隱藏混淆變數，目的是量化式（1.91）所示的兩個評價器對 ATE 的估測的差：

$$\begin{cases} \text{ATE} &= \mathbb{E}_{U,X}[Y|T=1,U,X] - \mathbb{E}_{U,X}[Y|T=0,U,X] \\ \widehat{\text{ATE}} &= \mathbb{E}_X[Y|T=1,X] - \mathbb{E}_X[Y|T=0,X] \end{cases} \quad (1.91)$$

其中，第一個評價器會得到 ATE 的基準真相，但因為沒有觀測到 U，它並不能在實際中被使用。第二個評價器一般情況下會得到有偏差的估測。

接下來考慮式（1.92）所示的線性 SCM，其中 X 和 U 均為一維隨機變數，而 τ 是想要得到的 ATE：

$$\begin{cases} T &= \alpha_X X + \alpha_U U \\ Y &= \beta_X X + \beta_U U + \tau T \end{cases} \quad (1.92)$$

那麼在這種 SCM 的設定下，如果利用評價器 $\widehat{\text{ATE}}$，它的偏差是多少呢？可以得到式（1.93）：

$$\widehat{\text{ATE}} = \tau + \frac{\beta_U}{\alpha_U}, \widehat{\text{ATE}} - \text{ATE} = \frac{\beta_U}{\alpha_U} \qquad (1.93)$$

要證明這個結論，首先推導 $\widehat{\text{ATE}}$ 中的期望 $\mathbb{E}_X[Y|T,X]$，如式（1.94）所示：

$$
\begin{aligned}
\mathbb{E}_X[Y|T=t,X] &= \mathbb{E}_X\big[\mathbb{E}[\beta_X X + \beta_U U + \tau T|T=t,X]\big] \\
&= \mathbb{E}_X\big[\beta_X X + \mathbb{E}[\beta_U U|T=t,X] + \tau t\big] \\
&= \mathbb{E}_X\left[\beta_X X + \beta_U \frac{t - \alpha_X X}{\alpha_U} + \tau t\right] \\
&= \mathbb{E}_X\left[\beta_X X + \frac{\beta_U t}{\alpha_U} - \frac{\beta_U \alpha_X X}{\alpha_U} + \tau t\right] \\
&= \left(\beta_X - \frac{\beta_U \alpha_X}{\alpha_U}\right)\mathbb{E}_X[X] + \left(\frac{\beta_U}{\alpha_U} + \tau\right)t
\end{aligned}
\qquad (1.94)
$$

其中，第三個等式利用了 $U = \frac{T - \alpha_X X}{\alpha_U}$，這可以由假設的線性 SCM（見式（1.92））中的第一個結構方程式得到。發現根據式（1.94）可以得到式（1.95）：

$$\widehat{\text{ATE}} = \mathbb{E}_X[Y|T=1,X] - \mathbb{E}_X[Y|T=0,X] = \frac{\beta_U}{\alpha_U} + \tau \qquad (1.95)$$

所以可以下結論 $\widehat{\text{ATE}} - \text{ATE} = \frac{\beta_U}{\alpha_U}$。我們可以發現，根據如圖 1.12 所示的因果圖和假設的線性 SCM，α_U 和 β_U 正好可以代表隱藏混淆變數 U 所在的那條後門通路上，U 對處理變數和結果變數的影響大小。

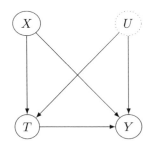

▲ 圖 1.12　一個典型的存在隱藏混淆變數 U 的因果圖

　　在以上推導中,我們在很強的假設(線性 SCM、沒有雜訊項、一維隱藏混淆變數)下能夠精確地推導出評價器 ATÊ 的偏差。那麼能不能把這些推導的結果推廣到其他設定(如非線性 SCM、有雜訊項、多維隱藏混淆變數)呢?能否考慮與圖 1.12 不同的情況呢?如在工具變數或者中介分析中出現隱藏混淆變數的情況下,能否量化隱藏混淆變數對標準的基於工具變數或者是中介分析的 ATE 評價器帶來的偏差呢?在此不再詳細介紹這些內容,有興趣的讀者可以自行查閱相關的文獻,如文獻 [40]。

第 ② 章

用機器學習解決因果推斷問題

　　Judea Pearl 曾在社交媒體上將如今關注度最高的機器學習研究戲稱為「不過是曲線擬合」。事實上，擬合曲線並不是一件簡單的事情。經過了多年的發展，機器學習模型，尤其是深度學習模型如卷積神經網路（CNN）[41]、長短期記憶（LSTM）[42]、圖神經網路（GNN）[43] 和 Transformers[44]，以及整合學習（ensemble learning）模型如 XGBoost[45]、LightGBM[46] 和隨機森林（random forests）[47]，已經在從影像和音訊辨識、自然語言處理、蛋白質分子結構預測、搜尋推薦等多項應用中被證明是有效的。在因果推斷任務中，在完成了因果效應辨識之後，還需要進行曲線擬合來估測一系列資料分佈。如在條件因果效應估測中，在可忽略性假設成立的情況下，就需要用一個模型去估測條件分佈 $P(Y|T,X)$，從而推

斷每個協變數的值和處理變數的值所對應的潛結果的值。在傳統研究中，基於對可解釋性和不確定性分析的偏好，經濟學家和統計學家往往會使用線性回歸模型去擬合這一條件分佈。但在機器學習社區中則有大量工作集中於改良這一步驟，其中一部分模型甚至能夠利用深度隱變數模型的特性放寬可忽略性假設[48]。又如，在因果發現中，圖神經網路[43,49]則可以很自然地被用來對因果圖進行建模[50]。

本章將介紹如何利用機器學習強大的曲線擬合能力來提升因果推斷任務中的表現。首先介紹在基於觀測性資料的因果效應估測任務中，如何設計整合學習模型和神經網路模型，以提升因果效應估測的精度。

2.1　基於整合學習的因果推斷

本節介紹一種常用的基於整合學習的因果推斷模型——貝氏加性回歸樹（Bayesian additive regression tree，簡稱為 BART）。BART 是一種基於整合學習的回歸演算法[51]，其工作原理與其他類型的基於回歸樹的整合學習演算法類似。在整合學習中，我們一般會首先利用 Bootstrap，即從訓練集中採用部分樣本或者特徵，然後用每個樣本訓練一系列的弱預測器，例如，一棵深度較淺的回歸樹。BART 中的每一棵樹都會對原始特徵（協變數）空間進行劃分，每個葉子就代表原始特徵空間的一個子空間，屬於一棵樹同一葉子（子空間）內的所有樣本具有相同的預測值。而多棵樹對同一樣本的預測值會被加起來，作為最後的預測值。

在文獻 [52] 中提及，BART 是最早被應用在條件因果效應估測任務上的整合學習模型之一。我們知道，在確認特徵 X 滿足後門準則的條件下，條件因果效應估測的目標是學習一個函數，以預測期望 $\mathbb{E}[Y|X,T]$。而回歸模型 BART 的輸入是特徵（協變數）和處理變數，輸出是其對應的潛結果。可以用函數 $f:\mathcal{X}\times\mathcal{T}\rightarrow\mathcal{Y}$ 來描述一個 BART 模型。從模型的角度來看，BART 是一種加性誤差均值回歸模型（additive error mean regression），用條件因果效應估測的資料來講，它滿足式（2.1）：

$$y^t(\boldsymbol{x}) = f(\boldsymbol{x},t) + \epsilon \tag{2.1}$$

其中，$Y^t(\boldsymbol{x})$ 是協變數取值為 $\boldsymbol{x}$ 的樣本在處理變數取值為 t 的情況下的潛結果。ϵ 是符合均值為 0 的高斯分佈的雜訊項。BART 利用先驗來對每棵樹進行正規化（regularization）處理。BART 中每一棵樹當前的葉子節點會有子節點的機率被定義為式（2.2）：

$$\alpha(1+d)^{-\beta} \tag{2.2}$$

其中，d 是當前節點的深度，$\alpha \in (0,1)$ 和 $\beta \in [0, \infty)$ 是 BART 模型的超參數，它們的預設取值分別是 $\alpha = 0.95$ 和 $\beta = 2$。

BART 中未知的函數 f 被定義為許多棵樹的輸出之和，其中每一棵貝氏加性樹是一種分段常數二值回歸樹（piecewise constant binary regression tree）。分段指每一棵樹本質上是一個分段函數。常數指每棵樹對於一個樣本的預測是一個以常數為均值的分佈，二值指樹的每一個中間節點把其對應的特徵空間根據一個條件劃分為兩部分，回歸樹指其輸出是連續的。BART 最終預測的潛結果是其中每一棵樹的預測值之和，如式（2.3）所示：

$$\hat{y}^t(\boldsymbol{x}) = f(\boldsymbol{x},t) = \sum_{q=1}^{Q} g_q(\boldsymbol{x},t) \tag{2.3}$$

其中，Q 是樹的數量，$g_q(\boldsymbol{x},t)$ 代表第 q 棵樹預測的特徵取值為 $\boldsymbol{x}$ 的樣本在處理變數取值為 t 時對應的潛結果。圖 2.1 和圖 2.2 展示了 BART 中的一棵樹 q 和它對特徵空間劃分的示意圖。這裡考慮二值的處理變數 $T \in \{0,1\}$ 和二維協變數（特徵）x^1 和 x^2。其中第一個中間節點（矩形）將特徵空間劃分為兩部分，任意滿足變數 $x^1 > 0.5$ 的樣本都屬於葉子節點（橢圓形）1，該樹對葉子節點 1 中任意樣本的預測值均為 μ_{q1}，即第 q 棵樹第一個葉子節點對應的預測值。而對於 $x^1 \leq 0.5$ 的樣本，則要用到另一個中間節點中的條件 $x^2 < 0.7$ 來決定該樣本在這棵樹中最終的預測值。如圖 2.2 所示，如果有一個樣本的特徵取值為 $X = (0.1, 0.6)$，那麼這棵樹對它的預測值就是 μ_{q2}。我們可以用觀測性資料 $\{x_i, t_i, y_i\}_{i=1}^{N}$ 去訓練 BART，得到一個能夠預測具有任意特徵和處理變數取值的樣本對應的潛結果的

模型 f。之後，對於任意給定特徵和處理變數取值的樣本 $(\boldsymbol{x},t)$，可以用式（2.4）推斷其對應的條件因果效應 CATE：

$$\text{CATE}(\boldsymbol{x}) = f(X = \boldsymbol{x}, T = 1) - f(X = \boldsymbol{x}, T = 0) \tag{2.4}$$

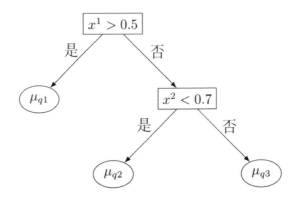

▲ 圖 2.1 BART 中一棵兩層的貝氏加性回歸樹 $g(x,t)$

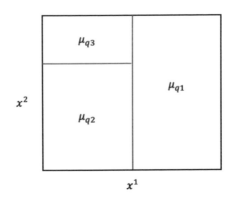

▲ 圖 2.2 BART 中一棵兩層的貝氏加性樹對特徵空間的劃分

與其他的因果效應估測模型相比，BART 之所以被廣泛應用，是因為它有以下優勢 [52-53]：

第一，BART 是一種加性回歸樹，它能夠極佳地對非線性非連續函數進行建模。

第二，它幾乎無須對超參數進行最佳化。

第三，它是一種貝氏模型，即 BART 可以直接對後驗機率進行估測，這有利於我們在根據 BART 估測的因果效應做決策時參考其預測時的置信區間。

在文獻 [54] 中，Hahn 等人發現了 BART 的一個問題——正規化引入的混淆偏差（regularization-induced confounding，RIC）。當資料生成過程滿足以下兩個條件時，正規化引入的混淆偏差便會存在以下兩個問題：

第一，在資料生成過程中，潛結果對於特徵的依賴遠大於處理變數。

第二，當我們在訓練 BART 時加了過強的正規項。

圖 2.3 展示了一個正規化引入混淆偏差的案例。當我們想要擬合的函數對於回歸樹模型來講非常難以擬合時，如式（2.5）所示：

$$f(x^1, x^2) = \begin{cases} \mu_1 & , \quad x^1 \geqslant x^2 \\ \mu_2 & , \quad x^1 < x^2 \end{cases} \tag{2.5}$$

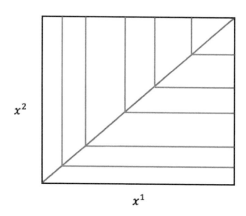

▲ 圖 2.3　BART 模型出現 RIC 的案例，簡單的非線性函數卻需要一個非常複雜（層數深、葉子節點數量許多）的 BART 模型才能擬合。而先驗對 BART 的正規化處理就要求每一棵樹必須簡單，這將使 BART 在這樣的資料上有較大的偏差

那麼，要使 BART 對這樣的函數做出準確的擬合，正如圖 2.3 中綠色的線段所示，需要層數很深、葉子節點很多的回歸樹組成的 BART 模型才可以對函數進行高精度的擬合。而 BART 的先驗正規化避免了出現這樣的回歸樹，從而引發對結果變數的預測偏差較大的問題。要解決這個問題，Hahn 等人[53] 提出了一個很簡單的解決方案，那就是將預測到的傾向性分數加入 BART 模型的輸入中。這是因為在有正規化引發的混淆偏差的資料集中，傾向性分數和潛結果往往關係緊密。將估測到的傾向性分數加入模型輸入中，可以有效地降低擬合預測潛結果需要的 BART 模型的複雜度。注意，這裡可以用其他類型的模型（如線性回歸）作為傾向性分數模型，來避免用 BART 擬合它的困難。

在 BART 的基礎上，He 等人提出了 XBART，進一步對 BART 模型的計算複雜度進行了最佳化，有興趣的讀者可自行閱讀文獻 [55]。

2.2 基於神經網路的因果推斷

2.2.1 反事實回歸網路

反事實回歸網路（counterfactual regression networks，簡寫為 CFRNet）是在學術界被廣泛應用的一個用於對觀測性資料進行因果效應估測的神經網路。它的因果辨識同樣基於在第 1 章中介紹的幾個常用的因果效應估測的假設，包括強可忽略性和 SUTVA。這裡為了簡化符號，考慮二值處理變數 $t \in \{0,1\}$ 和結果變數為一維實數的情況。反事實回歸網路（CFRNet）[56] 的結構基於平衡神經網路（balancing neural networks，BNN）[57]。BNN 的核心思想是學習協變數的表徵，然後在表徵空間對實驗組和對照組進行平衡。與傳統因果推斷裡在原特徵空間通關權重來對實驗組和對照組進行平衡的方法相比，BNN 更靈活，允許我們從協變數中得到有用的混淆變數的表徵，之後再進行平衡。接下來介紹對表徵進行平衡的理由。而 CFRNet 在 BNN 的基礎上對表徵空間的平衡進行最佳化，並為表徵空間的平衡提供了理論基礎。

1．反事實回歸網路簡介

　　圖 2.4 展示了 CFRNet 的結構。可以將 CFRNet 劃分為兩部分：表徵學習
（representation learning）模組和潛結果預測模組。

- 表徵學習模組可以用函數 $h:\mathcal{X} \to \mathbb{R}^d$ 將觀測到的協變數 x 映射到表徵空間的 d
  維向量 $\Phi(x)$。而潛結果預測模組中的每一組全連接層分別將一個樣本的表徵
  $\Phi(x)$ 映射到兩個潛結果，CFRNet 構造了兩個結構相同但互相獨立的預測模
  組。用函數 $f^t:\mathbb{R}^d \to \mathbb{R}$ 表示潛結果預測模組，其中，f^1 和 f^0 的輸出分別是預
  測的該樣本在實驗組和對照組中的潛結果。

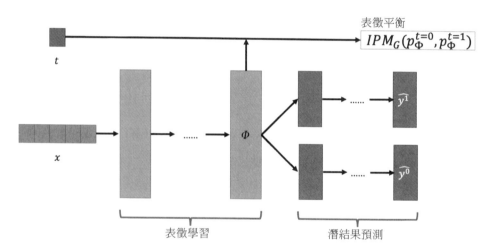

▲ 圖 2.4　CFRNet 基於 BNN。其中 Φ 是根據觀測到的協變數 x 計算的表徵。兩
個不同的全連接層模組將表徵 Φ 分別映射到兩個潛結果中。而額外的一個輸出是
CFRNet 中用於實現表徵空間的平衡的

　　對於 CFRNet 和 BNN 而言，其最重要的創新並非是這個神經網路結構本身，
而是平衡實驗組和對照組的表徵這一思想。那麼為什麼需要在表徵空間對實驗
組和對照組做一個平衡呢？ Shalit 等人[56] 舉出了理論上的支持。我們知道，ITE
評價器的偏差可以用 PEHE 指標來衡量。PEHE 定義如式（2.6）所示：

$$\epsilon_{\text{PEHE}} = \frac{1}{n}\sum_{i=1}^{n}(\hat{\tau}_i - \tau_i)^2 \tag{2.6}$$

其中，$\hat{\tau}_i$ 是對第 i 個樣本預測的因果效應，τ_i 則是其 ITE 的基準真相。注意，這裡 ITE 其實與 x_i 對應的 CATE 等值。

接下來介紹文獻 [56]ITE 評價器的誤差上界的證明。首先介紹這個誤差上界所需要的假設和定義。

第一，需要強可忽略性假設（見定義 1.17），即 $Y^1, Y^0 \perp\!\!\!\perp T|X$ 和 $P(T=1|X) \in (0,1)$。用 $p^t(x)$ 代表 $P(X=x|T=t)$。

第二，需要假設表徵函數 $\varPhi$ 是可逆且處處二階可導的。令 $\varPsi$ 代表 $\varPhi$ 的反函數，即 $x = \varPsi(\varPhi(x))$。

在一定的假設下，Shalit 等人舉出了一個 ITE 評價器的 PEHE 的上界，如式（2.7）所示：

$$\epsilon_{\mathrm{PEHE}}(f, \varPhi) \leqslant 2\left(\epsilon_{\mathrm{F}}^{t=0}(f, \varPhi) + \epsilon_{\mathrm{F}}^{t=1}(f, \varPhi) + B_{\varPhi}\mathrm{IPM}_G(p_{\varPhi}^{t=1}, p_{\varPhi}^{t=0})\right) \qquad (2.7)$$

其中，$\epsilon_{\mathrm{F}}^{t=0}(f, \varPhi)$ 和 $\epsilon_{\mathrm{F}}^{t=1}(f, \varPhi)$ 這兩項代表該 ITE 評價器在觀測到的現實資料上的偏差。最小化它們在因果效應推斷裡是常見的做法。最後一項積分機率度量（integral probability metric，IPM）則測量了實驗組和對照組的分佈在表徵空間裡的距離。分佈之間的距離是比較難以用樣本直接計算的。因此，用 IPM 這個量來描述分佈之間的距離，並介紹用樣本估測這個距離的方法。這裡對 IPM 進行簡單介紹。

2．IPM 與損失函數

下面簡單介紹一下 IPM 的內容。

圖 2.5 展示了一個用 IPM 來測量兩個分佈之間的距離的例子。IPM 在機器學習文獻中被廣泛應用，如果你熟悉生成對抗網路（GAN）[2]、域適應 [58]、域泛化這些領域的工作，那麼你對 IPM 陌生一定不會。IPM 是一系列測量兩個分佈的距離的、可最佳化指標的統稱。它有以下兩點重要的性質。

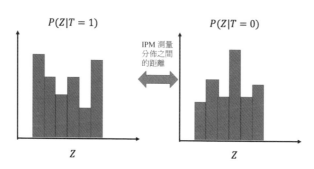

▲ 圖 2.5 IPM 的示意圖，它常被用來測量兩個離散或是連續分佈的距離。在機器學習實踐中，我們想使用那些可以利用 Minibatch 中抽樣得到的樣本來計算（不需要知道真實的分佈）且處處可導的 IPM 函數，便於用來訓練機器學習模型

第一，IPM 可以利用樣本來估測兩個未知分佈的散度（divergence），這正是在機器學習和因果推斷問題中需要的。這是因為在大多數真實場景下，資料的分佈是未知的。

第二，IPM 往往是一個連續可導的函數，這有利於我們利用計算出的 IPM 作為模型損失函數的一部分，對其進行最佳化，尤其是在深度學習中，這個性質使我們可以利用反向傳播演算法來訓練神經網路模型中的參數。這裡介紹 CFRNet[56] 和 BNN[57] 這兩篇論文中用到的幾種 IPM。

（1）最大均值差異（maximum mean discrepancy，MMD）。

兩個 d 維表徵的分佈 P 和 Q 之間的 MMD 可以被式（2.8）定義：

$$\mathrm{MMD}_k(P, Q) = \sup_{g \in \mathcal{H}} \left| \mathbb{E}_{\Phi \sim P}[g(\Phi)] - \mathbb{E}_{\Phi \sim Q}[g(\Phi)] \right| \qquad (2.8)$$

其中，$\Phi \in \mathbb{R}^d$ 是 d 維表徵，$g : \mathbb{R}^d \to \mathbb{R}$ 將表徵映射到一個實數，$k : \mathbb{R}^d \times \mathbb{R}^d \to \mathbb{R}$ 代表的是函數 g 對應的特徵核心函數（characteristic kernel），$\mathcal{H}$ 是核心函數 k 的再生核希爾伯特空間（reproducing kernel Hilbert space，RKHS）。但式（2.8）中的 MMD 並不可以直接使用樣本計算，因為無法窮舉再生核希爾伯特空間中的函數 g 來計算式中的這個最小上界（$\sup_{g \in \mathcal{H}}$）。幸運的是，在文獻 [59] 中，目前就職於倫敦大學學院（UCL）的 Authur Gretton 教授等人提出了一種能夠用樣本去對 MMD 進行無偏估測的方法。如果對兩個分佈各有 N 和 M 個樣本的表徵

$\Phi_1^P,\cdots,\Phi_N^P$ 和 $\Phi_1^Q,\cdots,\Phi_M^Q$，那麼可以用式（2.9）中的評價器來計算這兩個分佈之間的 MMD：

$\mathrm{MMD}_k\,(P,Q)=$

$$\frac{1}{N_1}\sum_{i\neq j} k\left(\Phi_i^P,\Phi_j^P\right)+\frac{1}{M_1}\sum_{i\neq j} k\left(\Phi_i^Q,\Phi_j^Q\right)-\frac{2}{MN}\sum_{i=1}^{N}\sum_{j=1}^{M} k\left(\Phi_i^P,\Phi_j^Q\right) \qquad (2.9)$$

其中，$N_1=N(N\text{-}1)$，$M_1=M(M\text{-}1)$。可以發現，利用式（2.9）估測的 MMD 對輸入的表徵都是連續可導的。

（2）W 距離（wasserstein distance）。

W 距離在 WGAN[60] 這篇重量級論文中被機器學習社區所認識。我們知道，GAN 的主要目標是去最小化生成的資料分佈和真實的資料分佈之間的距離。換句話說，想要生成的資料樣本看上去和原始資料集中的資料樣本看上去沒有太明顯的區別。而 W 距離作為一種連續可導的 IPM，正好可以用來完成這一任務。W 距離具有幾個特性。首先，它可以計算離散分佈和連續分佈之間的距離。其次，它既是分佈之間差異的度量，也是從一個分佈轉換為另一個分佈最有效的方法（解決了最優傳輸，即 optimal transport 問題）。這裡介紹最常見的一種 W 距離（即 W-1 距離）和從樣本中計算它的方法。

W-1 距離與 MMD 的不同之處表現在：W-1 距離是當函數空間只包括符合 1-Lipschitz 條件的函數時的 IPM。如果式（2.8）中的函數 g 符合 1-Lipschitz 條件，那麼就有了 W-1 距離的定義，如式（2.10）所示：

$$\mathrm{W1}_k(P,Q)=\sup_{g\in\mathcal{G}}\left|\mathbb{E}_{\Phi\sim P}[g(\Phi)]-\mathbb{E}_{\Phi\sim Q}[g(\Phi)]\right| \qquad (2.10)$$

其中，$\mathcal{G}$ 是 1-Lipschitz 函數的空間，任何 $g\in\mathcal{G}$ 一定滿足式（2.11）：

$$|g(\boldsymbol{x})-g(\boldsymbol{x}')|\leqslant|\boldsymbol{x}-\boldsymbol{x}'| \qquad (2.11)$$

而從最優傳輸問題的角度出發，W-1 距離一般可以寫成式（2.12）：

$$\inf_{k \in \mathcal{K}} \int_{\Phi \in \{\Phi_i\}_{i:t_i=1}} \| k(\Phi) - \Phi \| P(\Phi) \mathrm{d}\Phi \qquad (2.12)$$

其中，$\mathcal{K} = \{k | k : \mathbb{R}^d \to \mathbb{R}^d \ s.t. \ Q(k(\Phi)) = P(\Phi)\}$ 是能夠將分佈 Q 轉化為分佈 P 的函數（push-forward functions）的集合，即最優傳輸問題的解。在因果效應估測的情形下，這意味著任意 $k \in \mathcal{K}$ 都可以達到實驗組和對照組的表徵分佈的平衡。如果把分佈 P 和 Q 看作兩堆沙子，那麼式（2.12）所表示的 W-1 距離就是將沙子堆 Q 的形狀變成沙子堆 P 的形狀所需要移動的沙子量的最小值。與 MMD 的情況相似，我們也會發現式（2.12）中的 W-1 距離並非可以直接計算，因為無法窮舉符合條件的函數 k，而且每次計算 W-1 距離都需要解一個最小化問題，使得計算的花銷很大。因此，需要利用一個對 W-1 距離的估測方法來計算它。在 CFRNet 中，Shalit 等人首先計算了實驗組和對照組表徵的距離矩陣，其中的每一個元素計算如式（2.13）：

$$M_{ij} = \| \Phi(\boldsymbol{x}_i), \Phi(\boldsymbol{x}_j) \| \qquad (2.13)$$

然後，他們利用了文獻 [61] 中的演算法 3 來計算 W-1 距離。

除此之外，還能用對抗學習（adversarial learning）來估測並最小化實驗組和對照組表徵分佈的差異，有興趣的讀者可以自行閱讀相關文獻，如文獻 [62]。所以最終可以用如式（2.14）所示的損失函數來最佳化 CFRNet 中的表徵模組和潛結果預測模組：

$$\mathcal{L} = \frac{1}{n} \sum_{i=1}^{n} L(f^t(\Phi_i), y_i) + \alpha \mathrm{IPM}_G(\{\Phi(\boldsymbol{x}_i), \Phi(\boldsymbol{x}_j)\}) \qquad (2.14)$$

其中，$L(f^t(\Phi_i), y_i)$ 是模型預測事實結果的誤差。

3 · 關於 CFRNet 的複習與討論

CFRNet 和 BNN 提出了這種首先學習表徵，然後利用兩組互相獨立的全連接層來預測潛結果的神經網路框架。這種框架在之後的很多基於神經網路的因果推斷模型中被採用，可謂是該領域的奠基之作。因為實現起來並不複雜，讀者可自行實現並嘗試透過調參複現文獻 [56] 中幾個資料集的結果。

上述方法也存在一些爭議，其中最大的疑問在於如何理解最小化式（2.14）中的兩個實驗組和對照組表徵分佈的 IPM 這一項的意義。如果得到 $\text{IPM}_G(\{\Phi(x_i),\Phi(x_j)\}=0$ 的表徵，則意味著實驗組和對照組在表徵空間的分佈裡不再有任何區別，這似乎違反了在觀測性資料中實驗組和對照組混淆變數分佈不同的假設。這裡需要考慮是否存在一種函數 Φ 能夠使 $\text{IPM}_G(\{\Phi(x_i),\Phi(x_j)\}=0$。由於第一項損失函數的存在 $L(f^t(\Phi_i),y_i)$，需要在這兩個損失函數中做折中，因此無法學到這樣的表徵。

2.2.2　因果效應變分自編碼器

1 · 變分自編碼器

變分自編碼器（variational autoencoder，VAE）[63] 是深度學習時代應用最廣的基於機率圖模型和變分推斷的生成模型。其實可以把結構因果模型看作是一種特殊的機率圖模型，而它本身也是一種生成模型。那麼自然而然地，可以根據一個因果圖提出一個基於 VAE 的深度隱變數模型，用於解決條件因果效應估測問題。簡單地講，VAE 的工作原理很簡單，就是要用觀測到的資料（特徵）X 去無監督地學習一組隱變數 Z 來解釋這些資料是如何生成的。在很多場景下，推導 VAE 的目標函數，即所謂的證據下界（evidence lower bound，ELBO），有助於大家對 VAE 的理解。因此，接下來會展示表達 VAE 的目標函數 ELBO 的推導。在 VAE 中，模型可以分為編碼器和解碼器，其中編碼器 $q_\phi(Z|X)$ 將特徵映射到隱變數空間，解碼器 $p\theta(X|Z)$ 則將隱變數重新映射回特徵空間。圖 2.6 展示了 VAE 的示意圖。

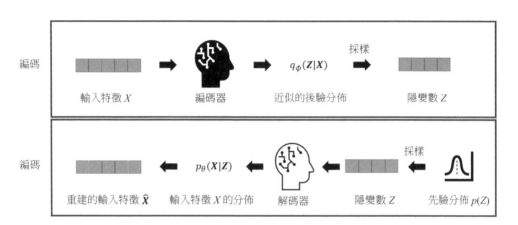

編碼　　輸入特徵 X　　編碼器　　近似的後驗分佈　　隱變數 Z

採樣　　　　$q_\phi(Z|X)$

編碼　　重建的輸入特徵 $\widehat{X}$　　輸入特徵 X 的分佈　　解碼器　　隱變數 Z　　先驗分佈 $p(Z)$

$p_\theta(X|Z)$　　採樣

▲ 圖 2.6　VAE 的示意圖

　　VAE 的目標函數本質上是對觀測到的資料似然（likelihood）的一個下界，即進行最大化似然估計。需要意識到在 VAE 中，編碼器 $q_\Phi(Z|X)$ 是在近似無法直接計算的後驗機率 $P(Z|X)$。值得一提的是，VAE 與所有貝氏機器學習模型一樣，有三個重要元素，即先驗機率 $P(Z)$、似然 $P(X|Z)$ 和後驗機率 $P(Z|X)$。由於觀測不到 Z，因此無法直接計算後驗機率，只能用編碼器的輸出去近似它。這裡可以由編碼器近似的後驗分佈和解碼器近似的後驗分佈的 KL 散度 $D_{\mathrm{KL}}\Big(q_\phi(Z|X) \| p_\theta(Z|X)\Big)$ 展開如式（2.15）所示的分析 [64]。

$$
\begin{aligned}
D_{\mathrm{KL}}&\Big(q_\phi(Z|X) \| p_\theta(Z|X)\Big) \\
&= \int q_\phi(Z|X)\log\frac{q_\phi(Z|X)}{p_\theta(Z|X)}\mathrm{d}Z \\
&= \int q_\phi(Z|X)\log\frac{q_\phi(Z|X)p_\theta(X)}{p_\theta(Z,X)}\mathrm{d}Z \\
&= \log p_\theta(X) + \int q_\phi(Z|X)\log\frac{q_\phi(Z|X)}{p_\theta(X|Z)p_\theta(Z)}\mathrm{d}Z \\
&= \log p_\theta(X) + \mathbb{E}_{Z\sim q_\phi(Z|X)}\left[\log\frac{q_\phi(Z|X)}{p_\theta(Z)} - \log\big(p_\theta(X|Z)\big)\right] \\
&= \log p_\theta(X) + D_{\mathrm{KL}}\big(q_\theta(Z|X) \| p_\theta(Z)\big) - \mathbb{E}_{Z\sim q_\phi(Z|X)}\big[\log\big(p_\theta(X|Z)\big)\big]
\end{aligned}
\tag{2.15}
$$

其中，第一個等式利用了 KL 散度的定義，第二個等式利用了 $p\theta$ $(Z|X)=p\theta$ $(Z,X)/p\theta$ (X)，第三個等式利用了 $\int q_{\phi}(Z|X)\mathrm{d}Z = 1$，第四個等式利用了期望的定義，第五個等式則再次利用了 KL 散度的定義。這裡可以發現式（2.15）中最後一行等式右邊的第一項便是特徵的對數似然（log likelihood）。因此可以利用式（2.15）得到 ELBO，即將式（2.15）改寫為式（2.16）：

$$\log p_{\theta}(X) - D_{\mathrm{KL}}\Big(q_{\phi}(Z|X) \parallel p_{\theta}(Z|X)\Big)$$

$$= D_{\mathrm{KL}}\big(q_{\theta}(Z|X) \parallel p_{\theta}(Z)\big) - \mathbb{E}_{Z \sim q_{\phi}(Z|X)}\big[\log(p_{\theta}(X|Z))\big] \qquad (2.16)$$

$$\log p_{\theta}(X) \geqslant D_{\mathrm{KL}}\big(q_{\theta}(Z|X) \parallel p_{\theta}(Z)\big) - \mathbb{E}_{Z \sim q_{\phi}(Z|X)}\big[\log\big(p_{\theta}(X|Z)\big)\big]$$

這裡的不等式是由於 KL 散度總是非負的，而被省略的 KL 散度 D_{kL} $(q_{\phi}$ $(Z|X)\|p\theta$ $(Z|X))$ 部分原因是它中包含不能被直接計算的由解碼器估測的後驗機率 $p\theta$ $(Z|X)$。另一種推導的方法可以利用楊森不等式（Jensen's inequility）。楊森不等式指 $\Phi(\mathbb{E}[X]) \leq \mathbb{E}[\Phi(X)]$，其中 Φ 是凸函數，讀者可以自行練習這種推導。在實踐中，VAE 可以用機率深度學習框架來實現，如 PyTorch 生態下的開放原始碼軟體 Pyro。

2 · 因果效應變分自編碼器（causal effect variational autoencoder，CEVAE）的因果辨識

基於 VAE 的思路可以推測一個預先定義的因果圖中的隱變數，這使得我們可以利用 VAE 的這一特性去放鬆可忽略性假設。這便孕育了基於深度隱變數模型的因果推斷方法。

在文獻 [48] 中，Louizos 等人根據如圖 2.7 所示的假設的因果圖，提出了一個深度隱變數模型。

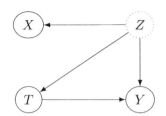

▲ 圖 2.7 因果效應變分自編碼器（CEVAE）基於的因果圖，其中隱變數 Z 同時也是混淆變數，觀測到的協變數 X 是它的一個後裔。這使得我們可以在可忽略性假設不成立的情況下也能夠辨識條件因果效應

　　如果能夠從資料中學到隱藏混淆變數 Z，那麼就可以利用後門準則去辨識條件因果效應。文獻 [48] 並沒有極佳地回答給定觀測到的協變數 X、處理變數 T 和結果變數 Y，我們到底能不能學到這樣的隱藏混淆變數的問題？要回答這個問題，需要參考相關的論文，如文獻 [65]。有興趣的讀者可以自己查閱相關的文獻。可以利用因果圖對 CATE 做一個分解，得到如式（2.17）所示的推導 [48]：

$$P(Y|X, \mathrm{do}(T)) = \int_Z P(Y|X, \mathrm{do}(T), Z) P(Z|X, \mathrm{do}(T)) \mathrm{d}Z$$
$$= \int_Z P(Y|T, Z) P(Z) \mathrm{d}Z \qquad (2.17)$$

　　其中，第一個等式利用了條件機率的邊緣化。第二個等式則可以根據因果圖（見圖 2.7）中隱含的兩個條件來得到：第一，以 Z 為條件時 $Y \perp\!\!\!\perp X|Z$，第二，Z 是一個外生變數。

3 · 因果效應變分自編碼器的模型結構

　　下面詳細分析為什麼因果效應變分自編碼器（CEVAE）[48] 的編碼器和解碼器的結果必須如圖 2.8(b) 中這樣來設計。編碼器的目標是將看見的樣本 (x_i, t_i, y_i) 映射到它所對應的隱變數 z_i。這是因為在因果圖（見圖 2.7）中，隱藏混淆變數 Z 是生成其他變數 X、T、Y 的父變數。在具體的設計中，Louizos 等人選擇了用 X 來預測 T，這可以視為一個預測傾向性評分（propensity score）的模型，由於觀測不到 Z，因此只能用觀測到的協變數 X 來預測處理變數 T。之後再由 X 和 T 來預測結果變數，這樣的設計符合因果圖中 Y 是由 T 和 Z 來生成的這一事實，由於觀測不到 Z，因此只能使用 X 作為輸入。最後，透過幾層全連接層將觀測到

的資料 (x_i, t_i, y_i) 映射到對隱藏混淆變數 z_i 的均值 μ_i 和方差 σ_i。這將使我們能夠從高斯分佈 $\mathcal{N}(\mu_i, I\sigma_i)$ 中抽樣得到隱藏混淆變數 z_i，作為解碼器的輸入。其中 I 為 $d \times d$ 的對角矩陣，d 是隱藏混淆變數 Z 的維度。編碼器根據輸入的樣本計算出其隱藏混淆變數的過程可以用式（2.18）來描述：

$$
\begin{cases}
q(\mathbf{z}_i | \mathbf{x}_i, t_i, y_i) = \prod_{j=1}^{d} \mathcal{N}\left(\bar{\boldsymbol{\mu}}_i, \bar{\sigma}_{ij}^2\right) \\
\bar{\boldsymbol{\mu}}_i = t_i \bar{\boldsymbol{\mu}}_i(t=0) + (1-t_i)\bar{\boldsymbol{\mu}}_i(t=1) \\
\bar{\boldsymbol{\sigma}}_{ij}^2 = t_i \bar{\boldsymbol{\sigma}}_i^2(t=0) + (1-t_i)\bar{\boldsymbol{\sigma}}_i^2(t=1) \\
\boldsymbol{\mu}_i(t=0), \boldsymbol{\sigma}_i^2(t=0) = g_2\big(g_1(\mathbf{x}_i, y_i)\big) \\
\boldsymbol{\mu}_i(t=1), \boldsymbol{\sigma}_i^2(t=1) = g_3\big(g_1(\mathbf{x}_i, y_i)\big)
\end{cases}
\tag{2.18}
$$

其中，g_1、g_2、g_3 均為基於全連接層的神經網路。$\bar{t}$、$\bar{\mu}$、$\bar{\sigma}$ 均表示由編碼器推斷得到的值，它們分別表示表徵 z_i 所屬的高斯分佈的均值和方差。

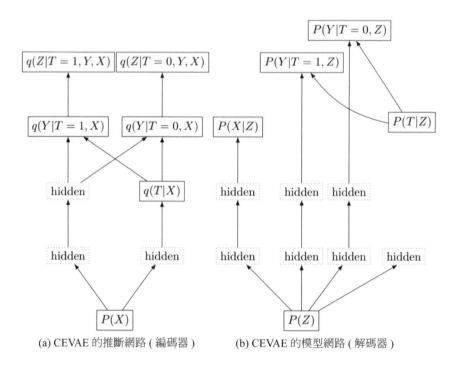

(a) CEVAE 的推斷網路（編碼器）　　　(b) CEVAE 的模型網路（解碼器）

▲ 圖 2.8　CEVAE 的神經網路結構示意圖。其中各隱變數的變分分佈 $q(\cdot)$ 的均值和方差均由其對應的隱藏神經元計算得到

　　解碼器的設計與編碼器類似，都是基於因果圖（見圖 2.7）的，用一組神經
網路代表每一個結構方程式。從因果圖（見圖 2.7）中可以知道，隱藏混淆變數
Z 是其他變數的父變數，因此 Z 成為生成其他變數的神經網路的輸入。結果變數
Y 還有除 Z 外的一個因，即處理變數 T，因此生成結果變數的神經網路需要以 T
和 Z 作為輸入。對於個體 i，解碼器相關的計算過程可以用式（2.19）來描述：

$$
\begin{cases}
P(\mathbf{z}_i) = \prod_{j=1}^{d} \mathcal{N}(0,1) \\
P(\mathbf{x}_i|\mathbf{z}_i) = \prod_{j=1}^{m} P(x_{ij}|\mathbf{z}_i) \\
P(t_i|\mathbf{z}_i) = \mathrm{Bern}\big(\sigma(f_1(\mathbf{z}_i))\big), \\
P(y_i|t_i,\mathbf{z}_i) = \begin{cases} \mathcal{N}(\hat{\boldsymbol{\mu}}_i, \hat{v}), \hat{\boldsymbol{\mu}}_i = t_i f_2(\mathbf{z}_i) + (1-t_i)f_3(\mathbf{z}_i) & y_i \in \mathbb{R} \\ \mathrm{Bern}(\hat{\pi}), \hat{\pi} = \sigma\big(t_i f_2(\mathbf{z}_i) + (1-t_i)f_3(\mathbf{z}_i)\big) & y_i \in \{0,1\} \end{cases}
\end{cases}
\tag{2.19}
$$

　　其中，$P(z_i)$ 是隱藏混淆變數的先驗——它的每一維都服從一個獨立的正態
分佈。$P(x_{ij}|z_i)$ 是根據每個協變數 x_{ij} 選擇的分佈，例如，對於連續變數，可以
選擇一個均值和方差受到 z_i 影響的高斯分佈。$\mathrm{Bern}(\cdot)$ 是二值伯努利分佈函數，
它意味著 $P(t_i{=}1|z_i){=}\sigma(f_1(z_i))$ 和 $P(t_i{=}0|z_i){=}1{-}\sigma(f_1(z_i))$，其中 $\sigma(x) = \frac{1}{1+e^{-x}}$ 是
Sigmoid 函數。$P(y_i|t_i,z_i)$ 根據結果變數是連續變數還是二值變數，分別令其服
從高斯分佈或者伯努利分佈。我們可以發現，這兩個分佈的期望或者說均值受 t_i
和 z_i 的影響，這符合 CEVAE 的因果圖。其中由全連接層和非線性啟動函數組成
的神經網路 f_2 和 f_3 將用於擬合 z_i 和 y_i 之間的非線性關係。高斯分佈的方差 $\hat{v}$ 被
固定為一個實數。至此，對 CEVAE 的神經網路結構的設計有了一個比較清楚的
認識。

4・因果效應變分自編碼器的損失函數

接下來簡單介紹一下用來訓練 CEVAE 的神經網路模型參數的損失函數。在前文中已經介紹過 VAE 的損失函數，即最小化負的 ELBO。相似地，CEVAE 的損失函數也是基於 ELBO 推導而來的。所以最小化 CEVAE 的損失函數即是在最大化觀測到的變數 X、T 和 Y 的似然函數的下界，即如式（2.20）得到的 ELBO：

$$\mathcal{L} = \sum_i^n \mathbb{E}_{\mathbf{z}_i \sim q(\mathbf{z}_i|\mathbf{x}_i,t_i,y_i)} \begin{bmatrix} \log P(\mathbf{x}_i,t_i|\mathbf{z}_i) + \log P(y_i|t_i,\mathbf{z}_i) + \\ \log P(\mathbf{z}_i) - \log q(\mathbf{z}_i|\mathbf{x}_i,t_i,y_i) \end{bmatrix} \tag{2.20}$$

若要對測試集中處理變數和事實結果都未知的樣本做推斷，需要編碼器能夠對 $q(t_i|x_i)$ 和 $q(y_i|x_i,t_i)$ 單獨建立神經網路模型，以及對應的訓練目標函數。在此就不詳細介紹這部分內容了，有興趣的讀者可以參考文獻 [48] 中相關的部分。在實驗中，Louizous 等人著重展示了 CEVAE 在混淆變數有一部分是隱藏的情況下相對於其他模型的堅固性。

一個針對 CEVAE 的問題是：如何才能知道學到的 $\mathbf{Z}$，即隱藏混淆變數是否是真的混淆變數呢？在假設能夠得到隱藏混淆變數的基準真相的情況下，其實可以考慮另一個相似但並不完全等值的問題：如何量化學到的一個多維隱變數的分佈 $P(\widehat{\mathbf{Z}})$ 與其對應的基準真相的分佈 $P(\mathbf{Z})$ 的差別？而在不知道基準真相時，我們又應該用什麼方法去驗證學到的隱藏混淆變數是接近基準真相的？這些開放性問題就留給讀者思考了。

2.2.3 因果中介效應分析變分自編碼器

CEVAE 也可以用於放鬆因果中介效應分析中的序列可忽略假設。第 1 章介紹了因果中介效應分析的兩個主要目標是估計平均因果中介效應（ACME）和平均自然直接效應（ACDE）。作為實現這兩個目標的前提，序列可忽略假設要求協變數 X 可以捕捉到 CMA 中所有的混淆偏差。但是，類似於因果效應分析，我們無法確保隱藏混淆變數偏差不存在於實際應用中。為了放鬆這一假設，Cheng 等人 [66] 採用了文獻 [65] 中使用代理變數（proxy variable）來估計隱藏混淆變數

的方法，同時估測平均因果中介效應和平均自然直接效應。如圖 2.9 所示，隱藏混淆變數 **Z** 可同時捕捉干預前和干預後的混淆偏差，而協變數 **X** 是它的後裔。

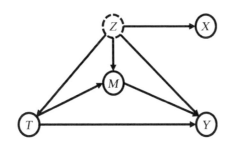

▲ 圖 2.9　當 CMA 中存在隱藏混淆變數時的因果圖。
其中 M 為中介變數，Z 為隱藏混淆變數，Z 是協變數 X 的因

下面詳細介紹如何將 CEVAE 拓展到存在隱藏混淆變數的因果中介效應分析。

序列可忽略假設可被放鬆成以下假設：

■ 存在某個隱變數 Z 能夠同時影響處理變數 T、中介變數 M 和結果變數 Y，因此引起混淆偏差，如式（2.21）所示：

$$Y(t',m), M(t) \perp\!\!\!\perp T | \boldsymbol{Z} = \boldsymbol{z}; \quad Y(t',m) \perp\!\!\!\perp M(t) | T = t, \boldsymbol{Z} = \boldsymbol{z} \qquad (2.21)$$

同時，還需要以下兩個由 CEVAE 中延伸出的假設：

■ 該隱變數 **Z** 可由協變數推斷得到，即 **X** 是隱藏混淆變數 **Z** 的後裔。

■ 根據圖 2.9，聯合分佈 $P(\boldsymbol{Z}, X, M, t, y)$ 可以從觀測變數 (X, M, t, y) 大致恢復出來。

需要指出的是，以上三個假設只是弱化了原本的序列可忽略假設，它們在實際應用中也有可能是不成立的。給定觀測變數 (X, M, t, y)，可以將式（1.57）重新定義為以下形式：

$$\bar{\delta}(t) := \mathbb{E}[\text{CME}(\boldsymbol{x}, t)], \text{CME}(\boldsymbol{x}, t) := \mathbb{E}\big[y | \boldsymbol{X} = \boldsymbol{x}, T = t, M\big(\text{do}(t' = 1)\big)\big] - \mathbb{E}\big[y | \boldsymbol{X} = \boldsymbol{x}, T = t, M\big(\text{do}(t' = 0)\big)\big], \quad t = 0, 1 \qquad (2.22)$$

透過拓展 CEVAE 中的理論 1[48]，可以證明 ACME 和 ACDE 是可辨識的。其中的關鍵步驟是證明 $p(y|\mathbf{X},M(\mathrm{do}(T=t')),t)$ 是可辨識的，如式（2.23）所示：

$$p\big(y|\mathbf{X},M\big(\mathrm{do}(T=t')\big),t\big)$$

$$= \int_{\mathbf{Z}} p\big(y|\mathbf{X},M(\mathrm{do}(T=t')),t,\mathbf{Z}\big)p(\mathbf{Z}|\mathbf{X},M(\mathrm{do}(T=t')),t)\mathrm{d}\mathbf{Z} \qquad (2.23)$$

$$= \int_{\mathbf{Z}} p\big(y|\mathbf{X},M(t'),t,\mathbf{Z}\big)p(\mathbf{Z}|\mathbf{X},M(t'),t)\mathrm{d}\mathbf{Z}$$

其中，第二個等式是在因果圖 2.9 中進行 do 運算得到的；最後一個等式式可以透過聯合分佈 $P(\mathbf{Z},\mathbf{X},M,t,y)$ 辨識。在以上三個假設為基礎的前提下，因果中介效應分析變分自編碼器（causal mediation analysis with variational autoencoder，CMAVAE）的神經網路框架如圖 2.10 所示。

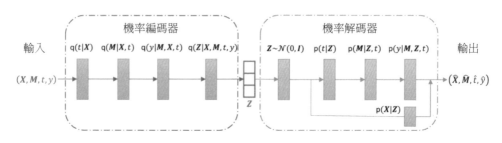

▲ 圖 2.10 CMAVAE 的神經網路框架圖

2.2.4 針對線上評論多方面情感的多重因果效應估計

線上評論系統能低成本地搜集和分發資訊，因此極大地促進了大規模消費者線上口碑（electronic word of mouth）的眾包評論。目前學術界已有不少工作開始研究線上評論對引導消費者選擇的效應估計。例如，正面的評論和評論的受歡迎程度可以很大程度上影響圖書銷售[67] 和餐館預定可用性[4]。其中主流的因果效應研究是從線上評論系統中取出單一數值變數為因，進而估計其對某個特定結果的因果效應。比如，研究的「因」是某家餐館的綜合評分或者從線上文字評論複習得到的綜合情緒得分（sentiment）。儘管這種方法較為簡單，但

其不能提供對現有問題進行細細微性分析,導致該方法在企業中只能得到有限的應用。具體地說,該對線上評論系統粗細微性的因果效應分析主要有以下不足之處:

- 使用者評論往往涉及多方面,而且每個方面都提供了對該餐館獨特的描述。例如,評論「這家早茶店食物很新鮮,但由於顧客較多,上菜相對較慢,室內也很吵。還有冷風從我們桌子旁邊的窗戶中吹進來。」同時包含了對食物的正面評價以及對服務和環境的負面評價。因此,需要對文字進行細細微性的多方面情感分析(multi-Aspect sentiment analysis,MAS)。

- 目前大多數研究都基於「無隱藏混淆偏差」的強可忽略性假設,即處理變數(例如,綜合評分)和結果變數(例如,餐館年收益)之間的混淆偏差可由可觀測變數解釋。然而,這種假設在實踐中是無法驗證的。例如,消費者的個人喜好可以同時影響他 / 她的評論以及餐廳的年收益。當我們忽略這種隱藏混淆偏差時,計算得到的因果效應也是不準確且不一致的。

- 典型的線上評論系統會包含數值評分和文字評論。由於其功能相似,除了文字評論對餐館收益的直接影響,文字評論還有可能透過影響數值評分間接影響餐館收益,即因果中介效應。這裡的數值評分即為中介變數。因此,文字評論的效應可能會與中介效應相互抵消,導致總效應比文字評論的直接效應小。

以上三點可由圖 2.11 說明。

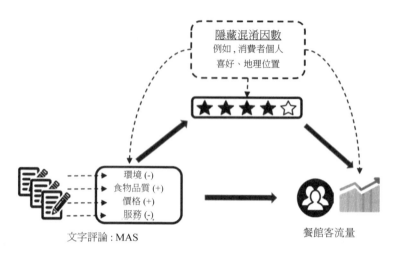

▲ 圖 2.11　線上評論多方面情感的因果圖。這裡處理變數為 MAS，即多方面情感值；結果變數為餐館客流量；餐館評分為中介變數

　　Cheng 等人 [68] 針對該三點不足之處提出了對線上評論多方面情感的多重因果效應估計的研究。基於圖 2.11 估計出三類因果效應：多方面情感→客流量；多方面情感→評分；多方面情感→評分→客流量。即多方面情感的文字評論對客流量的因果效應、多方面情感的文字評論對評分的因果效應，以及多方面情感的文字評論對客流量的直接因果效應和透過評分的間接因果效應。由於存在多個處理變數（即多方面情感），該問題的本質是多重因果效應估計。具體定義如下。

定義 1.1　因果關係。

給定 N 條文字評論，每筆評論由向量 $a \in \mathbb{R}^{2 \times m}$ 表示，其中 $m=5$ 表示五方面的情感（食品品質、價格、服務、環境、其他），每方面包含正和負兩種情感狀態。所以，$a=(a_{1+}, a_{1-}, \cdots, a_{m+}, a_{m-})$，$a_{j+}$ 和 a_{j-} 分別表示對 a_j 方面的正和負情感值。該問題的目標是估計 a 對某個特定結果變數 Y，例如，餐館客流量的平均因果效應。在潛在結果架構下，這相當於估計以下潛在結果方程式：

$$Y_i(a): \mathbb{R}^{2m} \to \mathbb{R} \tag{2.24}$$

　　由於存在隱藏混淆因數，傳統的多重因果效應評估模型已不適用。近年來，隨著因果機器學習的盛行，少數學者也開始研究如何使用機器學習技術對多重因果效應評估模型中的混淆因數進行控制 [69-70]。Cheng 等人 [70] 則採用了其中較為主流的基於因果機器學習的多重效應模型 Deconfounder。Deconfounder 的主要思想是透過無監督學習模型（例如隱變數模型）從多因（multiple causes）中推測能近似隱藏混淆因數的變數，即替代混淆因數（substitute confounder）。然後透過控制該替代混淆因數達到控制混淆偏差的目的。該模型簡單、易於實現且服從預測驗證，更重要的是，它弱化了傳統的多重因果效應模型需要的強可忽略性（strong ignorability）假設，取而代之的是單一忽略性（single ignorability）假設：不存在無法觀測或測量的單因（single-cause）混淆因數，即能同時影響單一原因（例如，線上評論中針對食品品質的正情感）和潛在結果（例如客流量）的變數。儘管該假設仍然是無法驗證的，但是它相對弱化了傳統的「不存在任何無法觀測或測量的混淆因數」假設。在 Deconfounder 的基礎上，Cheng 首先使用了 probablistic PCA（PPCA）[71] 擬合針對多方面情感值 a 的隱變數模型 $p(\mathbf{z}, a_{1+}, a_{1-}, \cdots, a_{m+}, a_{m-})$，$\mathbf{z} \in \mathbf{Z}$，從而得到替代混淆因數 $\hat{\mathbf{z}}$，如式（2.25）所示：

$$\begin{cases} \mathbf{Z}_i \sim p(\cdot \,|\, \alpha) & i = 1, \cdots, N \\ A_{ij}|\mathbf{Z}_i \sim p(\cdot \,|\, \mathbf{z}_i, \theta_j) & j = 1, \cdots, 2m \end{cases} \tag{2.25}$$

　　其中，α 和 θ_j 分別代表替代混淆因數 $\mathbf{Z}_i$ 分佈和單原因 A_{ij} 分佈的參數。為了檢驗 PPCA 對多方面情感值整體分佈擬合的準確度，Cheng 等人進一步對以上得到的隱變數模型進行預測性檢驗 [70]，即對每家餐館隨機取出部分多方面情感值作為驗證集 $a_{i,\text{held}}$，剩餘則作為觀測集 $a_{i,\text{obs}}$。擬合 PPCA 的過程只利用觀測集 $\{a_{i,\text{obs}}\}_{i=1}^N$，而預測性檢驗則使用驗證集。預測性檢驗值的計算則是透過比較實際觀測到的多方面情感值和從擬合的預測分佈中取出的多方面情感值得到，如式（2.26）、式（2.27）所示：

$$p_{\text{c}} = p(t(a_{i,\text{held}}^{\text{rep}}) < t(a_{i,\text{held}})) \tag{2.26}$$

$$t(a_{i,\text{held}}) = \mathbb{E}_{\mathbf{Z}}[\log p(a_{i,\text{held}}|\mathbf{Z})|a_{i,\text{obs}}] \tag{2.27}$$

$a_{i,\text{held}}^{\text{rep}}$ 來自式（2.28）所示的預測分佈：

$$p(a_{i,\text{held}}^{\text{rep}}|a_{i,\text{held}}) = \int p(a_{i,\text{held}}|z_i)p(z_i|a_{i,\text{obs}})\mathrm{d}z_i \tag{2.28}$$

如果預測性檢驗值 $p_c \in (0,1)$ 大於 0.1，那麼該隱變數模型則能生成與驗證集真實值相似的多方面情感值。需要注意的是，這裡的臨界點（0.1）是主觀選擇的，需要根據不同的應用進行調整。透過預測性檢驗的隱變數模型則可用於估計替代變數，如式（2.29）所示：

$$\hat{z}_i = \mathbb{E}_M[Z_i | A_i = a_i] \tag{2.29}$$

根據增強後的資料集 $\{a_i, \hat{z}_i, y_i(a_i)\}$，下一步即學習一個基於線性回歸的結果模型 $\mathbb{E}[\mathbb{E}[Y_i(A_i) | Z_i = z_i, A_i = a_i]]$，如式（2.30）所示：

$$f(a, z) = \beta^{\mathrm{T}} a + \gamma^{\mathrm{T}} z \tag{2.30}$$

其中，β 和 γ 均為向量，記錄單一方面情感對客流量的因果效應；γ 則表示替代混淆因數的係數。

2.2.5　基於多模態代理變數的多方面情感效應估計

線上評論系統通常包含有來自多模態的變數，例如，使用者檔案資訊（性別、年齡）、餐館屬性（地理位置、食物種類），以及使用者和餐館的互動資訊（使用者對某餐館進行評論）等。所以僅僅透過使用者評論的文字資訊來捕捉隱形混淆偏差（如 2.2.4 節的內容所示）是不足的。面對多模態的線上評論系統，我們所面臨的挑戰是如何從這些可觀測的多模態變數來學習一個「好」的混淆變數，這個混淆變數應該能至少控制大部分混淆偏差。同時，我們並不希望從來自不同模態變數中引入「差」協變數，即當我們控制該變數後，反而引入更多的偏差。一個典型的「差」協變數為餐館收益，因為它直接受餐館客流量（結果變數）的影響。Cheng 等人 [72] 提出將多模態變數作為代理變數，然後從中學習混淆因數的代理表徵。該方法的動機是協變數集越豐富，它就越有可能準確地預測結果並估計因果效應 [73]。先前的學術發現（如文獻 [74]）也提倡使用圖資訊，例如，嵌入同質性效應的社群網站學習隱藏混淆因數。

此外，學習多模態的表徵而非直接使用協變數集本身可以透過因果知識幫助阻止由控制不良協變數引起的不良偏差。因此，理想的混淆因數表徵應該包含足夠的資訊控制混淆偏差，排除由「差」的代理變數引起的偏差，從而實現低偏差和低方差的因果效應估計。

　　Cheng 等人提出的因果圖如圖 2.12 所示。除了基本的因果假設（例如 SUTVA），該圖表明了以下兩個額外的因果假設：

- 多因多方面情感存在一個共用的混淆變數 **Z**。

- 單方面情感之間是相互獨立的。基於圖 2.12，該問題可定義如下。

定義 2.2　基於多模態代理變數的多方面情感效應估計。

給定可觀測的多模態協變數，我們的目標是，在假設隱藏混淆因數存在的情況下，估計從線上文字評論集 $\mathcal{C}$ 取出的多方面情感 $A \in \mathcal{A}$ 對餐館客流量 Y 的影響。具體地說，我們要聯合估計單方面情感 A_j, $j \in \{1,2,\cdots,2m\}$ 對的 Y 平均因果效應（ATE），如式（2.31）所示：

$$\tau_j = \mathbb{E}\big[Y_r(a_{rj})\big] - \mathbb{E}\big[Y_r(a'_{rj})\big] \quad r \in \{1,2,\cdots,N_R\} \tag{2.31}$$

　　其中，$\mathbb{E}[Y_r(a_{rj})]$ 表示單方面情感得分為 a_{rj} 的餐館 r 客流量期望值；N_R 為餐館數量。

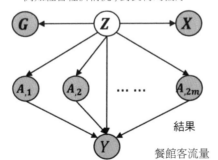

▲ 圖 2.12　基於多模態代理變數的線上評論多方面情感的因果圖。這裡處理變數為多方面情感值 MAS($A_{,1},\cdots,A_{,2m}$)；結果變數為餐館客流量。我們考慮了可以透過多模態代理（圖中橙色矩形）和適當的因果調整來近似地共用隱藏混淆因數 **Z** 的存在。多模態代理包括使用者檔案資訊 X_U、餐館屬性 X_R 的協變數以及描述使用者 - 餐館互動的二分圖 G。在給定 **Z** 的情況下，假設單獨的情感方面相互獨立

為了學習「好」的混淆變數的表徵，Cheng 等人提出的 DMCEE 框架由兩個主要成分組成：代理編碼網路（proxies encoding network）首先在隱空間中建構基於多模態協變數的表徵；因果調整網路（causal adjustment network）進一步根據因果圖 2.12 中的因果關係從上一步表徵中提取充分的資訊，同時排除不良控制引起的偏差。DMCEE 的結構框架的簡要描述如圖 2.13 所示。

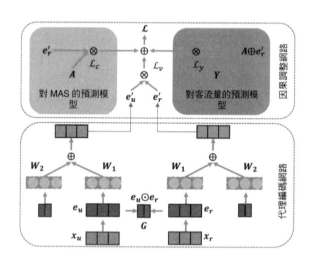

▲ 圖 2.13　DMCEE 框架圖。底部的代理編碼網路利用多模態代理變數編碼使用者和餐館的表徵 (e'_u, e'_r)。頂部的因果調整網路從上述表徵中取出資訊控制混淆偏差，同時保證排除其他不理想的偏差。DMCEE 最後的損失函數（$\mathcal{L}$）由重構誤差（$\mathcal{L}_v$）、MAS 預測誤差（$\mathcal{L}_c$）以及結果預測誤差（$\mathcal{L}_y$）組成

具體地說，代理編碼網路以 $\{X_U, X_R, G\}$ 為輸入，透過圖卷積網路（graph convolution network，GCN）[75-76] 學習使用者和餐館的表徵 e'_r 和 e'_u，即圖 2.13 中的 $\mathcal{L}_v$，定義如式（2.32）所示：

$$\mathcal{L}_v = \sum_{(u,i,j)\in\mathcal{O}} -\ln\sigma\big(\hat{v}_{ui} - \hat{v}_{uj}\big), \quad \hat{v}(u,r) = \boldsymbol{e}'^{\mathrm{T}}_u \boldsymbol{e}'_r \tag{2.32}$$

其中，$\mathcal{O}=\{(u,i,j)|(u,i)\in\mathcal{E}^+,(u,j)\in\mathcal{E}^-\}$ 表示成對訓練資料。$\mathcal{E}^+$ 和 $\mathcal{E}^-$ 分別表示觀測的和不可觀測的使用者 - 餐館互動。因果調整圖透過多因預測模型 $\mathcal{L}_c$ 和結果預測模型 $\mathcal{L}_y$ 進一步學習 e'_r，如式（2.33）、式（2.34）所示：

$$\mathcal{L}_c = \frac{1}{N_R} \sum_{r=1}^{N_R} \sum_{j=1}^{2m} f_c\left(A_{rj}, \boldsymbol{\gamma}_r; \boldsymbol{\theta}_c\right) \qquad (2.33)$$

$$\mathcal{L}_y = \frac{1}{N_R} \sum_{r=1}^{N_R} f_y\left(y_r, \boldsymbol{A}_r, \boldsymbol{\gamma}_r; \boldsymbol{\theta}_y\right) \qquad (2.34)$$

其中，$f_c\left(\cdot\right)$ 是測量預測誤差的函數（例如線性回歸）；$\theta_c=\{\theta_1,\theta_2,\cdots,\theta_{2m}\}$ 為由預測單方面情感值函數參數組成的集合；$f_y\left(\cdot\right)$ 是測量真實的客流量和預測的客流量的差值的函數；$\theta_y=[\theta_A\circ\theta_\gamma]$ 為將 γ_A 和 γ_r 映射到結果變數 Y 空間的模型參數，其中符號。代表向量或矩陣的元素積。由於 A 和 Y 均為連續變數，$f_c\left(\cdot\right)$ 和 $f_y\left(\cdot\right)$ 可定義為均方誤差（mean squared Error，MSE），如式（2.35）所示：

$$f_c(\cdot) = \parallel \boldsymbol{\gamma\theta}_c - \boldsymbol{A} \parallel_2^2; \quad f_y(\cdot) = \parallel [\boldsymbol{A}\circ\boldsymbol{\gamma}]\boldsymbol{\theta}_y - \boldsymbol{y} \parallel_2^2 \qquad (2.35)$$

因此，DMCEE 最後的損失函數為式（2.36）：

$$\mathcal{L} = \alpha\mathcal{L}_v + \beta\mathcal{L}_c + \mathcal{L}_y + \lambda \parallel \Theta \parallel_2^2 \qquad (2.36)$$

其中，α、β 為用於平衡每一個網路的超參數。Θ 表示所有可訓練的模型參數，λ 為平衡模型複雜度的參數。

2.2.6 在網路資料中解決因果推斷問題

我們生活在一個高度連接的世界。常見的網路資料包括但不限於社群網站、推薦系統中的使用者 - 物品二分圖（user-item bipartite graph）、交通網絡、電網等。在網路資料中，我們不僅可以觀測到每個節點的特徵（協變數），還能觀測到連接它們的網路資訊。而網路資訊在因果推斷中也可以扮演重要的角色。

在文獻 [62,74] 中，Guo 等人提出了利用網路資訊更好地學習隱藏混淆變數的想法。文獻 [65,74] 因因果辨識繼承了文獻 [65,77] 中提出的利用近端變數（proximal variable）來辨識 CATE 的方法。這裡的近端變數指那些混淆變數的子變數，我們可以認為它們是隱藏混淆變數的帶有雜訊的子變數。因果圖 2.14 展示了 Guo 等人提出的因果辨識方法基於的因果圖。其中與可忽略性假設不同

的是，與其假設所有的混淆變數已經被觀測到了，這種基於近端變數的方法只需要假設存在一組隱變數作為隱藏混淆變數，然後問題就變轉化成了我們如何從觀測到的變數中學習這些隱變數。文獻 [74] 中提出了一個利用網路資訊與觀測到的特徵一起學習隱藏混淆變數的方法——network deconfounder。這樣做的原因是，我們可以認為在具有同質偏好（homophily）現象的社群網站中，每一條邊 $A_{ij}=1$ 的形成是由其連接的兩個樣本（個人）的隱藏混淆變數決定的，例如，在圖機器學習中模型 $P(A_{ij}=1)=\sigma(z_i^{\mathrm{T}} z_j)$ 常被用來預測一條邊是否存在 [75,78]。這意味著可以利用網路資訊來作為隱藏混淆變數的近端變數，從而更好地學習隱變數來近似真實的混淆變數。

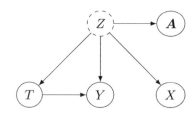

▲ 圖 2.14　代表 network deconfounder 模型所採用的因果辨識方法所基於的因果圖。其中樣本之間的網路結果由鄰接矩陣 **A** 代表，X 是隱藏混淆變數 Z 所對應的近端變數，network deconfounder 會利用這兩者結合適合的損失函數來使隱藏混淆變數 Z 能夠近似真實的隱藏混淆變數

● 這裡考慮的問題是估測社群網站中對於每個個人而言的因果效應。例如，一個社群網站平臺（如微博）在研究新版的首頁設計是否能提高使用者的參與度時，可以認為對使用者展示新版的首頁是將使用者分配到實驗組 $T=1$，而被展示舊版首頁的使用者是對照組 $T=0$，結果變數為使用者停留在首頁的時間。假設不同的使用者對首頁的偏好不同，那麼我們感興趣的因果效應就是不同首頁對使用者停留時間的影響，可以被定義為 CATE=$\mathbb{E}[Y_i^1 |X_i,\boldsymbol{A}]$-$\mathbb{E}[Y_i^0 |X_i,\boldsymbol{A}]$。注意，這裡仍然假設 SUTVA，即一個個體的處理變數的值不會影響其他個體。這個假設在網路資料中可能有一些爭議，但考慮同質偏好的時候，可以說網路中個體之間的影響是透過影響他人的隱藏混淆變數來完成的，而非直接透過處理變數去影響其他個體的結果。關於這一點的討論，讀者可以參考該領域的經典論文 [79]。

　　接下來簡單介紹 network deconfounder 的參數化模型。為了將網路結構 $\boldsymbol{A}$ 和觀測到的協變數同時映射到隱變數空間，network deconfounder 利用了圖神經網路 [49,76]，可以用式（2.3）來描述這一過程：

$$\boldsymbol{z}_i = g(\boldsymbol{x}_i, \boldsymbol{A}) \tag{2.37}$$

　　一般來講，可以將一個圖神經網路層寫為式（2.38）：

$$\boldsymbol{z}_i^l = \mathrm{aggr}\big(\boldsymbol{z}_i^{l-1}, \{\boldsymbol{z}_j\}_{j \in \mathcal{N}(i)}\big) \tag{2.38}$$

　　其中，aggr 函數將第 l-1 層的表徵 $\boldsymbol{z}_i^{l-1}$ 及其鄰居的表徵 $\boldsymbol{z}_j^{l-1}$ 共同映射到個體 i 第 l 層的隱藏混淆變數的表徵 $\boldsymbol{z}_i^l$。如果利用圖卷積網路 [76] 來作為式（2.38）中的 aggr 函數，可以得到式（2.39）：

$$\boldsymbol{Z}^l = \mathrm{relu}\left(\hat{\boldsymbol{D}}^{-\frac{1}{2}} \hat{\boldsymbol{A}} \hat{\boldsymbol{D}}^{-\frac{1}{2}} \boldsymbol{Z}^{l-1} \boldsymbol{W}^l \right) \tag{2.39}$$

　　其中，$\hat{\boldsymbol{A}}$ =A+I，I 是單位矩陣，$\hat{\boldsymbol{D}}$ 是 $\hat{\boldsymbol{A}}$ 對應的度數矩陣（degree matrix），$\boldsymbol{W}^l$ 是第 l 層的 GCN 的參數。GCN 的輸出 $\boldsymbol{Z}^l$ 則代表圖中每一個個體隱藏混淆變數在 GCN 第 l 層中的表徵。那麼可以利用 L 層的 GCN 來完成式（2.37）中將協變數和網路結構同時映射到混淆變數的表徵的操作。有了隱藏混淆變數的表徵 $\boldsymbol{z}_i$，要預測潛結果，network deconfounder 採用了與 CFRNet 相似的思路，即採用兩個由全連接層組成的神經網路模組，分別把 $\boldsymbol{z}_i$ 映射到兩個潛結果。這樣不但能夠預測事實結果，對模型參數進行訓練，也能夠預測反事實結果，完成因果效應估測的任務。

　　下面為了使圖神經網路輸出的表徵 $\boldsymbol{Z}$ 更好地近似真實的混淆變數，必須設計合適的損失函數。network deconfounder 的損失函數主要由兩部分組成。

　　首先，隱藏混淆變數的表徵必須能夠準確地預測潛結果，所以損失函數的第一部分由預測事實結果時產生的誤差組成，如式（2.40）所示：

$$\mathcal{L}_o = \frac{1}{n} \sum_{i=1}^{n} (\hat{y}_i - y_i)^2 \tag{2.40}$$

　　其中，y_i 和 $\hat{y}_i$ 分別為觀測到的事實結果和預測到的事實結果。

其次，要使 z_i 更接近於個體 i 的隱藏混淆變數，network deconfounder 採用了 CFRNet 中平衡實驗組和對照組的表徵分佈的損失函數。這樣做的原因在介紹 CFRNet 的部分（見 2.2.1 節）已經討論過，這裡就不詳細討論了。

IGNITE[62] 中提出了一種結合處理變數預測和表徵平衡的對抗學習方法。圖 2.15 展示了 IGNITE 這個方法的概覽圖。這種方法利用了基於一個判別器（critic）模組 D 的對抗學習。$D:\mathbb{R}^d \rightarrow \mathbb{R}$ 是一個將 d 維表徵映射到一個實數的神經網路模組，它的輸出越大，代表輸入的表徵越可能來自實驗組，反之，則代表輸入的表徵更可能來自對照組。基於判別器模組 D，IGNITE 利用了如式（2.41）所示的損失函數來訓練模型：

$$\mathcal{L}_{\text{CB}} = \frac{1}{n^1} \sum_{i:t_i=1} D\left(z_i\right) - \frac{1}{n^0} \sum_{i:t_i=0} D\left(z_i\right) \tag{2.41}$$

其中，n^1 和 n^0 是在最大化式（2.41）時，IGNITE 透過訓練判別器模組 D 使其能夠更好地區分來自實驗組和對照組的個體，這與基於傾向性評分的因果推斷模型相似。在最小化式（2.41）時，IGNITE 透過訓練圖神經網路模組 g_1 來平衡實驗組和對照組的個體的表徵分佈，從而減小預測反事實結果時的誤差。最小化式（2.41）通常與最小化預測事實結果的誤差（見式（2.40））同時對圖神經網路模組 g_1 和潛結果預測模組 g_2 進行訓練。

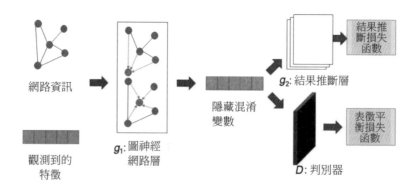

▲ 圖 2.15　在網路資料中對 CATE 進行因果推斷的模型 IGNITE 的框架圖。圖神經網路模組 g_1 將觀測到的特徵和網路結果資訊映射到代表混淆變數的隱變數，然後利用兩個全連接層模組 g_2 預測潛結果。IGNITE 利用基於判別器模組 D 的對抗學習來訓練模型，使其利用兼具預測處理變數和表徵平衡的損失函數來使隱變數更好地近似真實的混淆變數

　　在實驗中，Guo 等人 [62] 建構了估測 CATE 的文獻中常見的半合成資料（semi-synthetic data）。這些半合成資料集基於真實世界的社群網站資料集 BlogCatalog 和 Flickr，利用文獻 [57] 中 News 資料集類似的方法生成了社群網站中每個個體的處理變數的值和潛結果的值。其中每個個體隱藏混淆變數會受鄰居的影響，從而模擬了社群網站中的同質效應。

　　實驗結果表示，能夠利用網路資料和採用對抗學習來使學到的個體表徵近似混淆變數這兩個特點使 IGNITE 模型能夠比其他的模型更好地估測 CATE。

第 3 章

因果表徵學習與泛化能力

　　隨著深度學習近十年在機器視覺[80]、自然語言處理[81]、語音辨識[82]、生物資訊（相關資訊見「連結 3」）等領域的巨大成功，表徵學習這一深度學習的核心技術在機器學習問題中已得到相當廣泛的應用。在機器學習問題中，表徵學習的主要目標是從觀測到的低級變數中學習到可以準確預測目標變數的高級變數。而近年以德國馬普所的著名電腦科學家 Bernhard Schölkopf、加拿大蒙特婁大學的圖靈獎獲得者 Yoshua Bengio 和他們的團隊為代表，機器學習社區開始關注以下問題：

- 神經網路是否可以透過表徵學習得到與目標變數有因果關係的變數？

- 學習到這樣的變數有助於解決什麼問題？

- 如何設計資料增強（data augmentation）和歸納偏置（inductive bias）使神經網路學習到跟目標變數有因果關係的表徵？

在文獻 [83] 中，Bernhard Schölkopf 等人提出了三個因果表徵學習的挑戰，而機器學習模型的泛化能力（generalizability）就是其中的第一個挑戰。在現實世界的應用中，由於各種原因，訓練集和測試集的資料分佈往往不是完全相同的，即資料不符合獨立同分佈假設（non-i.i.d. data）。例如，在機器視覺的資料中，相機的模糊、雜訊、影像和視訊的壓縮，或者是對影像的旋轉、染色和拍攝角度的變化，都可能造成資料分佈的改變。在自然語言處理的資料中，由於寫作風格、情感、政治傾向等因素的變化，測試集的分佈也可能跟訓練集有很大差別。在這種情況下，即使是當前最先進的模型（如自然語言處理中的預訓練語言模型，如 BERT[81] 和 GPT-3[84]），也可能因為學習到訓練集中的偽相關，從而導致在資料分佈不同的測試集中表現不佳。當前，對於如何提高泛化能力，學術界並沒有一個統一的理論或者解決方法。相反，在機器學習的各個細分領域，根據資料和模型的特點，一系列不同的方法被提了出來。資料增強從資料本身入手，透過生成特定分佈的資料使模型免於學到偽相關。預訓練（pretraining）和自監督學習（self supervised learning）利用資料自身特點設計訓練任務，使模型不再很容易地學習到偽相關。也有一些工作根據模型和資料的特點複習了提高模型泛化能力的條件，從而透過設計基於因果的歸納偏置來克服偽相關的問題（如 invariant risk minimization，IRM[85]）。

我們可以認為泛化能力其實是驗證模型是否學到正確的表徵的一種指標。我們可以想像那些人類用來做預測的特徵，或者是與目標變數有真實的因果關係的表徵，尤其是那些目標變數的因，往往是可以泛化到不同的資料分佈中的。例如，要把一張影像中的動物分類為駱駝，人們就會自然而然地觀察影像中的駱駝，而最先進的機器視覺模型可能會利用沙漠背景和駱駝之間的偽相關去辨識駱駝[86-87]。在這個例子中，學習正確的表徵能夠使機器學習模型更能泛化到新的分佈中，由訓練集泛化到資料分佈不同的測試集中，像人類那樣輕易辨識站在草地上的駱駝。也有研究觀察到在人和物體互動（human object interaction，HOI）這一任務中，機器學習模型僅僅根據物體的類別就對人和物體互動的類型做出了判斷。而人類在完成這一任務時則會根據影像中人類的動作和物體的類型來判斷人和物體互動的類型是什麼。例如，看見物體是摩托車，機器學習模型就利用騎和摩托車之間很強的相關性預測人和物體的互動是騎，而根本沒有去利用影像中表現人的動作的特徵[88]。實際上，影像中的人完全可能在推摩托車，

而不總是在騎。又如，一系列工作中觀察到的在自然語言處理任務中機器學習模型利用偽相關的種種表現。例如，基於深度學習的問答模型沒有用到問題的特徵就直接選擇了答案[89]。而在自然語言推斷（natural language inference）中，我們的目的是推斷前提句（premise）和假設句（hypothesis）之間是否在語義上存在兩種關係：蘊涵（entailment）、矛盾（contradiction）或者是沒有以上關係[90]。研究發現，如果模型只利用假設句的特徵，就可以達到非常好的效果[91-92]。這一系列的例子表示，在傳統的資料集中，由於獨立同分佈資料中存在偽相關，機器學習模型可以透過學習這些偽相關來達到很好的效果。這也意味著在這樣的資料集中達到很好的效果並不代表機器學習模型學習了正確的、與目標變數具有因果關係的表徵。因此，製作能檢測機器學習模型學習因果關係的能力的資料集也是機器學習社區中一個重要的研究方向。

然而，學習正確的表徵有時也意味著不要利用那些人類可能會利用，但實際上會帶來歧視的特徵。關於這個問題的討論，將在下一章關於公平性的討論中介紹。接下來介紹幾個頂級國際會議上發表的提高模型泛化能力的因果機器學習的工作。

3.1 資料增強

資料增強是在機器學習社區被廣泛接受的能提高機器學習模型泛化能力的一項技術。除此之外，在自然語言處理中，它也被用於消滅語言模型的偏見。根據資料的特點，我們可以利用眾包技術來做資料增強。眾包技術的特點是能夠有效地將人類的先驗知識應用到資料增強中。另外，我們也可以利用從先驗知識中複習出來的規則，或者是已經存在的機器學習模型（尤其是生成模型）來生成額外的資料，從而避免要訓練的模型學到偽相關，即那些只在訓練集中存在的偽相關性。

3.1.1　利用眾包技術的反事實資料增強

以文獻 [93] 為代表，機器學習社區中有著這樣一系列工作，它們利用眾包平臺來搜集人工編輯和標注的自然語言資料，從而完成反事實資料增強，最終克服機器學習模型學到偽相關的問題。這樣做的動機是利用人類對因果關係的理解，即透過人為地對句子中那些是目標變數的因的特徵（詞彙）進行編輯修訂，得到與原來的文字很相似但標籤不同的新樣本。我們可以認為它代表一類重要的人機共生（human-in-the-loop）的機器學習方法。例如，在對電影評論情感分析的資料集（如 IMDB 電影評論文字情感分析資料集 [94]）做反事實資料增強時，要求眾包平臺的工作人員（例如，亞馬遜的 Mechanical Turks）對標籤為負的文字進行修改，從而使它的標籤變成正的，但同時要求工作人員只做最小限度的、必要的修改。類似地，在自然語言推斷資料集（如 SNLI[90]）的反事實資料增強中，要求工作人員僅對前提句或者假設句中的一個進行最小限度的修改來使標籤（目標變數）產生變化，而保持另一個句子不變。下面以文獻 [93] 中透過眾包平臺對 IMDB 情感分析資料集進行反事實資料增強的流程為例來講解這種資料增強的方法。

- 前置處理：首先排除那些長度最長的 20% 的電影評論文字，然後從剩下的訓練集資料中隨機選出 2500 筆電影評論文字，並保證其中標籤為正和標籤為負的樣本恰好各一半。

- 修訂文字：每筆電影評論文字由兩名工作人員負責，要求他們修訂給定的電影評論文字，使得文字連貫（coherent）且準確地描述給定的（改變後的）標籤。

- 審核：對修訂過的這些電影評論文字進行審核，排除修訂後標籤不應該改變的樣本。

在文獻 [93] 的實驗結果中，研究發現在原資料集中訓練的模型在修訂的反事實資料中表現有明顯下降。而在修訂資料中訓練的模型也在原資料中表現有明顯下降。但將兩者結合起來訓練的模型則學習到具有更強的泛化性能的表徵，從而能在原資料集和修訂後的反事實資料集中表現良好，同時發現無論是用原資料集還是用修訂後的資料集，單獨訓練的機器學習模型總會用到一些與標籤

有偽相關的特徵來做預測。例如，電影的種類並不應該被用來預測觀眾對電影的評價，但單獨訓練的機器學習模型卻會利用一部電影是驚悚片還是愛情片來預測電影評論文字的情感。而利用反事實資料和原資料結合起來訓練機器學習模型則可以緩解學習這類偽相關特徵的問題，從而提高它們的泛化能力。

為了進一步用因果推斷的理論來解釋文獻 [93] 中的結果，Kaushik 等人在文獻 [95] 中對這些利用眾包技術反事實增強的資料集進行了更進一步的研究。他們想要回答以下幾個問題：

第一，要使這樣的反事實資料增強起作用，需要對生成資料的因果模型有什麼要求？

第二，基於眾包的反事實資料增強是如何提高機器學習模型的（域外）泛化能力的？

第三，如果不透過人類干預（不使用眾包平臺），是否能利用更經濟實惠的技術（如注意力機制[96]）達到與基於眾包的反事實資料增強類似的效果？

他們首先透過一個高斯加性雜訊的線性結構因果模型（linear Gaussian model）[97] 來研究在不同種類的特徵上加雜訊對模型泛化能力的影響。這裡考慮了兩種生成資料的因果模型，即特徵是目標變數的因和特徵是目標變數的果的情況。

如圖 3.1 所示，文獻 [95] 考慮了兩種因果模型。在第一種（見圖 3.1(a)）中，有一部分特徵（X_1）是目標變數的因，即文字特徵決定了文字的標籤。在第二種（見圖 3.1(b)）中，有一部分特徵（X_1）是標籤的果，即文字特徵是由文字的標籤決定的。在第一種情況下，如果假設線性因果模型如式（3.1）所示：

$$\begin{cases} z = u_z \\ x_1 = bz + u_{x_1} \\ x_2 = cz + u_{x_2} \\ y = ax_1 + u_y \end{cases} \tag{3.1}$$

其中，u_z、u_{x1}、u_{x2}、u_y 都是均值為 0 的高斯雜訊。然後考慮一種情況，即不能觀察到 X_1，但能觀察到它的有雜訊的代理變數 $\tilde{X}_1$ 的實例 $\tilde{x}_1$ 服從高斯分佈 $\mathcal{N}(x_1, \sigma_{u_{x1}}^2 + \sigma_{\epsilon_{x1}}^2)$。那麼在這個前提下，想要學習一個線性回歸模型來用 $\tilde{X}_1$ 和 X_2 預測 Y，如式（3.2）所示：

$$\hat{y} = \beta_1 \tilde{x}_1 + \beta_2 x_2 + \gamma \tag{3.2}$$

就會發現，當代理變數的雜訊 $\sigma_{\epsilon_{x1}}^2$ 越大時，學到的權重 $\hat{\beta}_1$ 就會越小，而權重 $\hat{\beta}_2$ 就會越大。我們知道，這其實是不利於學到可以泛化到不同分佈的模型的，因為我們認為與目標變數有直接因果關係的特徵 X_1 到目標變數 Y 間的關係在不同分佈的資料中都是穩定的[95]。這表示，如果在反事實資料增強的時候在與目標變數有直接因果關係的特徵 X_1 中加入雜訊，那麼資料就會導致用它訓練出的機器學習模型的泛化能力下降。相反，如果在反事實資料增強的時候，在與目標變數沒有直接因果關係的變數（如圖 3.1(a) 和圖 3.1(b) 中的 X_2）加入更大的雜訊 u_{x_2}，就會分配更高的權重給那些與目標變數有直接因果關係的變數（如圖 3.1(a) 和圖 3.1(b) 中的 X_1）。這樣就可以用這樣的反事實資料增強後的資料訓練出泛化能力更優的機器學習模型。而文獻 [93] 中利用眾包平臺做出的反事實增強資料之所以能提高模型的泛化能力，就是因為它利用了人類的先驗知識，找到了文字中與目標變數（標籤）有直接因果關係的特徵（詞彙或子句），然後對他們進行修改，以便獲得標籤改變的反事實文字。

(a) X_1（causal features）是目標
變數的因的情況

(b) X_1（anti-causal features）是目標
變數的果的情況

▲ 圖 3.1　因果機器學習的兩種因果模型

用圖 3.1 中的因果圖來解釋,就相當於精確地對 X_1 和 Y 進行了干預(修訂),而在 X_2 中殘留的那些與修改前的 X_1 有相關性的特徵就等值於向 X_2 中加入的雜訊。所以文獻 [93] 中基於眾包的反事實資料增強最終有助於訓練出泛化能力更好的機器學習模型。

在文獻 [98] 中,Teney 等人設計了另一種損失函數來利用這些反事實增強後的資料。粗略地講,Teney 等人設計的損失函數會鼓勵機器學習模型去最大化決策邊界(decision boundary)到反事實增強前後的一對樣本之間的距離(maximizing margin)。實驗結果表示,他們提出的這種方法也是一種有效利用基於眾包的反事實資料增強得到的資料來提高機器學習模型泛化能力的方法。感興趣的讀者可以閱讀文獻 [98],以深入了解這種基於成對的事實和反事實樣本的提高模型泛化能力的方法。而文獻 [99] 則提出了另一種利用眾包平臺做反事實資料增強來提高模型泛化能力的方法。這項研究假設沒有被觀察到的變數(unmeasured variables)是引起模型不能泛化到不同資料分佈的原因。例如,肥胖常常與心臟病發病率正相關,但抽菸卻是肥胖→心臟病這個因果關係的一個混淆變數,即抽菸的人往往體重不大,但比不抽菸的人更容易患心臟病。基於這樣的考慮,Srivastava 等人 [99] 借助眾包平臺,利用人類先驗知識去推斷那些沒有被觀察到的變數的值。比如,在紐約警察局的員警攔停車輛的資料集中,我們的任務是用一次攔停車輛事件的員警報告中提取出的屬性(如被攔停的人員是否有可疑的動作、是否攜帶武器等)來預測該次攔停車輛是否是假陽性(false positive),即員警是否攔停了沒有犯罪嫌疑的駕駛員[①]。Srivastava 等人認為員警攔停車輛事件的地點是一個混淆變數,它既影響攔停的機率(在更危險的區域,員警攔停車輛的機率越大),也影響是否是假陽性的機率(在不同的區域,員警攔停車輛的假陽性機率不同)。由於讓眾包平臺的工作人員直接推測攔停事件發生的地點是非常困難的,於是在反事實資料增強的過程中,眾包平臺的工

[①] 在美國開車出行時,員警執法的一項重要任務就是攔停有違法嫌疑的車輛。但在這個過程中常常存在員警濫用權力的行為。比如,在 2020 年發生的喬治·佛洛依德案中,明尼阿波利斯的警官德里克·邁柯爾·肖萬濫用權力造成了非裔美國人喬治·佛洛依德死亡,引發了轟動整個美國甚至其他國家黑人的命也是命(black lives matter)的運動。該項研究有助於我們了解哪些因素與美國員警攔停車輛時的濫用職權行為相關。

作人員就會根據攔停事件的員警報告推測每次攔停事件發生的原因。例如,在一次攔停事件中,員警報告寫道:「一個非裔男子被員警攔停了,但沒有被逮捕。第一,該非裔男子被另一個人舉報,稱其行為可疑。第二,該非裔男子符合某種犯罪的描述。」一個眾包平臺的工作人員推測這次(假陽性的)攔停的原因是:「那個舉報該名非裔男子的人是一個種族主義者。」Srivastava 等人發現這些眾包平臺的工作人員標注的攔停原因跟混淆變數(攔停地點)具有高度相關性,而利用這種方法增強後的資料也有利於訓練出更能泛化到不同地區的攔停資料的模型。

利用眾包平臺做反事實資料增強具有一定的局限性,例如,並不是每個實驗室或公司都擁有充足的經費去使用眾包平臺,特別是當資料量太大時,需要的經費也會隨著樣本數量或者標注資料的難度而上升,而且眾包平臺獲得的資料標籤不一定準確,這也會影響到它訓練的模型的表現。

因此,接下來介紹兩類不需要人機共生技術的反事實資料增強方法:基於規則的反事實資料增強和基於模型的反事實資料增強。

3.1.2　基於規則的反事實資料增強

除了直接透過眾包平臺這種手段來利用人類對資料中各個變數之間的因果關係的先驗知識,還可以透過複習一些基於先驗知識的規則便於自動獲得某種反事實資料來增強機器學習模型的泛化能力。比如,利用先驗知識提取可能與目標變數有某種特定因果關係的特徵。

研究文獻 [100] 發現,在電影評論文字的情感分析任務中,導演的名字常常被機器學習模型用來預測情感。這是一個偽相關,因為導演名字並不是目標變數的因。如果某個導演過去一直拍好的影片(電影評論文字情感為正),但從某個時間點開始拍的電影品質開始下降(電影評論文字情感為負),那麼用過去的資料訓練的模型就無法泛化到那個時間點之後的資料上。而在惡意文字分類(toxicity classification)[101-102] 任務中,一些與族群(ethinic group)相關的詞彙常常被機器學習模型用來預測一段文字是否帶有惡意,因為一部分族群常常是這類騷擾的受害者。這就會引發演算法公平性相關的問題,比如機器學習

模型可能會因為一段文字中提到了某個族群就認定這段文字是惡意的，而不去利用特徵中那些真正使這段文字變得有惡意的詞或子句。正如前面提到的，這樣利用偽相關的模型常常會在資料分佈產生變化的時候表現顯著下降。比如，受到騷擾的受害族群隨著時間產生變化的時候，利用之前的受害族群來預測文字是否帶有惡意就不再準確了。

在文獻 [100] 中，Wang 等人把那些是目標變數的因的詞與標籤之間的相關性稱為真實相關（genuine correlation），並且認為這種真實相關是可以令機器學習模型泛化到不同的資料分佈中的。如何鑒別一個詞是否是目標變數的因呢？他們利用了最直觀的定義（即因果推斷中常用的 "What-if" 問題）來判斷一個詞是否是標籤的因：「如果文字 s 中的一個詞 w 被替換為 w'，那麼這個文字的標籤會改變嗎？」由於不能直接改變文字中的每一個詞，然後觀察目標變數的值是否變化，那麼要回答上面的 "What-if" 問題，就相當於要用觀察性資料去估測每個詞對標籤的因果效應。Wang 等人考慮了一個簡化的因果模型，如圖 3.2 所示。其中混淆變數 C 代表語境，即文字中除現在考慮的詞之外的其他詞。為了得到那些與標籤相關性很高的詞作為目標變數的因的特徵，Wang 等人採用了一種經典的因果推斷方法：匹配[103]。這裡介紹文獻 [104] 中提出的利用規則對文字資料做反事實資料增強的方法。

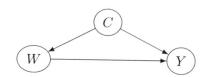

▲ 圖 3.2　一個簡化的文字分類問題的因果模型

首先，對於每一個詞 w，都可以找到那些包含該詞的文字組成一個集合 $D_w = \{d_1, \cdots, d_n\}$，對於其中的每一個文字，都可以在訓練集中找到一個跟它十分相似（用特徵的餘弦相似度衡量）但不包含 w，且標籤正好相反的文字，組成另一個集合 $D_w' = \{d_1', \cdots, d_n'\}$，根據這兩個集合，可以得到一個匹配的資料集，即 $D_w^{\text{match}} = \{(d_1, d_1', \text{score}_1), \cdots, (d_n, d_n', \text{score}_n)\}$，其中 score_i 即是文字 d_i 和 d_i' 的相似度，$i = 1, \cdots, n$。

　　然後對每個詞 w 都利用 D_w^{match} 中餘弦相似度最高的那一對文字的相似度來作為判斷詞 w 是否是目標變數的因的標準。在文獻 [104] 的實驗中採用了 0.95 這個比較大的設定值（餘弦相似度的取值範圍是 [0,1]），將相似度大於該設定值的詞作為很可能是目標變數的因的特徵（likely causal features）。

　　接著對訓練集中那些包含很可能是目標變數的因的特徵（詞）的文字，根據以下規則進行反事實資料增強：用很可能是目標變數的因的詞的反義詞對其進行替換，然後將文字的標籤反轉（這裡只考慮了二分類問題），這樣就獲得了一個文字的反事實樣本。在文獻 [104] 中，利用一個 Python 語言的套件，即 PyDictionary（相關資訊見「連結 4」）來完成查詢反義詞這一步驟。

　　最後，合併反事實資料增強得到的資料集和原本的資料集，以便訓練一個泛化能力更強的機器學習模型。

　　在實驗中，為了驗證模型的泛化能力，採用了人工標注的反事實資料集作為測試集。比如，在使用 IMDB 資料集時，採用了文獻 [93] 中利用眾包技術獲得的反事實資料集作為測試集，考慮了兩個情感分析的資料集，即 IMDB[105] 和 Amazon Kindle Review[106]。同時，為了驗證根據規則自動找到的可能是標籤的因的詞彙是否準確，採用了人工標注的方法得到基準真相。具體地說，讓兩位工作人員去標注每個文字中的每一個詞是否能決定標籤的值，並作為基準真相。

　　實驗結果表示，這樣根據規則自動生成的反事實資料也能造成反事實資料增強提高機器學習模型泛化能力的效果。雖然在 IMDB 資料集中的效果不如利用眾包平臺完成的反事實資料增強效果好，但與沒有做反事實資料增強的基準線模型相比，這種根據規則的自動的資料增強也可以達到提高機器學習模型在不同資料分佈下的泛化能力的效果。

3.1.3　基於模型的反事實資料增強

　　隨著近幾年學術界和工業界在生成模型方向的努力，我們已經能夠生成與真實世界資料集中的樣本十分相似的樣本。例如，生成對抗網路 StyleGAN2[107] 允許根據給定的屬性（如年齡、性別、髮色等）生成栩栩如生的人臉；大規模預訓練的語言模型（如 BERT[81]）可以基於一些提示語（prompt），例如，句子

開頭的幾個詞生成一段語法正確、語義合理（semantically sound）的文字。正因為有這樣的機器學習模型可以生成符合真實資料分佈的樣本，基於模型的反事實資料增強便利用了這類生成模型來生成反事實資料，從而提高模型的泛化能力。

基於規則的反事實資料增強其實有一個會影響生成的反事實樣本的品質缺陷，那就是在基於規則對樣本進行修改的時候，往往只能修改一部分特徵。比如，在文獻 [104] 中提出的方法只能替換文字中那些很可能是目標變數的因的特徵（詞），而忽略了一個問題，那便是替換了特徵之後的文字本身是否仍然是一個語法正確、語義合理的文字，而基於模型的反事實資料增強模型可以多少緩解這個問題。因為有了對資料建模的因果模型，或者說資料生成過程建模的生成模型，假如這個生成模型足夠準確，那麼就可以估測修改原資料集得到的反事實樣本是否符合估測到的原資料集的資料分佈，同時對反事實樣本的其他特徵進行修改，使它更符合估測到的原資料集的資料分佈。

1 · 基於模型的反事實資料增強的挑戰

下面以文獻 [108] 為例，透過神經網路機器翻譯（neural machine translation）中的反事實資料增強這一任務，講解如何利用 Pearl 提出的反事實推斷方法 [5]，基於預訓練的生成模型自動地對機器翻譯資料集進行反事實資料增強。我們知道，機器翻譯是一個從序列到序列（sequence to sequence，seq2seq）的任務。這裡希望訓練一個神經網路模型，它能夠以一種語言的文字（一個序列）為輸入，輸出另一種語言的文字（另一個序列），使兩個文字的意思一致。在文獻 [108] 中，Liu 等人提出了神經網路機器翻譯這項任務的兩大挑戰：

- 神經網路機器翻譯模型依賴於巨量的平行語料庫（parallel copora）來對模型進行監督學習。比如，在文獻 [109] 中，Zoph 等人發現，對缺乏資源語言（low resource language）而言，因為難以搜集到巨量的平行語料庫，神經網路機器翻譯模型的表現在這一類語言的資料集上有顯著下降。

- 神經網路機器翻譯模型的表現容易受到雜訊影響。比如，文字中出現語法錯誤的時候，神經網路機器翻譯模型的準確度會顯著下降 [110-111]。

這兩大挑戰也表現了 Liu 等人想要提出基於模型的反事實資料增強方法來改進神經網路機器翻譯模型的動機。

第一，對缺乏資源語言而言，反事實資料增強可以基於樣本數量有限的平行語料庫生成更多的資料樣本，透過提高樣本數量來改善神經網路機器翻譯模型在這些資料集上的表現。

第二，正是因為神經網路機器翻譯模型對雜訊很敏感，所以需要注意在生成反事實樣本的時候，要保證它是符合原來的資料分佈的。這正是基於模型的反事實資料增強的優勢。

在機器視覺的各類任務中，研究發現簡單的基於規則的資料增強對提高機器學習模型，尤其是深度神經網路的泛化性能是十分有效的。因為在機器視覺中，人類的先驗知識告訴我們，對影像的一系列操作（如翻轉、旋轉、染色、裁剪和拼接）都不會影響到影像的標籤（對一張手寫數字的圖片染色不會改變圖片中的數字是幾）[112]。

與機器視覺不同，自然語言處理任務中，假如把干預的物件設定為文字中的詞，那麼直接對文字特徵（詞或者子句）進行修改來完成反事實資料增強就要回答以下幾個問題：

- 第一，修改文字中的哪個詞或哪幾個詞才能創造出對提高機器學習模型泛化性能有幫助的新樣本？

- 第二，要把選定的詞修改成什麼詞才能使修改後的文字更符合真實的資料分佈？

- 第三，修改這些詞之後的文字對應的標籤應該怎麼變化？

在機器翻譯中，因為存在神經網路機器翻譯模型對雜訊敏感這一挑戰，我們不但要回答以上問題，還要在回答第二個問題的同時考慮整個文字的語境（即除那些被修改的詞之外的其他詞）。比如，在這些詞被修改之後，文字中其他沒有被修改的詞是否能與修改後的片語成一個語法正確、語義合理的文字？如果不能，又該如何修改它們以使生成的反事實樣本更像是服從真實資料分佈的樣本？除此之外，我們需要考慮的一個問題是機器翻譯任務的標籤是比較特殊

的。機器翻譯是一個從序列到序列（Seq Zsea）的任務，機器翻譯的標籤同輸入一樣，也是以序列的形式呈現的（如一個句子）。因此，機器翻譯一般需要平行語料庫作為監督學習的訓練集。在平行語料庫中，保證來源序列（輸入的文字）和目標序列（輸入的文字的正確翻譯）對齊也是很重要的。所以，在生成反事實樣本的時候，如果改變了來源序列中的詞，同時必須保證目標序列中那些與這些被修改的詞比對的詞也應該做出對應的修改，這樣才能保證反事實樣本的來源序列和目標序列的比對不受影響。在文獻 [108] 中，Liu 等人提出了將機器翻譯模型看作是因果模型的想法。因為翻譯語言模型（translation language model）其實可以看作是對資料生成過程建模的一個因果模型，如圖 3.3 所示。詳細地說，給定一對來源序列和目標序列，一個翻譯語言模型其實是對生成目標序列中的某一個詞條件機率 $P(Y_j | \mathcal{X}, \mathcal{Y}_{-j})$ 建模，其中 Y_j 代表目標序列中第 j 個詞對應的隨機變數，$\mathcal{X}$ 和 $\mathcal{Y}$ 分別是來源序列和目標序列中的詞對應的隨機變數的集合，$\mathcal{Y}_{-j}$ 則代表除第 j 個詞外其他詞對應的隨機變數的集合。有了這樣的模型舉出的目標序列中每一個詞的條件分佈，就可以嘗試回答關於生成反事實樣本的一個重要問題：如果來源序列中的一個詞被修改，那麼它對應的那個詞應該如何修改，才能使生成的反事實樣本更符合原資料的資料分佈？

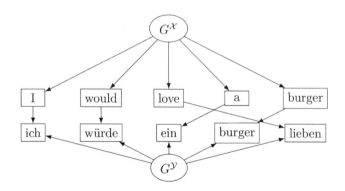

▲ 圖 3.3 文獻 [108] 中提出的把翻譯語言模型看作是一個因果模型的因果圖。來源序列中的每一個詞都對應目標序列中的一個詞，如英文的 love 對應德語的 lieben。G^x 和 G^y 代表外生的雜訊變數。我們可以認為一個翻譯語言模型是對生成來源序列和目標序列的資料生成過程進行建模。其中來源序列的詞由雜訊生成，而目標序列中的詞由它對應的來源序列的詞和雜訊項生成。翻譯語言模型是對後者進行了建模

2 · 基於模型的反事實資料增強方法

在文獻 [108] 中提出了三個步驟來為機器翻譯的平行語料庫，尤其是那些缺乏資源語言的資料集做反事實資料增強。注意，前面提到的特徵單位是詞，在文獻 [108] 中，Liu 等人採用了以子句為特徵創造反事實樣本的方法。而以詞還是子句為單位對文字進行修改往往是由實際採用的生成模型決定的。

下面詳細介紹文獻 [108] 提出的基於模型生成反事實樣本的方法的三個步驟。

步驟 1：為了得到來源序列和目標序列中子句與子句之間的對應關係，文獻 [108] 中使用了如文獻 [113-114] 中提出的無監督子句對齊（unsupervised phrasal alignment）方法。

步驟 2：挑選來源序列中的一個子句，並用一個預訓練的語言模型（如 BERT[81] 和 T5[115]）來替換這個子句。關於挑選來源序列中的一個子句，Liu 等人遍歷了來源序列中所有的子句，並以一個預設的機率（在實驗中為 0.2）決定當前的子句是否會被替換。利用本節介紹的符號，可以說預訓練語言模型對條件分佈 $P(X_i | X_{-i})$ 進行了建模，所以只需要利用這些預訓練語言模型，就可以推斷出一系列子句來替代來源序列中子句 X_i，並保證修改後的來源序列仍符合原資料分佈。換句話說，用到了預訓練語言模型中語境和子句之間的關係，可以確保修改後的文字不但在語法上正確，在語義上也合理。

步驟 3：利用一個訓練過的翻譯語言模型（如文獻 [116] 中提出的翻譯語言模型）來進行反事實推斷，即根據修改後的來源序列生成對應的目標序列以完成反事實資料增強。更具體地講，利用本節介紹過的將翻譯語言模型作為因果模型的方法，可以利用翻譯語言模型提供的條件分佈 $P(Y_j | \mathcal{X}', \mathcal{Y}_{-j})$ 來推斷哪些子句應該出現在與來源序列中被修改的子句相對應的目標序列中的位置上，其中 $\mathcal{X}'$ 代表修改後的來源序列對應的隨機變數集合。利用訓練過的翻譯語言模型與步驟 2 中利用預訓練的語言模型的道理相似，因為對原資料的資料分佈進行建模後，就可以利用它來保證修改後的文字更符合原資料的資料分佈，或者說令修改後的文字語法正確、語義合理。

　　為了驗證這種反事實資料增強方法的效果，文獻 [108] 中用神經網路機器翻譯模型在一系列基準資料集中做了驗證。資料集包括 WMT18 英文到土耳其語（缺乏資源語言）、IWSLT15 英文到越南語（缺乏資源語言）和 WMT17 英文到德語的機器翻譯資料集。在實驗中發現，使用這種反事實資料增強之後，神經網路機器翻譯模型的 SacreBLEU 分數[117]（相關資訊見「連結 5」）比一系列沒有考慮來源序列和目標序列間的因果關係的詞替換（word replacement）或者還原翻譯（back translation）的資料增強方法更優。這組實驗結果表示：這種基於模型的反事實資料增強方法提高了神經網路機器翻譯模型在缺乏資源語言上的表現。我們也可以說它提高了該類機器翻譯模型的泛化能力。為了進一步驗證這種基於模型的反事實資料增強方法是否能夠提高神經網路機器翻譯模型的泛化能力，文獻 [108] 的作者還在 WMT19 的英文到法語堅固性資料集上進行了實驗。這個資料集中包含的成對的來源序列和目標序列是比較罕見的，適合用來驗證機器翻譯模型的泛化能力。結果進一步表示：這種基於模型的反事實資料增強更有利於提高機器翻譯模型的泛化能力。

　　上面討論了幾類反事實資料增強的方法，它們的核心思想都是透過直接修改原資料中的樣本得到新的反事實樣本，以便讓機器學習模型更容易學到那些與目標變數有直接因果關係的特徵，從而提高模型泛化到不同資料分佈的能力。反事實資料增強的局限性包括兩點：第一，一種方法常常只對一種特定的資料或任務起作用。第二，生成反事實樣本的方法依賴於人類的先驗知識或者在大規模資料上預訓練過的生成模型。

　　怎樣避免上述兩個問題？下面介紹幾類直接透過設計歸納偏置來提高機器學習模型的泛化能力的方法。

提高模型泛化能力的歸納偏置

歸納偏置（inductive bias）是指機器學習模型中在人類先驗知識的指導下設計出來的損失函數或者模型結構。在提高機器學習模型的泛化能力的研究中，除了研究如何對資料本身做反事實資料增強，另一個重要的分支就是研究如何設計能夠提高模型泛化能力的歸納偏置。

下面介紹在因果機器學習社區內的最新研究，特別是利用學習跨資料分佈不變的關係來提高模型的泛化能力的一系列工作。

3.2.1 使用不變預測的因果推理

和後面將會介紹的不變風險最小化（invariant risk minimization，IRM）[85] 類似，Jonas Peters 等人於 2016 年提出的不變因果預測（invariant causal prediction）[118] 也希望從異質的大規模資料中學到穩健的因果關係，並且類似地，其假設資料來自多個不同的環境。直觀地說，不變因果預測主要基於如下資訊，因果的結構對於不同的分組資料應該保持不變。

具體地說，不變因果推斷考慮這樣一個任務，基於從 $e \in \mathcal{E}$ 個不同的環境中搜集到的 (X,Y) 資料，考慮從特徵 $X \in \mathbb{R}^p$ 中對目標變數 Y 進行預測，令 X^e 代表環境 e 中的特徵。如果對於一個子集 $S^* \subseteq \{1, \cdots, p\}$，滿足如式（3.3）所示的性質。

對所有的 $e \in \mathcal{E}$: X^e 的分佈任意且有

$$Y^e = g(X^e_{S^*}, \varepsilon^e), \quad \varepsilon^e \sim F_{\varepsilon} \text{ 和 } \varepsilon^e \perp\!\!\!\perp X^e_{S^*} \tag{3.3}$$

這裡的 g 是合適的函數類裡一個實數值的函數，X_S 是選擇了集合 S 中元素的特徵，函數 g 和誤差分佈對於各個不同的環境均保持不變。如果這樣的性質可以滿足，那麼就說特徵的子集 S 可以因果地對目標變數 Y 進行預測。

　　如圖 3.4 所示,可知,在這樣一個資料生成系統中,$\{X_2, X_4\}$ 是目標函數 Y 的因果特徵(causal feature),而非直接的因變數集合,例如 $\{X_2, X_5\}$,或者不完整的直接因變數集合,例如 $\{X_2\}$,都不能滿足式(3.3)中所述的因果地對目標變數 Y 進行預測的要求。

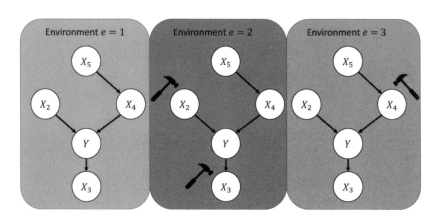

▲ 圖 3.4 在無干預和不同干預中產生的三種不同環境下的資料生成系統

　　不變因果預測原文中的主要結果展示在線性高斯模型上,但是在更加通用的模型上實際也適用。對於線性模型,有如下一個不變預測假設。

假設　不變預測假設。

存在一組係數向量 $\gamma^* = (\gamma_1^*, \cdots, \gamma_p^*)'$,其支撐集 $S^* := \{k : \gamma_k^* \neq 0\} \subseteq \{1, \cdots, p\}$,滿足式(3.4):

$$對於所有的\ e \in \mathcal{E} : X^e 的分佈任意且有$$
$$Y^e = \mu + X^e \gamma^* + \varepsilon^e, \quad \varepsilon^e \sim F_\varepsilon \ 和\ \varepsilon^e \perp\!\!\!\perp X_{S^*}^e \tag{3.4}$$

其中,$\mu \in \mathbb{R}$ 是截距項,ϵ^e 是均值為 0、方差有限且對所有的 $e \in \mathcal{E}$ 有相同分佈 F_ε 的隨機雜訊。

　　同時,對於線性因果圖模型來說,Y 的父節點滿足這樣一個假設。

不變因果預測透過假設檢驗的方法來尋找 X 的子集作為因果特徵。通常來說，(γ^*, S^*) 不是唯一的滿足不變性假設的配對。對於 $\gamma \in \mathbb{R}^p$ 和 $S \subseteq \{1, \cdots, p\}$，定義空假設（null hypothesis）如式（3.5）所示：

$$H_{0,\gamma,S}(\mathcal{E}): \quad \gamma_k = 0 \ \text{如果} \ k \notin S$$

$$且 \begin{cases} \exists F_\varepsilon & \text{使得對於所有的} \ e \in \mathcal{E} \\ Y^e = X^e\gamma + \varepsilon^e, \ \text{且有} \ \varepsilon^e \perp\!\!\!\perp X_S^e \ \text{和} \ \varepsilon^e \sim F_\varepsilon \end{cases} \tag{3.5}$$

任何滿足 $H_{0,S}(\mathcal{E})$ 的集合 S 中的變數被稱為可能的因果預測量（plausible causal predictors），與其相關的係數叫作可能的因果係數。其定義如下。

定義 3.1 可能的因果預測量。

在環境集 $\mathcal{E}$ 下，變數集合 $S \subseteq \{1, \cdots, p\}$ 被稱為可能的因果預測量，當式（3.5）的空假設成立時，意味著：

$$H_{0,S}(\mathcal{E}): \quad \exists \gamma \in \mathbb{R}^p \text{使得} H_{0,\gamma,S}(\mathcal{E}) \ \text{成立} \tag{3.6}$$

定義 3.2 可能的因果係數。

我們定義對於集合 $S \subseteq \{1, \cdots, p\}$ 的可能的因果係數集合 $\Gamma_S(\mathcal{E})$，以及在環境集 $\mathcal{E}$ 下的可能的因果係數的全域集合 $\Gamma(\mathcal{E})$ 如式（3.7）和式（3.8）所示：

$$\Gamma_S(\mathcal{E}) \quad := \ \{\gamma \in \mathbb{R}^p: H_{0,\gamma,S}(\mathcal{E}) \ \text{成立}\} \tag{3.7}$$

$$\Gamma(\mathcal{E}) \quad := \bigcup_{S \subseteq \{1, \cdots, p\}} \Gamma_S(\mathcal{E}) \tag{3.8}$$

在線性情況下，這一空假設可以被進一步簡化，定義在實驗設定 $e \in \mathcal{E}$ 中，用 S 中的變數對目標變數進行最小平方回歸的係數 $\beta^{\text{pred},e}(S)$ 如式（3.9）所示：

$$\beta^{\text{pred},e}(S) \ := \ \arg\min_{\beta \in \mathbb{R}^p : \beta_k = 0, k \notin S} E(Y^e - X^e\beta)^2 \tag{3.9}$$

那麼對於集合 $S \subseteq \{1, \cdots, p\}$，上文空假設的等值表述如式（3.10）所示：

$$H_{0,S}(\mathcal{E}): \begin{cases} \exists \beta \in \mathbb{R}^p \ \text{且} \ \exists F_\varepsilon \ \text{使得對於所有的} \ e \in \mathcal{E} \ \text{有} \\ \beta^{\mathrm{pred},e}(S) \equiv \beta \ \text{和} \ Y^e = X^e \beta + \varepsilon^e, \ \text{同時} \ \varepsilon^e \perp\!\!\!\perp X_S^e \text{和} \ \varepsilon^e \sim F_\varepsilon \end{cases} \quad (3.10)$$

同時有式（3.11）：

$$\Gamma_S(\mathcal{E}) = \begin{cases} \emptyset & \text{如果} \ H_{0,S}(\mathcal{E}) \ \text{不成立} \\ \beta^{\mathrm{pred},e}(S) & \text{其他} \end{cases} \quad (3.11)$$

不變因果預測演算法最後輸出結果為所有可能的稱為可辨識的因果預測量 (identifiable causal predictors)，定義如下。

定義 3.3 可辨識的因果預測量。

在環境集 $\mathcal{E}$ 下，可辨識的因果預測量被定義為可能的因果預測量集合的交集，如式（3.12）所示：

$$S(\mathcal{E}) := \bigcap_{S:H_{0,S}(\mathcal{E}) \text{為真}} S = \bigcap_{\gamma \in \Gamma(\mathcal{E})} \{k : \gamma_k \neq 0\} \quad (3.12)$$

整個不變因果預測的演算法流程如下：

1）對於所有的子集 $S \subseteq \{1, \cdots, p\}$，檢驗 $H_{0,S}(\mathcal{E})$ 是否在 α 的顯著水準上成立。

2）將 $\hat{S}(\mathcal{E})$ 設為式（3.13）：

$$\hat{S}(\mathcal{E}) := \bigcap_{S:H_{0,S}(\mathcal{E}) \text{沒有被拒絕}} S \quad (3.13)$$

3）對於置信集，定義如式（3.14）所示：

$$\hat{\Gamma}(\mathcal{E}) := \bigcup_{S \subseteq \{1, \cdots, p\}} \hat{\Gamma}_S(\mathcal{E}) \quad (3.14)$$

此時有式（3.15）：

$$\hat{\Gamma}_S(\mathcal{E}) := \begin{cases} \varnothing & H_{0,s}(\mathcal{E}) \text{ 能被}\alpha\text{的顯著水準所拒絕} \\ \hat{C}(S) & \text{其他} \end{cases} \qquad (3.15)$$

此時，$\hat{C}(S)$ 是關於透過集中所有環境的資料得到的回歸向量 $\beta^{\text{pred}}(S)$ 的 $(1-\alpha)$ 顯著水準置信集合。

定理 3.1　不變因果預測。

假設估計量 $\hat{S}(\mathcal{E})$ 是被透過對於所有的集合 $S \subseteq \{1,\cdots,p\}$，執行對於假設 $H_{0,S}(\mathcal{E})$ 的顯著水準為 α 的有效檢驗建構出的，使得 $\sup_{P:H_{0,S}(\mathcal{E})\text{ 成立}} P[H_{0,S}(\mathcal{E}) \text{ 被拒絕}] \leq \alpha$。考慮變數 (Y,X) 的一個機率分佈 P，並且考慮任何滿足不變因果預測假設的 γ^* 和 S^*，那麼有 $\hat{S}(\mathcal{E})$ 滿足

$$P[\hat{S}(\mathcal{E}) \subseteq S^*] \geqslant 1 - \alpha$$

如果對於所有的滿足不變因果預測假設的 (γ,S)，其置信集 $\hat{C}(S)$ 滿足 $P[\gamma \in \hat{C}(S)] \geq 1-\alpha$，那麼 $\hat{\Gamma}(\mathcal{E})$（見式（3.14））滿足：

$$P[\gamma^* \in \hat{\Gamma}(\mathcal{E})] \geqslant 1 - 2\alpha$$

從更多的環境搜集到資料將對不變因果預測有幫助，對於可辨識的因果預測量，有如下性質：

$$S(\mathcal{E}_1) \subseteq S(\mathcal{E}_2) \qquad \text{對於兩組環境集合 } \mathcal{E}_1, \mathcal{E}_2 \text{ 且有} \mathcal{E}_1 \subseteq \mathcal{E}_2$$

關於如何對空假設進行檢驗，下面舉出一種方法。

（1）對於 $\{1,\cdots,p\}$ 的任一子集 S 和環境 $e \in \mathcal{E}$：

1）使用所有的資料去擬合一個線性回歸模型，得到對於使用集合 S 中的變數進行線性回歸預測的最優係數的一個估計 $\hat{\beta}^{\text{pred}}(S)$。令 $R = Y - X\hat{\beta}^{\text{pred}}(S)$ 表示殘差。

2）對空假設進行檢驗，檢驗是否對於每個 I_e 和 $e \in \mathcal{E}$，殘差 R 的均值都相同，對內部 I_e 的殘差和外部 I_{-e} 的殘差進行兩樣本 t 檢驗，並將所有的 $e \in \mathcal{E}$ 結果使用邦費羅尼校正結合。此外，使用 F 檢驗，檢驗是否對於每個對內部 I_e 的殘差和外部 I_{-e} 的殘差 R 的方差都相同，並將所有 $e \in \mathcal{E}$ 的結果使用邦費羅尼校正結合。將均值檢驗的 p 值和方差檢驗的 p 值取最小值，並乘以 2。如果 p 值小於顯著水準 α，就拒絕集合 S。

（2）如果拒絕了一個集合 S，將其係數集合設為空集，$\hat{\Gamma}_S(\mathcal{E}) = \emptyset$，否則，將 $\hat{\Gamma}_S(\mathcal{E})$ 設為慣例，同時使用所有的資料進行回歸，可得到係數 $\beta^{pred}(S)$ 的 $(1-\alpha)$ 顯著水準的置信區間。

最後，可以透過文獻 [118] 舉出的表 3.1 中的例子對不變因果預測的流程進行直觀的理解。

→ 表 3.1　集合和對應的不變預測假設檢驗結果

集合	{ 3,5}	{ 3,7}	{ 1,3,6}	{ 2}	{ 3,8}	……
不變預測假設檢驗	接受假設	拒絕假設	接受假設	拒絕假設	接受假設	……

在上面的例子中，可辨識的因果預測量 $\hat{S}(\mathcal{E}) := \bigcap_{S:H_{0,S}(\mathcal{E}) \text{ 沒有被拒絕}} S = \{3\}$。

不變因果預測第一次提出了透過在來自不同環境的子資料集上尋找某種不變數的方式，來發現因果特徵。它啟發了後續的包括不變風險最小化等方法的提出，具有深遠的影響。

3.2.2 獨立機制原則

給定一個因果有向無環圖，可以對其進行馬可夫因數化，如式（3.16）所示：

$$P(x_1, \cdots, x_d) = \prod_{i=1}^{d} P\left(x_i | x_{pa(x_i)}\right) \tag{3.16}$$

這裡用 $x_1, \cdots, x_d$ 表示圖中的各個節點，用 pa(x) 表示節點 x 的父節點。條件機率 $P(x_i|\mathrm{pa}(x))$ 可以被認為是資料生成的各個機制。由 Bernhard Schölkopf 等人提出的獨立因果機制（principle of independent mechanisms）[119] 由因果圖得到啟發，認為各個機制 $P(x_1|x_{\mathrm{pa}(i)}), \cdots, P(x_d|x_{\mathrm{pa}(j)})$ 之間互相獨立。一個直接的推論是，當考慮的情形只有因（cause）和果（effect）兩個變數時，那麼產生因的生成機制 P(cause) 和基於因產生果的生成機制 P(effect|cause) 之間互相獨立。從資訊的角度來說，獨立指兩個機制不包含對方的資訊；從模組的角度來說，獨立指兩個機率分佈可以在不同的資料集上分別獨立變化。

3.2.3　因果學習和反因果學習

在因果圖中只有因和果兩個變數時，機器學習問題按照方向不同可以被分為兩類。如果從因變數中預測果變數，那麼稱這類問題是因果的。如果從果變數中預測因變數，那麼稱這類問題是反因果的 [119-120]。

比如，核糖體透過生物學中的翻譯機制將 mRNA 資訊 X 翻譯為蛋白質鏈 Y，那麼從 mRNA 資訊中預測蛋白質就是一個因果學習的問題，因果預測的方向和因果的方向是一致的。而對於手寫數字辨識問題來說，大部分的情況下，資料的產生方式為先有想寫的數字是什麼，然後產生寫下的數字的圖片。而預測的方向是從圖片中得出書寫者的意圖，即數字是什麼。這個方向與資料生成的方向相反，因此，這是一個反因果的任務。

關注問題的因果方向對機器學習任務會造成幫助。例如，對於訓練資料特徵的分佈 P_X 和測試資料特徵的分佈 P_X' 發生改變的機器學習預測任務來說，如果任務是因果的，即 X 為原因，Y 為結果，由獨立因果機制假設可得 P_X 和 $P_{(\eta x)}$ 將獨立變化，所以可以假設對於測試資料 $P_{(\eta x)}$，也很有可能將保持不變（哪怕知道它可能發生改變，因為無法得到額外的資訊，我們仍然可以使用訓練資料上的 $P_{(\eta x)}$）。而這類問題在機器學習中被稱為「協變數偏移」（covariate shift）問題，有大量的研究。對於反因果的任務，P_Y 和 $P_{(\eta x)}$ 分別獨立變化，而在已知 P_X 發生變化的前提下，有可能 $P_{(\eta x)}$ 也發生了變化，因此不能使用「協變數偏移」問題中 P_X 變化而 $P_{(\eta x)}$ 保持不變的假設。

　　半監督學習（semi-supervised learning）和任務的因果方向也有著很大的聯繫。在半監督學習任務中，既有標注資料，也有未標注資料，模型需要使用未標注的特徵資料來幫助進行從 X 預測 Y 的任務。對於因果任務來說，因為未標注資料主要可以幫助更好地估計分佈 P_X，而分佈 P_X 不會告訴我們任何關於 $P_{(Y|X)}$ 的資訊，所以半監督學習需要更加微妙的場合才能夠真正起效。對於反因果任務來說，更好地估計 P_X 可以給我們帶來更多的關於 $P_{(Y|X)}$ 的資訊，所以從獨立因果機制的理論來說，半監督學習應該在反因果的任務上造成更好的效果。實際上，大多數半監督學習的方法往往對 P_X 與 $P_{(Y|X)}$ 之間的關係進行了一些假設，比如：聚類假設（cluster assumption）認為在同一個 P_X 分佈的聚類中的資料有著相同的標籤 Y；低密度分離假設（low density separation assumption）認為，在 P_X 的值比較小的區域，$P_{(Y|X)}$ 的值應該剛好越過 0.5；半監督光滑性假設認為在 P_X 的值比較大的地方，$E(Y|X)$ 應該光滑，等等。

　　Bernhard Schölkopf 等人用實驗對這一假設進行了驗證。首先對大量不同的資料集是因果還是反因果任務進行了標注，然後測試了半監督學習在這些資料集上的表現效果。結果發現，與因果任務的資料集相比，半監督學習方法在反因果任務的資料集上帶來的性能提升要更加明顯。這與獨立機制原則匯出的結論相符。

　　獨立機制原則由因果圖的模組化的特點得到啟發，向對機器學習預測模型的泛化能力的研究中引入了一種新的角度。

3.2.4　半同胞回歸

　　半同胞回歸 (half-sibling regression)[119,121] 利用一個已知的因果結構來降低預測任務中的系統雜訊。著名電腦科學家、德國馬普所教授 Berhard Scholkopf 等人將其應用於尋找太陽系外行星。如圖 3.5 所示，在使用如開普勒太空望遠鏡這樣的裝置來尋找太陽系外行星的任務時，望遠鏡將對準銀河系來監測大量恒星的亮度，如果這些恒星被合適的軌道的行星所環繞，它們的光強將因為行星的遮擋導致顯示週期性的下降，如圖 3.6 所示，展示了其對應的因果圖。但是這些天文望遠鏡的測量資料被望遠鏡本身的系統雜訊所影響，從而導致難以探測到潛在的行星。

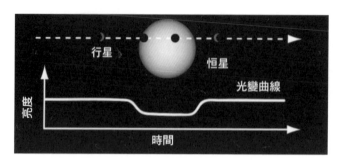

▲ 圖 3.5 半同胞回歸的例子：測量恒星亮度

由於望遠鏡在同一時刻測量了很多恒星，這些恒星都相隔很多光年，可以被認為互不影響，在因果和統計上互相獨立。因此，可以用如圖 3.6 所示的因果圖來表示這一任務中資料生成的過程。

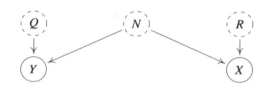

▲ 圖 3.6 半同胞回歸因果圖

圖 3.6 中，Q 表示真實訊號；N 表示系統雜訊；R 表示其他訊號；Y 表示對有關訊號的測量；X 表示對其他訊號的測量，其中 Q、N、R 為未觀測變數，Y 和 X 為觀測變數。

半同胞回歸基於如下一個觀察，即當 X 和 Y 被同一雜訊所影響時，可以透過把 Y 中所有可以被 X 解釋的資訊去除，來對 Y 進行降噪。直觀地說，在這樣的因果圖所代表的資料生成機制中，所有 Y 中可以被 X 所解釋的資訊都是因為系統雜訊 N 的影響。因此，與其用 Y-$E[Y]$ 作為真實訊號 Q 的估計，更應該使用式（3.17）：

$$\hat{Q} := Y - E[Y|X] \tag{3.17}$$

來作為 Q 的估計量。其中，$E[Y|X]$ 是用 X 對 Y 進行回歸得到的。變數 X 和 Y 共用父節點系統雜訊 N，半同胞因此而得名。

關於半同胞回歸，有如下定理。

定理 3.2 半同胞回歸。

對於任意的隨機變數 Q、X 和 Y，滿足 $Q \perp\!\!\!\perp X$，則存在

$$E\left[(Q - E[Q] - \hat{Q})^2\right] \leqslant E\left[(Q - E[Q] - (Y - E[Y]))^2\right]$$

因此，使用 $\hat{Q}$ 將永遠不會比直接使用測量值 Y 來得更差。文中還指出，如果系統雜訊滿足加性假設，即 $Y = Q + f(N)$，那麼有

$$E\left[(Q - E[Q] - \hat{Q})^2\right] = E[\text{var}[f(N)|X]]$$

其中，var 表示方差量。

半同胞回歸表現了在已知系統的部分因果結構下，應該如何對變數進行更好的估計，對其他的更加廣闊的應用場景也很有啟發意義。

3.2.5 不變風險最小化

1・域外泛化問題

機器學習模型，尤其是深度神經網路在非獨立同分佈資料上表現明顯下降。為了緩解這個問題，我們想要回答這樣一個問題：能不能設計一種歸納偏置，使機器學習模型能夠自動學到那些能夠泛化到不同資料分佈的因果關係？不變風險最小化（IRM）[85] 便是一種嘗試讓機器學習模型自動從多個域（domain）或者環境（environment）的訓練集中學到那些與標籤之間有著能泛化到不同域的因果關係的表徵的方法。其中，一個域是由特徵和標籤的聯合機率分佈 P(X,Y) 定義的。每個域都有一個自己的特徵和標籤（目標變數）的聯合分佈。非獨立同分佈的訓練集就可以被理解為訓練集是從多個域中搜集的。在一系列研究中，因果機器學習社區把「從非獨立同分佈的資料中學習能泛化到不同資料分佈（域）的因果關係」這個問題稱為域外泛化（out-of-distribution generalization，OOD Generalization）。「域外」代表在這個領域對機器學習模型泛化能力的研

究中，通常會假設測試集來自一個訓練集中沒有見過的新域，或者說新的聯合分佈。熟悉域適應（domain adaptation）[58] 和協變數偏移 [122] 的讀者可能會問：域外泛化這個問題與這兩個問題又有什麼區別呢？表 3.2 對這三個問題進行了對比。可以發現，域外泛化跟域適應相比需要的假設更少，它不要求在訓練和模型選擇的階段能夠觀察到測試集域的無標籤樣本，也不要求表徵分佈 $P(\Phi(X))$ 是不隨域變化的。而在泛化的目標方面，域適應只要求泛化到給定的測試集的域即可。域外泛化的目標則是要泛化到所有有效的域上。那麼什麼是一個有效的域呢？我們會在介紹域外泛化的因果模型的時候講解。而與協變數偏移相比，域外泛化與標籤具有不變關係的特徵不要求必須是原始特徵 X，可以是一個原始特徵 X 的表徵，即 $\Phi(X)$。

➜ 表 3.2　域外泛化、無監督域適應和協變數偏移的比較

問題	泛化目標	測試集域	不變的關係
域外泛化	任意有效的域	未知	$\mathbb{E}[Y|\Phi(X)]$
無監督域適應	給定的測試域	無標籤的測試樣本	$\mathbb{E}[Y|\Phi(X)], P(\Phi(X))$
協變數偏移	任意有效的域	未知	$\mathbb{E}[Y|X]$

　　從因果機器學習的角度來看待域泛化的問題時，我們會問：非獨立同分佈的資料是如何產生的？為什麼不同域之間的聯合分佈 $P(X,Y)$ 會不一樣？如何從資料生成過程或因果模型的角度來分析這個問題？

　　下面用圖 3.7 中的因果圖來回答為什麼不同的域聯合分佈 $P(X,Y)$ 不同。圖 3.7 描述了一個普遍適用於一系列資料集或任務的因果圖 [123]。其中考慮了四種不同的特徵（這裡的特徵可以指表徵，或者原始特徵 X 的函數，如 $\Phi(X)$）：

- 既是域變數的後裔，又是目標變數的因的特徵 X^{c1}。
- 不是域變數的後裔，但是目標變數的因的特徵 X^{c2}。
- 既是域變數的後裔，又是目標變數的後裔特徵 X^{s}。
- 不是域變數的後裔，卻是目標變數的後裔特徵 X^{ac}。

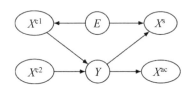

▲ 圖 3.7 描述了特徵 X^c、X^s、X^{ac}，域變數 E 和目標變數 Y 之間關係的一個因果圖。目標變數的因的特徵是 $X^c=\{X^{c1},X^{c2}\}$，包括域變數的後裔的特徵 X^{c1} 和外生特徵 X^{c2}，它們都與目標變數 Y 保持著不隨域變化而變化的關係。而那些既是域變數的後裔，又是目標變數後裔的特徵 X^s 則與目標變數有著偽相關，它們之間的關係會隨著域變化而變化。還有一類特徵是目標變數的果，但與域變數沒有直接因果關係，即 X^{ac}

　　在此基礎上可以回答「為什麼每個域的聯合分佈 $P(X,Y)$ 不同？」這個問題。我們可以認為每個有效的域的聯合機率分佈 $P(X,Y)$ 都是由干預域變數 E 得到的。由於域變數是一個外生變數，對它的干預不會改變因果模型，只會造成它本身和它的後裔變數的分佈發生改變。這樣就可以干預域標籤 E 的值來得到不同的域，並使各個域有不同的聯合機率分佈 $P(X,Y)$。那麼為什麼是目標變數的因的特徵與目標變數間的因果關係，即 $P(Y|X^c)$ 隨域的變化而不變？這是因為干預域變數 E 並不會引起目標變數 Y 和它的因，即 X^{c1}、X^{c2} 之間的關係發生改變。可以用如式（3.18）所示的結構方程式來考慮這個問題：

$$\begin{cases} X^{c1} = f_{X^{c1}}(E) \\ X^s = f_{X^s}(Y,E) \\ Y = f_Y(X^{c1},X^{c2}) \end{cases} \tag{3.18}$$

　　從式（3.18）中可以發現，雖然干預 E 會改變 E 的機率分佈，從而影響 X^{c1} 的機率分佈，但是這並不會影響 Y 和 X^{c1}、X^{c2} 之間的關係，即函數 f_Y。這說明了干預域變數不會影響目標變數的因的特徵與目標變數之間的關係。

　　而要回答「為什麼與目標變數有偽相關的特徵與目標變數的關係 $P(Y|X^s)$ 會隨著域的變化而變化？」，需要考慮那些既是域變數的後裔，又是目標變數的後裔的特徵，如圖 3.7 中的 X^s。我們可以發現，在干預了域變數 E 之後，雖然函數 f_{X^s} 沒有改變，但是由於域變數 E 的機率分佈或者取值的改變，如果把 $f_{X^s}(Y,E)$ 改寫成 $f_{X^s,E}(Y)$，就會發現 X^s 和 Y 之間的關係實際上可以用函數 $f_{X^s,E}$ 來代表，而它隨著 E 值的變化而發生改變。這就解釋了為什麼那些是域變數的

後裔同時也是目標變數後裔的特徵與目標變數間的關係是偽相關。舉個例子，有色的手寫數字辨識（Colored MNIST[85]）資料集是最早被用來驗證機器學習模型的域外泛化能力的基準。它的資料生成過程可以用圖 3.7 中的因果圖來描述。從該圖中可以發現，在有色的手寫數字辨識這個資料集中，每個域的原始特徵的分佈 $P(X|E)$ 是隨著域變化的，這是因為手寫數字的顏色的機率分佈會隨著域變化。但是，手寫數字的形狀 X^c 是目標變數的因，因此它與手寫數字的標籤 Y 之間的關係不會隨域改變。

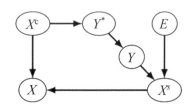

▲ 圖 3.8　一個描述域外泛化問題中常見的資料集有色的手寫數字辨識各個變數間因果關係的因果圖。其中 X^c 是手寫數字的形狀，即目標變數的因的特徵。X^s 是手寫數字的顏色，與目標變數有偽相關的特徵。X 是觀察到的原始特徵，即彩色手寫數字圖片。E 是域的標籤，Y 是有雜訊的手寫數字的標籤（目標變數），Y^* 是無雜訊的標籤。在這個因果圖中有以下結論：因果關係 $P(Y|X^c)$ 在各域間保持不變，但偽相關 $P(Y|X^s)$ 則可能改變

2・不變風險最小化：理論與模型

　　介紹完域外泛化的問題後，接下來會詳細介紹不變風險最小化 [85] 這個基於因果推斷的提升機器學習模型域外泛化能力的方法。這裡把一個神經網路模型分成兩部分：表徵函數 $\Phi:\mathcal{X} \to \mathcal{H}$ 是將原始特徵映射到資料表徵的函數；而預測器 $w:\mathcal{H} \to \mathcal{Y}$ 將資料表徵映射到目標變數，其中 $\mathcal{H}$ 是表徵的空間，$\mathcal{X}$ 是原始特徵的空間，$\mathcal{Y}$ 是目標變數（標籤）的空間。我們可以將不變風險最小化原則視為一個同時對表徵函數和預測器進行約束的原則。它首先定義了什麼是一個（跨域）不變的預測器和引出這樣的預測器的表徵。

定義 3.4　引出不變的預測器的表徵。

我們說一個表徵函數 Φ 對一個域的集合 $\mathcal{E}$ 引出不變的預測器，當且僅當給定 Φ，存在這樣的預測器 w 同時在所有 $\mathcal{E}$ 中的域上達到最優，如式（3.19）所示：

$$w \in \arg\min_{w':\mathcal{H}\to\mathcal{Y}} R^e(w' \cdot \Phi), \quad \forall e \in \mathcal{E} \tag{3.19}$$

其中，R^e 是域 e 上的損失函數的值，$w' \cdot \Phi$ 等值於 $w(\Phi(X))$，即透過神經網路模型用原始特徵 X 預測標籤 Y。

文獻 [85] 指出，如果一個表徵引出了不變的預測器，當且僅當對於所有處於各域表徵 $\Phi(X^e)$ 分佈的支撐的交叉（in the intersection of the support of $\Phi(X^e)$）的表徵 h，總是有式（3.20）所示的情況：

$$\mathbb{E}[Y^e|\Phi(X^e) = h] = \mathbb{E}[Y^{e'}|\Phi(X^{e'}) = h] \tag{3.20}$$

其中，$e \neq e'$ 是兩個不同的域，X^e 和 Y^e 是來自域 e 的一個樣本的原始特徵和基準真相標籤。用一個例子來解釋式（3.20），那就是一個物理定律無論在什麼時空（域）下總是成立的，只要能夠正確地測量對應這種不變性的物理量 $\Phi(X)$，或者說之所以我們能得到能夠泛化到任何域的物理定律，正是因為物理學家找到了這樣的物理量。而在機器學習問題中，這種表徵一般不是直接出現在原始特徵中的。因為原始特徵一般都是高維的方便測量的變數，如影像、文字。而我們需要學習一個函數來得到這種低維的能夠引出不變預測器的表徵。

為了從經驗資料中直接學習到這種引出不變的預測器的特徵，Arjovsky 等人 [85] 提出了一個二階段最佳化問題來實現不變風險最小化原則，如式（3.21）所示：

$$\begin{cases} \underset{\boldsymbol{\theta}_\Phi, \boldsymbol{\theta}_w}{\arg\min} \quad \sum_{e \in \mathcal{E}_{tr}} \mathbb{E}_{(x,y)\sim D_e}\left[R^e\big(w(\Phi(X)), y\big)\right] \\ \quad s.t. \quad \boldsymbol{\theta}_w \in \underset{\boldsymbol{\theta}'_w}{\arg\min} \quad R^e(w(\Phi(X); \boldsymbol{\theta}'_w), y), \forall e \in \mathcal{E}_{tr} \end{cases} \tag{3.21}$$

其中，D_e 是域 e 對應的資料集。θ_w 和 θ_Φ 分別代表預測器和表徵函數的參數，$\mathcal{E}_{tr}$ 是訓練集的域的集合。Arjovsky 等人把這個二階段問題稱為不變風險最小化。但我們知道二階段最佳化問題是比較難解的，尤其對於深度神經網路模型而言。所以 Arjovsky 等人進一步提出了一個適合深度神經網路模型的簡化後的最佳化問題，被命名為 IRMv1，如式（3.22）所示：

$$
\begin{cases}
\arg\min_{\theta_\Phi} \sum_{e\in\mathcal{E}_{tr}} \mathcal{L}_{IRM}^e \\
\mathcal{L}_{IRM}^e = \dfrac{1}{n_e} \sum_{i=1}^{n_e} R^e\left(\Phi(x_i^e), y_i^e\right) + \alpha \parallel \nabla_{w|w=1.0} R^e(w\Phi(x_i^e), y_i^e) \parallel^2
\end{cases}
\tag{3.22}
$$

其中，預測器被簡化成一個純量 $w=1.0$，而 IRMv1 最佳化的參數就僅僅是表徵函數 $\Phi(X)$。它相當於把不變風險最小化（見式（3.21））中對預測器的約束變成了一個正規項。這個正規項其實是在最小化每個訓練集中域的損失函數對預測器的導數的 L2 範數（L2 Norm）。要明白為什麼這個正規項可以造成學習引出不變的預測器的表徵的功能，需要理解 IRMv1 是怎麼來的，它比起不變風險最小化需要哪些多出來的假設？

如何從不變風險最小化（見式（3.21））推導出 IRMv1（見式（3.22））呢？Arjovsky 等人的目標是找到一個正規項來代替式（3.21）中的約束。首先考慮一個線性的預測器——線性回歸。在此前提下，可以認為 w 是一個維度為 $d \times 1$ 的向量。這是一個比較合理的假設，因為在深度學習中可以用非線性的表徵函數最終得到與目標變數有線性關係的表徵。那麼根據線性回歸的解析解（closed-form solution），如果假設矩陣 $\Phi(X^e)\Phi(X^e)^T$ 可逆，給定表徵函數 $\Phi(X)$，可以得到每個域的最優線性回歸函數 w_Φ^e，如式（3.23）所示：

$$
w_\Phi^e = \mathbb{E}_{X^e}[\Phi(X^e)\Phi(X^e)^T]^{-1} \mathbb{E}_{X^e,Y^e}[\Phi(X^e)Y^e]
\tag{3.23}
$$

可是我們的目標是得到不變的預測器，即想要學習表徵函數 $\Phi(X)$ 來使每個域的 w_Φ^e 與彼此相近，或者說用當前的預測器 w 去逼近每個域上的最優解 w_Φ^e。對此，Arjovsky 等人討論了兩種測量 w 和 w_Φ^e 之間差異的指標，第一種是兩個預測器的參數的差的 L2 範數，如式（3.24）所示：

$$D_{\text{dist}}(w, \Phi, e) = \| w - w_\Phi^e \|^2 \tag{3.24}$$

然而這種描述兩個預測器的差異的方式會面臨一個挑戰，那就是它會導致損失函數變得不連續（對表徵函數的參數而言）。為了解決這個問題，Arjovsky 等人又提出了一種能使損失函數對於表徵函數的參數連續可導的測量兩個預測器差異的指標，如式（3.25）所示：

$$D_{\text{lin}}(w, \Phi, e) = \| \mathbb{E}_{X^e}[\Phi(X^e)\Phi(X^e)^{\mathrm{T}}]w - \mathbb{E}_{X^e, Y^e}[\Phi(X^e)Y^e] \|^2 \tag{3.25}$$

其中，D_{lin} (w,Φ,e) 測量了當前預測器 w 違背其在域 e 上的最優解 w_Φ^e 的程度。而 D_{lin} (w,Φ,e) 的優勢在於它不會有 D_{dist} (w,Φ,e) 面臨的損失函數對於表徵函數的參數不連續的問題。接著，Arjovsky 等人發現 $w(\Phi(X))$ 是一種過參數化（over-parameterized）的模型，這是因為對於任意可逆函數 Ψ，總是有式（3.26）的形式：

$$w\big(\Phi(X)\big) = \tilde{w}\big(\tilde{\Phi}(X)\big) \tag{3.26}$$

這意味著可以讓預測器的參數 w 取任意非零的值 $\tilde{w}$，然後總是可以找到對應的表徵函數 $\tilde{\Phi}$ 使式（3.26）成立。這樣，Arjovsky 等人提出了把不變風險最小化（見式（3.21））成以下問題：找到一個表徵函數使得在所有訓練集的域上不變的最優預測器的參數為一個指定的向量 $\tilde{\boldsymbol{w}}$。這樣就可以把不變風險最小化的二階段最佳化問題簡化為僅最佳化表徵函數的問題，而把對預測器的約束變成一個正規項 D_{lin} (w,Φ,e)，即得到 IRMv1 的一個雛形，如式（3.27）所示：

$$\begin{cases} \underset{\boldsymbol{\theta}_\Phi}{\text{argmin}} \sum_{e \in \mathcal{E}_{\text{tr}}} \mathcal{L}_{\text{IRM}}^e \\ \mathcal{L}_{\text{IRM}}^e = \dfrac{1}{n_e} \sum_{i=1}^{n_e} R^e\left(\Phi(x_i^e), y_i^e\right) + \alpha D_{\text{lin}}(w, \Phi, e) \end{cases} \tag{3.27}$$

因為在式（3.26）中，可以令 $\tilde{\boldsymbol{w}}$ 為任意非零向量，那麼一種情況就是令 $\tilde{\boldsymbol{w}}$ =[1,0,0,…,0]，即一個只有第一維不為 0 的向量。這意味著只有表徵 $\Phi(X)$ 的第一個維度會影響預測的標籤和損失函數的值。因此，Arjovsky 等人提出了以下定理，使得我們可以把深度神經網路的輸出當成資料的表徵。這意味著，在分類問題中，認為最終的一個全連接層的輸出（logits）是資料的表徵。而回歸問題

中則直接利用預測的目標變數的值作為資料的表徵。這樣可以使預測器被簡化成一個非零的常數純量。下面舉出這個理論（即定理 3.3）。

定理 3.3

對於所有的域 $e \in \varepsilon$，讓 $R^e : \mathbb{R}^d \to \mathbb{R}$，表示一個可導的凹函數（損失函數）。一個向量 $\boldsymbol{v}$ 可以表示成資料表徵 $\boldsymbol{\Phi} \in \mathbb{R}^{p \times d}$ 和預測器參數 $\boldsymbol{w} \in \mathbb{R}^p$ 的積，即 $\boldsymbol{v} = \boldsymbol{\Phi}^{\mathrm{T}} \boldsymbol{w}$。一個這樣的向量 $\boldsymbol{v}$ 同時最小化 $R^e(\boldsymbol{w}(\boldsymbol{\Phi}))$，當且僅當 $\boldsymbol{v}^{\mathrm{T}} R^e(\boldsymbol{v}) = 0$ 對於所有的域 $e \in \varepsilon$ 都成立。更進一步地說，如果這種分解對於資料表徵矩陣 $\boldsymbol{\Phi}$ 存在，那麼表徵矩陣 $\boldsymbol{\Phi}$ 一定滿足以下兩點：

- 表徵矩陣 $\boldsymbol{\Phi}$ 的零空間（null space）與向量 $\boldsymbol{v}$ 正交。
- 表徵矩陣 $\boldsymbol{\Phi}$ 的零空間包含所有的導數 $\nabla R^e(\boldsymbol{v})$。

根據定理 3.3 和之前的分析，可以考慮 $\widetilde{w} = [1,0,0,\cdots,0]$ 的情況。那麼這實際上等值於令定理 3.3 中資料表徵矩陣 $\boldsymbol{\Phi}$ 的行數 $p=1$。這樣，預測器的參數 w 就變成了一個純量。Arjovsky 等人令其取值為常數 1。最後，Arjovsky 等人發現正規項 $D_{\mathrm{lin}}(w=1.0, \boldsymbol{\Phi}, e)$ 可以寫成各域的損失函數對預測器參數的導數的 L2 範數，如式（3.28）所示：

$$D_{\mathrm{lin}}(w = 1.0, \boldsymbol{\Phi}, e) = \| \nabla_{w|w=1.0} R^e(w\boldsymbol{\Phi}(x_i^e), y_i^e) \|^2 \qquad （3.28）$$

這樣就完成了從原來的不變風險最小化，即二階段的最佳化問題（見式（3.21））到便於最佳化和訓練非線性的深度神經網路模型的 IRMv1。

3．用實驗驗證 IRMv1 的域外泛化能力

為了驗證 IRMv1 能否提高深度神經網路的域外泛化能力，Arjovsky 等人對著名的手寫數字辨識資料集 MNIST[125] 進行了修改，獲得了有色的手寫數字辨識資料集。我們知道，在這個問題中，手寫數字影像的顏色與目標變數之間的相關性是偽相關。Arjovsky 等人把資料分成三個域，其中兩個訓練域相互之間有相似的顏色分佈 $P(X^s | Y)$，而測試域則與訓練域有著非常不同的顏色分佈 $P(X^s | Y)$。為了使這個任務比較有挑戰性，Arjovsky 等人把每個樣本的標籤變

成了二值的，並且對隨機取出的 25% 的樣本的標籤進行了翻轉。這樣做是為了保證顏色和標籤之間的偽相關要強於數字形狀和標籤之間的不變關係，使得經驗風險最小化會更難學到目標變數的因的特徵。而手寫數字形狀（目標變數的因的特徵）與目標變數的關係是不隨著域改變而改變的。我們的目標就是測試 IRMv1 模型是否可以學到數字形狀與目標變數的關係不隨域改變的特徵。根據實驗結果得出了以下結論：

- 經驗風險最小化在 Colored MNIST 的測試集上表現很差，因為它學到了在訓練集中跟標籤相關性最高的顏色。這一點不僅僅由模型在測試集上的準確性說明。Arjovsky 等人也研究了資料表徵和標籤的相關性，並發現經驗風險最小化學到的資料表徵與標籤之間的相關性隨著域的變化而變化。這間接反映了經驗風險最小化學到的特徵是與目標變數有偽相關的特徵，即色彩。

- 不變風險最小化在 Colored MNIST 的測試集上的表現與訓練集幾乎一樣好，且準確率都顯著低於 75%。這說明由 IRMv1 訓練的深度神經網路模型有能力辨認出與目標變數擁有穩定的因果關係的特徵，即手寫數字的形狀。在資料表徵和標籤的相關性分析中，Arjovsky 等人發現，IRMv1 訓練出的模型學到的資料表徵在各域上與目標變數的相關性十分類似。這也間接說明了 IRMv1 能讓深度神經網路學到是目標變數的因的特徵。

IRMv1 的實現（相關資訊見「連結 6」）十分簡單，而且與深度神經網路模型的選擇無關。但它要求事先能夠準確地知道每個樣本來自哪個域，並且測試集與訓練集的不同必須是由目標變數與部分特徵之間的偽相關的變化造成的。另外，它在對原來的不變風險最小化的二階段最佳化問題的簡化過程中，假設了資料表徵是深度神經網路模型最後一層的輸出，而預測器只是一個常數。

3.2.6　不變合理化

1‧合理化與偽相關問題

合理化（rationalization）是一種使神經網路模型可解釋的方法[126]，它的目的是尋找高維特徵（如文字特徵）的子集來解釋模型的預測。這個特徵的子集

被稱為理由（rationale）。理由需要滿足一個條件：當理由的值不變時，改變其特徵的值，不會改變機器學習模型的預測結果。從因果推斷的角度來分析，理由就是包含了目標變數的因的特徵的集合 [127]。或者說，合理化這個問題的目標與域外泛化是十分相似的，也是讓神經網路模型透過學習能夠自動區分與目標變數有因果關係的特徵和與目標變數具有偽相關的特徵。合理化比較獨特，其目的是在原始特徵空間找到這樣的特徵，它要求利用與特定任務相關的先驗知識去發現理由，即那些目標變數的因的特徵，或者說將理由與那些與目標變數具有偽相關的特徵區別開。例如，在情感分析這個常見的自然語言處理文字分類任務中，根據先驗知識知道某些詞（如「好」、「壞」這樣的形容詞）是決定情感標籤的因，而其他詞（如電影類型）則只是與目標變數具有偽相關。因此，理由是詞袋模型（bag of words）或者 tf-idf 模型這樣高維的原始特徵的子集。

　　在合理化的文獻中，最常見的用來量化一組特徵是否是理由的標準就是最大化互資訊（maximizing mutual information）。最大化互資訊是機器學習，特別是自監督學習中常見的一個目標函數 [128]。它常常被用來最大化學到的資料表徵和目標變數，或者是資料表徵之間的相關性。在 3.1.1 節中介紹的自然語言處理任務（如情感分析）中，這意味著傳統的合理化方法將利用最大化互資訊這一目標函數去尋找那些可能是標籤的因的原始特徵。詳細地說，這類方法會最大化被選擇的特徵（即理由）與模型輸出（即預測的標籤）之間的互資訊，從而保證學到的理由與樣本的標籤之間有很高的相關性。或者說，如果用 X 表示原始特徵的隨機變數，用 $Z(X)$ 表示理由，而 Y 表示目標變數，那麼基於最大化互資訊的方法就會使 $Z(X)$ 和 Y 之間的相關性得到最大化。但是，當訓練集來自同一資料分佈時，根據最大化互資訊學習到的理由 $Z(X)$ 可能會包含偽相關特徵。因為在這樣的資料集中，偽相關特徵和標籤的相關性也有可能非常高，這樣將會導致神經網路模型會用這些與目標變數有偽相關的來做預測。正如在不變風險最小化中介紹的那樣，這樣的特徵與目標變數的關係會隨著資料分佈的變化而變化，從而導致利用偽相關的神經網路模型在與訓練集分佈不同的測試集上表現顯著下降。也就是說，基於最大化互資訊的模型雖然能夠正確解釋利用了偽相關的神經網路模型的預測，卻不能抓住資料生成過程中真正影響目標變數的特徵，即理由。例如，在一個細細微性情感分析（aspect based sentiment analysis）任務中 [129]，對一個文字（如一條啤酒的評論）的每個方面（如啤酒的氣味、外觀、口感和整體）都會標注一個情感的分數。所以關於其中一方面的情感分數應當僅受到那些描述這方面文字的影響。可是一種啤酒的各方面可能是高度相關的。如果一種啤酒的整體評價較高，那麼可能它的氣味、外觀、口感都會得到正面的評價。這一事實使得對於某個方面的情感分數的合理化任務變得更加具有挑戰性。例如，要對預測啤酒氣味的神經網路模型做合理化，發現即使利用了最大化互資訊原則，神經網路模型仍然可以透過學到其他方面的特徵來滿足最大化互資訊的目標。這正是因為一款整體評價好的（壞的）啤酒可能在每個方面的評價都好（壞）。所以模型只要能學到任何一個方面的文字特徵，無論是評價氣味的文字特徵，還是其他與氣味有偽相關的文字特徵（評價其他方面的文字特徵），都可以達到最大化互資訊的目的。

為了解決這個問題，Chang 等人 [127] 提出了不變合理化。不變合理化除了利用最大化互資訊這一原則，還考慮了理由與標籤之間的因果關係。基於與不變風險最小化 [85] 相似的思想，不變合理化也是基於目標變數的因的特徵，即合理化問題中的理由，與目標變數之間的因果關係不隨著資料分佈改變的假說。與不變風險最小化的實現不同，不變合理化設計了一種基於博弈論的目標函數來使學到的理由與目標變數之間的關係不隨資料分佈（域）的改變而改變。不變合理化的模型包括以下三個主要的元素。

第一，一個理由生成器將原始特徵映射到理由，即一個原始特徵的子集，可以用式（3.29）描述這一過程：

$$Z = m \odot X \qquad (3.29)$$

其中，$m \in \{0,1\}^d$ 是一個二值的 d 維向量（假設特徵維度也為 d），它的一個元素為 1，代表對應的特徵被認為是一個理由，而元素為 0 則意味著對應的特徵不被認為是一個理由。$\odot$ 表示逐元素的矩陣（向量）乘法。

第二，一個域無偏（domain-agnostic）的預測器，它將理由生成器學到的理由映射到預測的標籤。

第三，一個對域敏感（domain-aware）的預測器，它將理由生成器學到的理由和該文字對應的域映射到預測的標籤。而不變合理化的目的是讓理由生成器學到的理由不會隨域的變化而變化。這是透過令上述兩種預測器做出的預測儘量相似來實現的。傳統的基於互資訊最大化的合理化模型的目標函數可以用式（3.30）來表示：

$$\arg\max_{m} I(Y; \mathbf{Z}) \ s.t. \ \mathbf{Z} = \mathbf{m} \odot \mathbf{X} \tag{3.30}$$

其中，$I(Y;\mathbf{Z})$ 代表目標變數 Y 與模型學到的理由 $\mathbf{Z}$ 之間的互資訊，如式（3.31）所示：

$$I(Y; \mathbf{Z}) = \mathbb{E}_{P_{ZY}}\left[\log\frac{P_{ZY}}{P_Z P_Y}\right] \tag{3.31}$$

其中，P_{ZY} 代表 $\mathbf{Z}$ 和 Y 的聯合分佈，P_Z 和 P_Y 則分別代表 $\mathbf{Z}$ 和 Y 的邊緣分佈。互資訊 $I(Y;\mathbf{Z})$ 的含義在概率論和資訊理論裡被解釋為觀察到一個隨機變數所獲得的另一個隨機變數的資訊量[130]。這裡可以把互資訊簡單理解為一種相關性的度量。

不變合理化使兩個預測器的輸出相似的設計基於式（3.32）所示的事實：

$$Y \perp\!\!\!\perp E | \mathbf{Z} \leftrightarrow H(Y|\mathbf{Z}, E) = H(Y|\mathbf{Z}) \tag{3.32}$$

其中，條件獨立 $Y \perp\!\!\!\perp E \,|\mathbf{Z}$ 反映了理由 $\mathbf{Z}$ 與目標變數 Y 的因果關係不應隨著域的改變而改變。理由的基準真相 $\mathbf{Z}$ 與目標變數 Y 的條件分佈不應當隨著域的改變而改變。這個條件獨立也是不變風險最小化的一個必要條件[85]。式（3.32）右邊的等式是這一條件獨立的等值形式，它為不變合理化的兩個預測器的設計和最終的損失函數提供了理論基礎。用 $f_i(\mathbf{Z})$ 表示域無偏的預測器，$f_e(\mathbf{Z},E)$ 表示對域敏感的預測器。令 $\mathcal{L}(Y; f)$ 表示交叉熵損失函數，那麼這兩個預測器分類的交叉熵損失函數可以分別表示為式（3.33）和式（3.34）：

$$\mathcal{L}_i^* = \min_{f_i \in \mathcal{F}} \mathcal{L}\big(Y; f_i(\mathbf{Z})\big) \tag{3.33}$$

$$\mathcal{L}_e^* = \min_{f_e \in \mathcal{F}} \mathcal{L}(Y; f_e(\mathbf{Z}, E)) \tag{3.34}$$

其中，$\mathcal{F}$ 代表預測器的函數空間，由參數化模型的超參數（如神經網路的結構）決定。那麼不變合理化在一個樣本上的損失函數可以表示為式（3.35）：

$$\min_g \mathcal{L}_i^* + \lambda h(\mathcal{L}_i^* - \mathcal{L}_e^*) \tag{3.35}$$

其中，第一項是經驗風險最小化的損失函數。最小化 $\mathcal{L}_i^*$ 的目的是最佳化模型 f_i 在訓練集上的預測能力。第二項則是近似了式（3.32）中右邊等式這個限制條件。其中，g 函數就是一個將特徵 $\mathbf{X}$ 映射到 $\mathbf{Z}$ 的理由生成器。而 λ 是一個超參數，它控制了第一項和第二項之間的權衡。λ 越大，代表模型把更大的權重放在了最佳化學到的理由的不變性上。h 代表 relu 啟動函數或者恒等函數 $h(X)=X$。

2．不變合理化的收斂性質

當考慮表示力（representation power）足夠的神經網路時，我們認為交叉熵損失函數可以取到它的熵的下界，如式（3.36）所示：

$$\mathcal{L}_i^* = H(Y|Z), \ \mathcal{L}_e^* = H(Y|Z, E) \tag{3.36}$$

由於對域敏感的預測器比域無偏的預測器多了一個域的標籤作為輸入，我們認為它擁有更大的資訊量，所以它對應的熵應該更小，即 $H(Y|Z) \geq H(Y|Z,E)$。把這個不等式與式（3.32）中右邊的等式相對比，可以發現式（3.32）中右邊的等式是這個不等式的一種特殊情況。根據互資訊和熵之間的關係，如式（3.37）所示：

$$I(Y; Z) = H(Y) - H(Y|Z) \tag{3.37}$$

可以把不變合理化的損失函數（見式（3.35））看作是不變合理化對應的約束的最佳化問題的拉格朗日形式（Lagrange form），如式（3.38）所示：

$$\arg\max_m I(Y; \mathbf{Z}) \ s.t. \ \mathbf{Z} = \boldsymbol{m} \odot \boldsymbol{X}, \ Y \perp\!\!\!\perp E | \mathbf{Z} \tag{3.38}$$

由於在實踐中無法總是學習到表示力足夠的預測器，因此無法直接計算 $\mathcal{L}_i^*$ 和 L_e^* 這兩個最小值。Chang 等人提出了基於對抗學習的最大最小博弈（minimax game）來實現不變合理化的損失函數，如式（3.39）所示：

$$\min_{g,f_i} \max_{f_e} \mathcal{L}_i(g, f_i) + \lambda h\big(\mathcal{L}_i(g, f_i) - \mathcal{L}_e(g, f_e)\big) \tag{3.39}$$

其中，損失函數的項 $L_i(g, f_i)$ 和 $L_e(g, f_e)$ 分別是域無偏和對域敏感的預測器對應的交叉熵在整個訓練集上的期望。在最大化問題中，最佳化對域敏感的預測器，使其能夠最大化利用域的資訊去準確地預測目標變數。而在最小化問題中，同時最佳化理由生成器和域無偏的預測器，使得域無偏的預測器在準確預測目標變數的同時，還能縮小與對域敏感的預測器的預測的差距。透過這個最大最小博弈，Chang 等人近似地實現了式（3.38）中有約束的最佳化問題。

3 · 驗證不變合理化有效性的實驗

在實驗中，Chang 等人考慮了兩個情感分析資料集：IMDB 電影評論資料集 [94] 和多方面啤酒評論資料集（multi-aspect beer review）[131]。由於 IMDB 資料集中本沒有域的資訊和偽相關，Chang 等人採用了一種半合成的設定，對原 IMDB 資料集做了一些修改。每個評論文字都會被隨機分配到一個域中，然後根據分配的域對文字進行特定的修改。在這裡，為了使修改的文字與目標變數（情感）之間出現偽相關，域會被用來決定修改文字時增加的標點符號。具體地講，Chang 等人會根據樣本的域的標籤來決定在文字的結尾處增加一個逗點 "," 或者增加一個句點 "。" 的機率。我們可以用條件機率 $P(X^s|Y,E)$ 來描述根據域和目標變數增加偽相關特徵的機率。其中 X^s 表示那些與目標變數有偽相關的原始特徵，即增加的兩種標點符號。注意，這裡以域為條件保證了偽相關隨域的變化而變化，而以目標變數為條件則保證了增加的標點符號和目標變數之間有著強的偽相關。這樣製造半合成資料集的方法在域外泛化的文獻中比較常見 [132-133]，那麼在最終的合理化任務中，就可以利用模型是否認為這些增加上去的標點符號是理由作為評價一個模型合理化的準確度的一個指標。

　　多方面啤酒評論資料集是一個在合理化任務中常見的資料集。每條啤酒評論都對應五個方面的屬性，即外觀、香味、氣味、口感和綜合，每方面會有一個在 [0,1] 範圍內的評分。正如前文提到的，一款啤酒各方面的評價是高度相關的，這會造成在合理化任務中的困難，即神經網路模型可能會使用某方面的文字特徵去預測另一方面的文字的情感。為了製造域，Chang 等人利用了每個啤酒評論文字中不同方面的相關性作為決定域的標籤的變數。這是因為之前的合理化的工作中，常見的處理是只用那些各方面標籤相關度低的文字作為訓練和測試樣本 [126]。而現實世界的資料集中，肯定存在各方面情感標籤高度相關的樣本。製造域的方法便可以作為解決這個問題的一個思路。如果能得到一個不錯的域外泛化能力的模型，就可以在有任意的不同方面的情感相關度的測試樣本上保持不錯的表現。

　　在 IMDB 電影評論的實驗結果中，Chang 等人發現不變合理化比傳統的基於最大化互資訊的合理化方法 RNP[126] 有著更好的測試集表現。這是因為 RNP 比起不變性合理化更容易利用與標籤有偽相關的特徵。為了進一步展現這一點，他們分析了模型預測的理由中是否包含增加的標點符號。結果顯示 RNP 在 78.24% 的測試樣本中都選擇了增加的標點符號作為理由，而不變合理化模型則完全沒有利用這些與目標變數有偽相關的特徵去完成對電影評論的情感分析。在啤酒評論資料集上進行的對模型的評價分為客觀的和主觀的。首先，比較了模型自動預測的理由和人工標注的理由，並利用分類問題中常見的評價指標，即召回率（recall）、準確率（precision）和 F1 值（F1 score）。在這些評價指標下，不變合理化與基於最大化互資訊的方法 RNP[126] 和 3PLAYER[134] 相比，在大多數情況下都要在域外的測試集上比上面提到的兩種基準線模型表現更好。然後，利用眾包平臺對模型學到的理由進行主觀評價。具體地講，利用訓練後的合理化模型，搜集了在一組預留的樣本上（既不屬於訓練集，也不屬於測試集）所預測的理由，然後讓眾包平臺的工作人員標注這條理由是描述之前提到的五種中的哪一種。結果表示，與兩種基準線模型相比，不變合理化得到的理由更能被眾包平臺的工作人員正確理解。這表現為工作人員能準確地預測出不變合理化得到的理由是描述啤酒的哪個方面的。

　　整體來說，不變合理化提出了一個新的合理化模型。該模型設計了一個基於互資訊和條件獨立的損失函數。這個損失函數基於最大化互資訊的合理化模型。另外，它還加上了一個約束，即：理由與標籤之間的關係不應當受域的影響。在資料的訓練集和測試集具有不同分佈的時候，實驗證明，不變合理化能使神經網路模型的預測變得更準確。除此之外，不變合理化使模型的域外泛化能力獲得了提升，這是因為不變合理化能夠更精確地定位文字資料中作為標籤的理由的詞或子句。

第 4 章
可解釋性、公平性和因果機器學習

　　如今，人工智慧正以空前的速度發展：人臉辨識、自動駕駛、智慧喇叭，以及手術機器人等。無疑，作為新一輪科技革命和產業變革的核心驅動力，人工智慧已經滲透到了社會的各方面，給我們的生活帶來了巨大的便利。與此同時，其也帶來了可信性、安全性和社會冷漠性問題。2016 年，一份基於美國食品和藥物管理局（U.S. Food and Drug Administration，FDA）資料的調查顯示，達文西手術機器人在 14 年間一共造成了 144 起死亡醫療事故，1391 名患者受傷，8061 起系統事故 [135]；2018 年 3 月，美國優步的一輛自動駕駛汽車在進行路況測試時撞倒一名正推著自行車橫穿馬路的行人，致其死亡。關於人工智慧的負面報導在傳統新聞媒體、雜誌，以及新型社交媒體上越來越頻繁地出現。隨著

人工智慧逐漸被應用到安全、敏感和高風險的任務中（例如，醫療和司法[136]），「倫理人工智慧」、「可信人工智慧」和「負責任人工智慧」的概念也被引入到人工智慧領域。它們主要強調人工智慧系統的社會價值，如公平性、透明性、問責制、可靠性和安全性等[137]。

本章主要從因果的角度討論兩個在機器學習領域得到廣泛關注的研究方向，即機器學習的公平性和可解釋性。關於因果機器學習在其他負責任人工智慧領域應用的介紹可見文獻[138]。公平性描述演算法必須對不同個體或者群眾具有相似的性能表現，或者演算法的決策不應該依賴於個體或者群眾的人口統計學資訊（demographic information）。常見的人口統計學資訊包括但不限於性別、種族①、年齡、國籍和宗教信仰。可解釋性則旨在理解模型在特定任務中做出某種決策的原因，比如為什麼銀行的預測系統會拒絕某位申請人的貸款。目前大多數關於公平性和可解釋性的研究都是基於相關性（correlation）的。而基於相關性的機器學習演算法僅限於對觀測資料的學習，無法知道觀測資料以外的干預和反事實世界。

因此，將相關性錯誤地詮釋為因果關係是造成人工智慧系統做出具有偏見決策的一個重要原因[137,139]。基於相關性的公平和可解釋性模型缺乏對因果關係的理解，即這些方法不是在資料生成過程（DGP）層面探討公平性和可解釋性。本章的主要內容涉及公平性和可解釋性的定義、研究的重要性、基於相關性和基於因果關係的公平性和可解釋性的區別，以及基於因果推斷的幾種主流方法。

---

① 在主流的英文文獻中，一般按美國傳統的五類種族劃分為（順序不分先後）：亞裔（包括夏威夷原住民和太平洋島民）、非裔、印第安人和阿拉斯加原住民、拉丁裔、白人。由於該分類本身可能就帶有偏見性，它不一定適合其他國家。

4.1 可解釋性

在機器學習領域中，目前還不存在一個對可解釋性統一或規範的定義。可解釋性取決於機器學習模型的應用場景，例如，目標任務、目標使用者、參與的工程師以及研究人員的需求。這裡舉出一個在學術界較為常用的定義：可解釋性指在機器學習模型做出決策或者表現某種行為時，對模型的內部機制和結果舉出人類可理解的解釋。換言之，一個可解釋性的模型旨在回答以下三方面問題：

- 是什麼驅動了模型的預測？這要求找出潛在的特徵互動以了解不同特徵對模型決策的重要性。這可以檢驗模型的公平性。

- 為什麼模型會做出某個決定？這要求驗證為什麼模型會利用某些關鍵特徵做決策。這可以增加模型的可靠性。

- 我們如何信任模型？這要求評估模型是如何對給定的資料點進行決策，並且答案是易於理解的。這有助於提高模型的透明性。

那麼，可解釋性為何對機器學習模型如此重要呢？ Caruana 等人在研究[140]中描述過這樣一個真實的案例：在 20 世紀 90 年代中期，多個研究機構開始對用於預測肺炎病人死亡率的模型進行評估。評估結果發現該模型會反常地將哮喘患者預測為低死亡風險，一個重要原因是曾經得過肺炎的哮喘患者會被轉移至重症監護病房以得到更好的治療，所以他們的病情都有了極大的好轉。可想而知，如果繼續使用該模型預測病人死亡率，從而決定是否將其轉移到重症監護病房，那麼曾經得過肺炎的哮喘患者將可能得不到足夠的醫療治療，死亡率會隨之上升，使現有模型故障。

不可解釋性的模型也可能會做出不公平的決策。例如，一個不可解釋性的簡歷篩選系統可能會利用申請人的性別或者年齡，而非與工作相關的技能去判定她（他）是否滿足條件。所以，對比傳統的黑盒子（black-box）機器學習模型，具有可解釋性的模型能提高模型公平性、可信度和透明度，從而增強人工智慧與人類之間的信任。

另一個值得思考的問題是模型預測的準確性和可解釋性之間的權衡：提高可解釋性可能以降低準確性為代價。例如，線性回歸模型往往具有強可解釋性，但是其準確性較於其他更複雜的模型（比如 support vector machine，SVM）可能會差很多。因此，需要明確的是可解釋性並不是在所有的機器學習任務中都是非常重要的，對一些低風險任務（例如，電影推薦系統），我們會更強調模型預測的準確性。但是在涉及安全、高敏感、高風險的任務裡，準確性和可解釋性是共存的。有時候我們甚至會為了可解釋性而犧牲部分預測的準確性。

4.1.1　可解釋性的屬性

本節將介紹判斷一個模型是否具有可解釋性的一些屬性（指標），這些指標可以指導我們去評估兩類提升模型可解釋性的方法，即可解釋性方法（explanation method）和生成的解釋（explanation）[141]。接下來將介紹主流的可解釋性評估屬性。

1·可解釋性方法的屬性

（1）表達力（expressive power）：描述模型用於生成解釋的「語言」或者結構，例如，特定的規則、決策樹（decision tree）或者自然語言。

（2）透明性（translucency）：指可解釋性方法是否需要調查機器學習模型內部（如模型參數）。例如，線性回歸屬於內建可解釋性模型，所以是透明的，而事件後可解釋性模型則不具有透明性，因為需要對機器學習模型的輸入和輸出進行干擾來達到可解釋性。

（3）可攜性（portability）：度量可解釋性方法對機器學習模型的普適性。整體來說，由於低透明性的可解釋性方法的目標通常是黑盒模型，其可攜性往往較高。

（4）演算法複雜度（algorithmic complexity）：指的是可解釋性方法實現過程中的計算複雜度。

2．生成的解釋的屬性

（1）準確性（accuracy）：關注生成的解釋是否能準確地預測新樣本。該屬性在對預測結果要求很高的任務中十分重要。

（2）保真度（fidelity）：是最重要的屬性之一。它度量生成的解釋能否精準還原目標黑盒模型的預測結果。一般準確性越高的解釋，保真度也會越高。

（3）一致性（consistency）：顧名思義，描述的是當兩個機器學習模型在相同任務中做出相同決策時，兩者舉出的解釋的差異性。例如，用相同的資料訓練線性回歸模型和決策樹後，它們對新樣本做出了一致的預測結果。這時，如果兩者舉出的解釋高度一致，就可以判定生成的解釋是一致的。

（4）可理解性（comprehensibility）：關注生成的解釋能否被使用者理解。該屬性則與目標使用者的理解能力緊密相關。

（5）代表性（representativeness）：描述這個解釋能覆蓋多少當前資料裡的樣本。一個具有高代表性的典型是線性回歸模型因為其學習的權重可以用於解釋整個資料集。

4.1.2　基於相關性的可解釋性模型

目前學術界對可解釋性的大部分研究都是基於相關性的（也可以叫基於統計或者基於連結的）。本書稱這類可解釋性為傳統可解釋性。為了更好地區分基於相關性和基於因果的可解釋性的差異，本節回顧傳統可解釋性的研究。對這類方法感興趣的讀者可以參考更加詳盡的文獻和相關書籍，例如文獻 [142-143]。在實際的機器學習任務中，可解釋性模型可分為內建可解釋性模型和事後可解釋性模型。前者實現可解釋性的方法是採用結構簡單、本身可解釋的模型，例如線性模型、決策樹模型，後者採用分析特徵輸入和輸出、與模型相獨立的解釋方法，例如特徵重要性。所以，內建可解釋性發生在模型訓練階段（又稱事前可解釋性），而事後可解釋性則發生在訓練之後。

1·內建可解釋性模型

　　常見的內建可解釋性模型包括決策樹、基於規則的模型、線性回歸和注意力機制。在決策樹模型中，每一棵樹由表示特徵的內部節點以及表示標籤的葉子節點組成，樹的每個分支則表示一種可能的決策結果。做決策時，模型從根節點出發，根據輸入資料的特徵大小選擇不同的內部節點，最終到達葉子節點。因此，這條根節點和葉子節點之間的路徑就是由一條 if-then 形式的決策規則產生的。對新的觀測樣本，只需從上至下對內部節點進行條件測試來判斷樣本選擇左分支還是右分支，從而遍歷決策樹，最終做出預測。與決策樹模型的可解釋性原理類似的方法還有基於規則的模型。它也是透過一系列 if-then 規則來指導決策過程的，所以也可以把它看作是基於文字的決策樹。基於規則的模型和決策樹模型的不同之處主要有以下幾點：

　　（1）基於規則的模型允許規則之間不是互斥的，所以多個規則可能被同一個記錄（樣本）同時激發。然而，在決策樹中，有且只有一條規則（左分支或者右分支）被激發。

　　（2）基於規則的模型中的規則未必是窮舉的（exhaustive），即一筆記錄可能不會觸發任何規則。

　　（3）基於規則的模型中的規則是按照優先順序進行排列的，而決策樹模型的規則是無序的。

　　線性回歸模型也是常見的一類內建可解釋性模型，因為我們可以透過觀察特徵的係數大小來解釋模型做出的決策。一般係數越大，相對應的特徵對結果的影響就越大，這個特徵也越重要。然而，不同特徵的測量尺度不同，所以不同的特徵係數之間並無可比性。常見的解決方案有 t- 檢驗或者卡方檢定。

　　前面介紹的這三種內建可解釋性模型，即決策樹、基於規則的模型和線性回歸的可解釋性原理十分簡單，而且生成的解釋易於被人類理解。但是它們只能用於較為簡單的任務，例如，輸入資料的特徵是低維的。一旦特徵維數達到一定高度，這三種方法就會失去它們原本的優勢。例如，一個很深的決策樹的if-then 規則可能會相當複雜，以至於舉出的解釋無法被人類理解。因此，為了

能夠在複雜的機器學習任務中既保證較高的預測性，又實現可解釋性，可以使用基於注意力機制（attention mechanism）的深度模型。注意力機制的提出主要是為了更精准地捕捉環境資訊，從而提高模型表現。例如，在情感分類任務中，不同的字或子句給模型提供的資訊是不同的，表示情感的形容詞，例如，「高興」比量詞「一個」對預測結果更加重要。注意力機制就是透過給予不同字（或者字的表示）不同的注意力大小來辨別它們的重要性，即注意力越大的字越重要。

2．事後可解釋性模型

事後可解釋性模型是針對黑盒模型設計的一類方法，所以它不依賴於機器學習模型本身。因為黑盒模型廣泛運用於現實生活，所以目前大部分研究集中在這類方法中。下面介紹主流的事後可解釋性模型。

首先介紹的是一種與模型無關的局部可解釋模型（local interpretable model-agnostic explanations，LIME）[144]。它的主要思想是利用內建可解釋性模型，例如，線性模型局部近似目標黑盒模型的預測。對於某個目標樣本，LIME 首先對它進行輕微擾動（比如去掉部分像素或者把某些特徵用零表示），從而得到一個與目標樣本相似的新資料集。然後使用黑盒模型在新樣本上進行預測。接下來，LIME 計算每一個新樣本和目標樣本之間的相似性（例如歐氏距離），該相似度將作為權重和所有與目標點相關的資料（包括標注後的新資料集和目標點）一起輸入到簡單模型中。最後，可以用訓練後的簡單模型對目標點進行解釋。

另一種主流的方法是顯著圖（saliency map）[145]，它常用於對影像的解釋。它的主要思想是透過在整個神經網路進行反向傳播，計算輸入的梯度，梯度大小決定某個像素點對分類器分類某張圖片的影響大小。

接下來要介紹的另外兩種方法，即生成對抗樣本（adversarial examples）和基於影響函數（influence function，IF）的方法，都是利用資料中具體的樣本來解釋機器學習模型或者資料分佈，所以又被稱為基於樣本的解釋。顯然，這類方法要求樣本的形式本身是人類可理解的，比如圖片或者文字。

第一種基於樣本的可解釋性方法是生成對抗樣本，通常被定義為對輸入樣本人為地加入一些人類無法察覺的干擾，從而實現模型以高置信度舉出一個錯誤的預測。有研究表示，我們甚至只需要對影像中的一個像素進行干擾，就可以讓一個圖片分類器舉出錯誤輸出 [146]，如圖 4.1 所示。

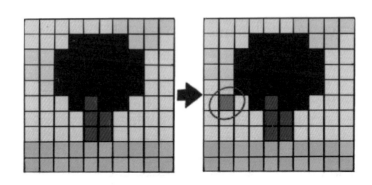

▲　圖 4.1　人為改變一個像素可以讓一個在 ImageNet [150] 上訓練的神經網路將原本正確的預測改成錯誤的預測。圖片來自文獻 [142]

　　儘管對抗性樣本的目的是為了愚弄機器學習模型，從而提高模型堅固性，但是它和模型的可解釋性有著密切的關係。首先，機器學習模型利用的特徵分為堅固性和非堅固性的特徵 [147]，前者是人類可理解的特徵，後者是不易被人類理解的特徵。生成對抗性樣本的過程也就是我們在尋找非堅固性，同時對模型的決策十分重要的特徵的過程。所以，對抗性樣本和可解釋性都與特徵的重要性相關。不同於對抗性樣本，原型（prototypes）和駁斥（criticisms）生成的用於解釋的樣本總是來自訓練資料本身。原型表示具有代表性的資料點，相反，駁斥則是不具代表性的資料點。原型和駁斥相結合則可以建立一個可解釋性的模型或者讓一個黑盒模型具有可解釋性。這類方法的核心是度量原型和訓練資料分佈的差異。其中一種主流方法是最大化平均差異評估（maximum mean discrepancy - critic，MMD-critic）[148]，它的目標是選擇那些能夠最小化原型分佈和訓練資料分佈的資料點為原型。因此，好的原型往往來自資料分佈中高密度的區域，而且它們應該來自多個不同的「資料集群」。對應地，來自不能被原型極佳地解釋的區域的資料點就是駁斥樣本。

　　第二種基於樣本可解釋性方法的核心思想是透過簡單地改變或者刪除某個樣本來觀察它對模型結果的影響。儘管該類方法的動機簡單明瞭，但是因為每次改變一個樣本就要重新訓練整個模型，所以這類方法的計算複雜度相當高。目前一個廣泛接受的解決方案是利用影響函數（IF）。IF 是堅固統計學（robust statistics）中的一個重要函數，給 IF 輸入一個樣本時，它會輸出一個對應的影響值。所以我們對樣本進行擾動後，重新計算影響值，兩個影響值的差即為樣本擾動對模型參數的影響。這種方法的優勢在於它不僅可以解釋模型，還可以用於評估訓練樣本集的價值，找出被錯誤標記的樣本。感興趣的讀者可以參考 ICML 2017 最佳文獻 [149]。

4.1.3　基於因果機器學習的可解釋性模型

　　與基於相關性的可解釋性模型相比，基於因果機器學習的可解釋性模型的優勢在哪裡？是否有必要在傳統的可解釋性模型中引入因果機制？透過第 1 章對因果推斷基礎知識的學習，我們知道，因果關係和相關性一個最主要的區別在於前者旨在學習資料生成過程。這就意味著因果分析是根據觀測到的資料，結合合理的因果知識，從而推斷出觀測資料裡不包含的資訊；相關性則是在觀測資料上推測變數之間的連結性。Pearl 提出的因果階梯 [151] 極佳地複習了相關性和因果關係的區別。該因果階梯從下（低級）至上（高級）依次是連結、干預和反事實。對應地，機器學習的可解釋性也可以分為基於相關性的可解釋性、基於干預的可解釋性（causal interventional interpretability）和基於反事實的可解釋性（counterfactual interpretability）。後兩者屬於因果機器學習的可解釋性。表 4.1 列出了這三類可解釋性的差異。透過對比可以發現，基於因果機器學習的可解釋性的優勢在於它可以透過學習資料生成過程改變已觀測的資料，從而尋找隱藏的作用機制和挖掘關於「假如」的世界。它舉出的解釋是導致預測結果真正的「原因」，而非「連結因數」。

→ 表 4.1 三種基於因果機器學習的可解釋性的差異對比

可解釋性種類	主要差異
基於相關性的	透過觀察資料尋找解釋，它回答的典型問題是「模型觀察到某個特徵後對它的預測有什麼影響」
基於干預的	透過主動改變觀察資料得到解釋，它回答的典型問題是「如果改變某個特徵，將會對模型預測帶來什麼影響」，也就是 "what-if"。例如，如果申請者 A 將考試成績提高 20 分，A 是否就能被電腦學院錄取
基於反事實的	透過想像改變過去已經發生的尋找解釋，它回答的典型問題是「假如當時某個特徵改變了，模型預測會有什麼變化」，也就是 "why"。例如，假如女性申請者 A 當時將表中的性別改成「男」，她是否就能拿到電腦學院的錄取通知書

1・基於干預的可解釋性模型

這是一類針對黑盒模型內部結構設計的可解釋性模型。它透過因果干預計算每一個特徵對最後預測結果的因果影響。下面以解釋深度神經網路為例進行介紹，首先將介紹由 Chattopadhyay 等人提出的基於干預的可解釋性模型[152]。該研究討論的問題是如何度量前一層的神經元對該層神經元的因果影響。然後介紹利用因果中介效應分析對神經語言模型中產生性別偏差現象的原因進行解釋的工作[153]。

（1）基於干預的可解釋前饋神經網路

因果圖對於明確因果機制通常是不可或缺的，那麼，神經網路該如何用因果圖來表示呢？其實，在設計神經網路的過程已經獲得了部分「參考答案」。如圖 4.2 所示，在一個簡單的前饋神經網路（feedforward neural network）中，資訊總是由低層向高層傳播，即低層的輸出會對高一層神經元的輸出產生影響，所以它是一個有向無環圖，其中，低層節點和高層節點之間的互動用有向邊表示。所以，該神經網路中的神經元可以看作是因果圖中的節點，神經元之間的互動為節點間的因果關係。

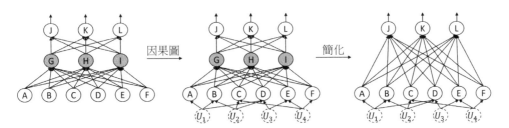

▲ 圖 4.2 一個三層前饋神經網路（左）向結構因果模型（中）的轉化。其中，虛線節點代表外生變數，可作為輸入特徵 $\{A,B,\cdots,F\}$ 的共同原因；加網底的節點是隱藏神經元。可以進一步將該結構因果模型簡化成隻包含輸入／輸出層的結構因果模型（右）

命題 4.1

給定一個 n 層的前饋神經網路 $N(l_1,l_2,\cdots,l_n)$，其中 l_i 是第 i 層的一組神經元，l_1 是輸入層，l_n 是輸出層。它所對應的結構因果模型可以表示為 SCM $M([l_1,l_2,\cdots,l_n],U,[f_1,f_2,\cdots,f_n],P_U)$，$f_i$ 是第 i 層神經元的因果方程式。U 表示外生變數，可用作輸入層的共同原因，即混淆因數。P_U 表示其機率分佈。

通常，我們在訓練資料中只能觀測到神經網路的輸入和輸出層。因此，透過邊緣化隱藏神經元，上述結構因果模型可以進一步被簡化為 SCM $M([l_1,l_n],U,f'$ $,P_U)$。

在建立好因果圖後，接下來要探討的是如何測量某個輸入神經元對某個輸出神經元的因果影響，即「歸因問題」[154]。在傳統的因果影響估計問題中，干預通常是一個二元變數，但是神經網路的輸入可能是連續變數。因此，需要一個參照基準。假設 $x_j \in l_1$ 以及 $y \in l_n$，神經網路的歸因問題可以用式（4.1）表示[152]：

$$\text{ATE}^y_{\text{do}(x_j=\alpha)} = \mathbb{E}\left[y|\text{do}(x_j=\alpha)\right] - \text{baseline}_{x_j} \tag{4.1}$$

　　該公式表示輸入特徵 x_j 對輸出結果的平均因果效應（ATE）是將 x_j 給予值為 α 後的輸出與參照基準輸出的差值。一個理想的基準是位於決策邊界上的任何一個點，這是因為黑盒模型在這些點的預測都是中性的。在實際應用中，可以定義基準點為 $\text{baseline}_{x_j} = \mathbb{E}_{x_j} [\mathbb{E}_y [y|\text{do}(x_j{=}\alpha)]]$ [152]，然後對 x_j 進行擾動。具體的擾動方式為在 x_j 的設定值範圍內以固定間隔均勻取值，計算對應的干預期望，最後求平均。$\mathbb{E}[y|\text{do}(x_j{=}\alpha)]$ 是輸出 y 的干預期望，其數學定義為式（4.2）：

$$\mathbb{E}[y|\text{do}(x_j = \alpha)] = \int_y y\, p\left(y|\text{do}(x_j = \alpha)\right) \tag{4.2}$$

　　從式（4.2）的定義可以看出，計算 y 的干預期望最直接的方案是在固定 x_j 的取值為 α 的前提下，先從經驗分佈中對所有其他的特徵進行採樣，然後對所有的輸出值求平均。需要注意的是，在這個方案裡，我們假設輸入特徵之間是沒有因果關係的，但是這個假設在實際應用中幾乎是不可行的。首先，維度災難（curse of dimensionality）告訴我們這個方案得到的結果會有很高的方差。其次，由於每一次干預都要求遍歷訓練資料中的樣本，這個方案的計算量相當大。目前提出的一種解決方案是利用泰勒展開和因果歸因，感興趣的讀者可以參閱文獻 [152]。

　　基於干預的可解釋性方法依賴於共同原因準則，即任何兩個輸入特徵之間的因果關係只能由這兩個輸入特徵的共同原因 U（或者隱藏混淆因數）導致。因此，可得到下列命題和推論。

命題 4.2

給定一個 n 層的前饋神經網路 $N(l_1, l_2, \cdots, l_n)$，其中 l_i 是第 i 層的一組神經元，l_1 是輸入層，l_n 是輸出層。它所對應的簡化結構因果模型為 SCM $M([l_1, l_n], U, f', P_U)$。那麼，被干預的輸入神經元與所有其他輸入神經元是 D- 分離的。

推論 4.1

給定一個 n 層的前饋神經網路 $N(l_1, l_2, \cdots, l_n)$，其中 l_i 是第 i 層的一組神經元。對神經元 x_j 進行干預後，其他所有神經元的機率分佈是不變的，如式（4.3）所示：

$$P\left(x_k | \mathrm{do}(x_j = \alpha)\right) = P(x_k), \quad \forall x_k \in l_1, x_k \neq x_j \qquad (4.3)$$

需要注意的是，命題 4.2 和推論 4.1 只適用於基礎的前饋神經網路，在涉及時序資料和順序資料的神經網路中（例如循環神經網路），該假設就不再成立。

（2）利用干預解釋神經語言模型中的性別偏差

在文獻 [153] 中，Vig 等人利用中介效應分析來研究在神經語言模型（neural language models）中的性別偏差。一個單向的語言模型可以用一個條件機率分佈 $P(x_t | x_1, \cdots, x_{t-1})$ 來描述。即給定上下文的情況下，語言模型對一個文字序列中第 t 個位置上的符號進行建模，並預測每個位置上某個符號出現的條件機率。雙向的語言模型則會考慮位置 t 之後的下文。這裡為了使符號簡潔，僅考慮單向的語言模型。而語言模型中的性別偏差可以描述為，當輸入的上下文中有一些與性別本應無關，卻會引發偏見的符號，如與職業有關的詞彙時，$P(x_t\text{=He} | x_1, \cdots, x_{t-1})$ 與 $P(x_t\text{=She} | x_1, \cdots, x_{t-1})$ 取值有顯著差別。這裡用文獻 [153] 中的例子來說明神經語言模型中的性別偏差問題。如果令上下文為序列："the nurse said that__"，其中，符號 "__" 代表需要預測的符號 x_t，實驗表示，在經過巨量文字資料預訓練後的神經語言模型，如 BERT[81]，都會輸出 $P(x_t\text{=He} | x_1, \cdots, x_{t-1}) < P(x_t\text{=She} | x_1, \cdots, x_{t-1})$。即由於訓練資料中存在的偏差，使得神經語言模型認為一個護士是女性的可能性比是男性的可能性更大。類似的現象也可能在不同的上下文中被觀察到，如在對 "the docotor said that __" 中缺失的符號進行預測的時候，神經語言模型會輸出 $P(x_t\text{=He} | x_1, \cdots, x_{t-1}) > P(x_t\text{=She} | x_1, \cdots, x_{t-1})$。而在一個男女平等的理想情況下，希望神經語言模型輸出 $P(x_t\text{=He} | x_1, \cdots, x_{t-1}) = P(x_t\text{=She} | x_1, \cdots, x_{t-1})$。

　　文獻 [153] 關心的問題是，神經語言模型這種複雜的神經網路模型中，哪些元素（如哪些隱藏神經元）會引起觀察到的性別偏差。可以用圖 4.3 中的因果圖來描述神經語言模型中上下文 $X_{\neg t}$，某個模型元素 H 和模型預測的符號 X_t 之間的關係。要做因果中介效應分析，就需要定義總因果效應，這裡的個體等級的總因果效應（TE）定義如式（4.4）所示：

$$\text{TE}(\text{set-gender, null}; \boldsymbol{y}, i) = \frac{\boldsymbol{y}_{\text{set-gender}}(i) - \boldsymbol{y}_{\text{null}}(i)}{\boldsymbol{y}_{\text{null}}(i)} = \frac{\boldsymbol{y}_{\text{set-gender}}(i)}{\boldsymbol{y}_{\text{null}}(i)} - 1 \qquad (4.4)$$

　　其中，$\boldsymbol{y}_{\text{null}}$ 代表沒有干預時語言模型的預測，$\boldsymbol{y}_{\text{set-gender}}(i)$ 則代表輸入中表示職業的名詞受到干預被表示性別的詞替換時語言模型的預測。對於範例 "the nurse said that ＿"，其個體等級的總因果效應定義如式（4.5）所示：

$$\frac{P_\theta(\text{he}|\text{the nurse said that }\_)}{P_\theta(\text{she}|\text{the nurse said that }\_)} \Big/ \frac{P_\theta(\text{he}|\text{the nurse said that }\_)}{P_\theta(\text{she}|\text{the nurse said that }\_)} - 1 \qquad (4.5)$$

　　其中，P_θ 代表神經語言模型輸出的對符號 she 和 he 的條件機率。而式（4.4）中的結果變數 $\boldsymbol{y}$ 就代表神經語言模型預測 he 和與預測 she 的條件機率之比。我們可以透過設定性別（set-gender）進行干預，從而達到研究神經語言模型中的性別偏差。讀者可以發現，這裡的 set-gender 干預便是指將文字中的中性詞（即 nurse 這個代表職業的詞）替換成一個帶有性別的詞彙（man）。這是利用了我們可以自由對神經語言模型的輸入進行干預並觀測它的預測（結果變數）這一特點。然後可以透過對所有的文字 / 句子求期望得到整體等級的平均總因果效應，如式（4.6）所示：

$$\text{TE}(\text{set-gender, null}; \boldsymbol{y}) = \mathbb{E}_i\left[\frac{\boldsymbol{y}_{\text{set-gender}}(i)}{\boldsymbol{y}_{\text{null}}(i)} - 1\right] \qquad (4.6)$$

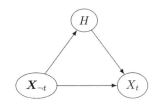

▲ 圖 4.3 利用因果中介效應分析研究神經語言模型中性別偏差的因果圖。這裡把神經語言模型看作生成資料的模型。處理變數 $X_{\neg t}$ 代表上下文中與性別相關的符號，中介變數 H 代表隱藏神經元或注意力頭的取值，結果變數 X_t 代表神經語言模型預測的符號

接下來，Vig 等人定義了這個問題中的自然直接效應（NDE）（讀者可以參考在第 1.2.6 節中對因果中介效應分析相關概念的介紹），如式（4.7）所示：

$$\text{NDE(set-gender, null; } \boldsymbol{y}) = \mathbb{E}_i\left[\boldsymbol{y}_{\text{set-gender},\boldsymbol{z}_{\text{null}}(i)}(i) / \boldsymbol{y}_{\text{null}}(i) - 1\right] \qquad (4.7)$$

式（4.7）中，$\boldsymbol{y}_{\text{set-gender},z_{\text{null}}}(i)$ 是一個比較複雜的量，它代表的是不干預中介變數 $\boldsymbol{z}$，而僅僅對輸入的文字進行干預的情況下結果變數的值。其實在實際應用中，它很容易被做到。注意，在神經語言模型中，中介變數 $\boldsymbol{z}$ 可以代表模型的各個元素，如一個隱藏神經元或者是一個注意力機制中的權重。我們只需要人為地把該元素的值固定為干預輸入文字前觀測到的值，即 $\boldsymbol{z}_{\text{null}}(i)$ 即可。類似地，可以定義自然非直接效應（natural indirect effect，NIE），與自然直接效應相反，它代表不干預輸入文字，而僅僅干預中介變數 $\boldsymbol{z}$ 得到的結果，如式（4.8）所示：

$$\text{NIE(set-gender,null; } \boldsymbol{y}) = \mathbb{E}_i\left[\boldsymbol{y}_{\text{null},\boldsymbol{z}_{\text{set-gender}}(i)}(i) / \boldsymbol{y}_{\text{null}}(i) - 1\right] \qquad (4.8)$$

以式（4.8）為例，要計算 $\boldsymbol{y}_{\text{null},z_{\text{set-gender}}(i)}(i)$ 這個量，就要對神經語言模型輸入兩種文字，一種是原來的文字 "the nurse said that __"，另一種是受到干預的文字，即 "the man said that __"。由受到 set-gender 干預的輸入，可以計算出中介變數在干預情況下的值，即 $\boldsymbol{z}_{\text{set-gender}}$。然後將其值固定，再使用未受干預的文字作為神經語言模型的輸入，這樣就可以得到 $\boldsymbol{y}_{\text{null},\boldsymbol{z}_{\text{set-gender}}(i)}(i)$。

Vig 等人還介紹了另一種干預，即 swap-gender。例如，上下文 "The nurse examined the farmer for injuries because she ＿" 。這裡考慮兩種神經語言模型的輸出："was caring" 和 "was screaming" 。其中，"was caring" 指神經語言模型預設該句子中代表女性的代詞 "she" 指的是護士（nurse）的情況，其中含有認為護士一定是女性的帶有性別偏差的刻板印象（stereotype）。而 "was screaming" 則代表神經語言模型預設該句子中的代詞 "she" 指的是農民（farmer），因為認為農民通常為男性是一種帶有性別偏差的刻板印象。因此，這裡神經語言模型認為農民是女性被 Vig 等人認為是反對性別偏差的反刻板印象（anti-stereotype）。那麼與式（4.4）類似，干預 swap-gender 對應的總因果效應可以用式（4.9）計算：

$$TE(\text{swap-gender,null}; \boldsymbol{y}) = \boldsymbol{y}_{\text{swap-gender}}(i)/\boldsymbol{y}_{\text{null}} - 1 \qquad (4.9)$$

在實驗中，Vig 等人對多種神經語言模型進行了對比研究，包括五種大小的 GPT-2[155-156]、XLNet[157]、TransformerXL[158]，以及三種基於 mask 的神經語言模型 BERT[81]、DistilBERT[156] 和 RoBERTa[159]。對於隱藏神經元作為中介變數的情況，Vig 等人考慮了文獻 [160] 中的 17 個文字範本和 169 個職業詞彙創造了一系列上下文，Vig 等人稱之為 professions 資料集。而對於注意力機制作為中介變數的情況，Vig 等人利用了在自然語言處理性別偏差研究中非常有名的 Winobias[161] 和 Winogender[162] 資料集。在實驗中，Vig 等人透過計算上文提到了兩種干預相對應的三種因果效應發現了以下現象。

第一，更大的模型對性別偏差會更敏感。這意味著更大的神經語言模型中，這兩種干預的總因果效應更大。

第二，部分因果效應和外部資料中與性別相關的統計量具有相關性。如在 professions 資料集中，Vig 等人觀察到外部資料中的性別偏差與總因果效應的對數呈現出較高的正相關性。

第三，性別中立詞彙 "they" 有一致且較低的總因果效應。他們還發現，性別偏差的中介效應的分佈是稀疏的，即只有少部分隱藏神經元和注意力機制元件有顯著的中介效應。

文獻 [163] 是另一個利用因果效應分析對神經語言模型進行可解釋性研究的工作。與文獻 [153] 不同的是，前者專注於研究一些比較難以直接對給定文字進行干預的情況，即考慮一些比較抽象的處理變數（如寫作風格）對神經語言模型預測結果的因果效應。Feder 等人直接在一段文字的表徵上做干預，認為如果一段文字本來具有某個寫作風格，那麼就透過對抗訓練（adversarial training）使該文字的表徵無法預測該風格，從而完成干預。之後再對比未受干預的預測結果和干預後的預測結果的差，得到寫作風格對神經語言模型預測結果的因果效應。

該領域還包含有文獻 [164-166] 在內的其他基於干預的可解釋性模型。其中，Harradon 等人提出了一種旨在提高解釋多樣性的基於干預的可解釋性模型，因為多樣的解釋更利於人類理解。例如，在圖片分類任務中，這類解釋可以是動物的眼睛和耳朵；Zhao 和 Hastie[165] 提出的基於干預的可解釋性方法要求目標黑盒模型要有較好的預測能力，有以因果圖表示的領域知識，以及合適的視覺化工具。基於干預的可解釋性也被用於解釋生成對抗網路是如何以及為什麼生成某個影像的 [166]。

2 · 基於反事實的可解釋性模型

下面先來看一個案例：張三準備向某銀行申請房屋貸款。該銀行擷取了張三的個人資訊，包括年收入、信用值、受教育程度和年齡，然後透過某黑盒二分類模型預測張三未來還款的機率大小。最終該銀行拒絕了張三的貸款申請，理由是模型預測其還款機率較小。理想狀況下，銀行需要進一步答覆張三以下兩個問題。

- 問題一：為什麼貸款被拒絕？

- 問題二：他至少要做出哪些改變才能透過該次房屋貸款申請？

第一個問題的回答可能是張三信用值較低，第二個問題的回答進一步解釋「假如張三信用值提高 10%，這次的貸款申請就能透過」。問題二要求反事實思考。顧名思義，反事實即在一個想像的虛擬世界中，輸入與實際觀測不同的特徵值，觀察對應的結果。所以，基於反事實的可解釋性是已知現實中需要解

釋的單一樣本的特徵和預先定義輸出（例如，透過貸款申請），明確該樣本需要改變的特徵（例如，信用值），從而生成對應的可解釋性樣本。

　　基於反事實的可解釋性是基於單一樣本的可解釋性。由於傳統的可解釋性模型只能回答問題一，而無法給出問題二的答案，因此它位於因果階梯中最低的層級。而基於反事實的可解釋性則屬於最高層級的可解釋性[151]。基於反事實的可解釋性的另一個主要優勢是它可以針對一個樣本產生多種反事實，例如，問題二的回答還可以是「假如張三年收入提高 10%，本次貸款申請就能透過」。這裡的隱形假設是當張三再次申請房屋貸款時，銀行用於預測的二分類器必須與上次張三申請被拒絕時的相同。

　　與基於干預的可解釋性相比，基於反事實的可解釋性的因果圖（見圖 4.4）相對簡單。它表示個體特徵的值「導致」了預測結果。該圖同時也說明了生成反事實資料的過程：改變某個樣本的某些特徵的值，從而達到預先定義的輸出。預先定義的輸出可以是二元分類器中對標籤的翻轉（例如，貸款申請的拒絕→透過），或者預測到達某個設定值（例如疫苗有效率到達 70%）。基於干預的可解釋性和基於反事實的可解釋性之間另一個重要的區別在於前者旨在對模型內部狀態或者演算法的邏輯如何影響決策進行解釋，後者旨在描述模型或演算法如何利用外部事實做出決策。由於模型內部和演算法邏輯可能包含上百萬個相互連接的變數（例如神經元），所以基於反事實的可解釋性更利於使用者理解，對使用者更加友善。該優點同時也表現在它描述了某個樣本要達到預先定義輸出需要做出的最小的特徵值的改變。

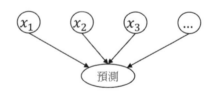

▲ 圖 4.4　在基於反事實的可解釋性中，機器學習模型的輸入和輸出的因果關係圖。x_i 表示樣本的某個特徵。值得關注的是，這裡的因果關係並非代表真正意義上的因果

（1）與相關概念的區別。

基於反事實的可解釋性與之前介紹的原型和駁斥以及對抗性樣本相似。它們主要有以下區別：

■ 原型和駁斥必須來自實際訓練的資料，而反事實資料點可以是任何特徵的值的相互組合。

■ 原型和駁斥屬於全域解釋，即其用於解釋整個模型的行為。基於反事實的可解釋性則屬於局部解釋，因為它用於解釋單一個體。

■ 對抗性樣本主要用於提高模型的堅固性，反事實則旨在提高模型的可解釋性。

■ 對抗性樣本是透過對原樣本進行人類無法覺察的擾動生成的，這通常與基於反事實的可解釋性所要求的稀疏性（sparsity，即需要改變的特徵數量儘量小）不一致。

■ 對抗性樣本中不存在對因果關係的探討。

（2）反事實解釋的評判準則。

反事實解釋往往不具有唯一性，那麼如何判定生成的反事實解釋是否合適？下面簡述幾種主流的評判標準 [142]。

■ 模型對反事實的樣本的預測結果應該和預先定義的輸出盡可能相似。「盡可能」是因為有的情形下是很難達到預先定義的輸出的。例如，在二分類問題中，兩類標籤的樣本大小十分不均衡，這可能導致無論如何擾動特徵值，都無法達到樣本數量小的那一類標籤。此時可透過設定設定值達到盡可能相似，例如，模型預測該反事實樣本的標籤為少數標籤的機率由 5% 增加到 20%。

■ 反事實樣本的特徵值大小要盡可能與原樣本的相近。

■ 反事實樣本應具有稀疏性，即原樣本被改變的特徵的數量儘量少。

- 反事實樣本特徵的值在現實世界中是可能存在的。例如，以下反事實解釋是無效的：假如張三的年齡是 200 歲，則本次貸款能申請成功。顯然，這個反事實樣本在實際中是不可能存在的。一個更嚴格的要求是反事實樣本的產生是符合資料的聯合分佈的。舉例說明，如果某反事實解釋告知 30 歲的張三，假如他的年齡減小 10 歲，同時收入增加 30%，則本次貸款能透過，那麼這個反事實解釋是不符合資料聯合分佈的。一般情況下，年輕人的收入會隨著年齡增長而增加。

- 生成的反事實解釋需要具有多樣性來保證它更易被人類理解，並且增加改變決策物件自身特徵大小的可能性。例如，在前述張三房屋貸款的案例中，對張三來說，將年收入提高 10% 可能比其提高信用值更容易實現。

（3）兩個經典的基於反事實的可解釋性模型。

從上述對基於反事實的可解釋性的描述可以看出，目標函數的輸入包括需要解釋的樣本以及預先定義輸出。目標最佳化的結果則是反事實樣本。所以，目前對反事實解釋的研究集中在目標函數和最佳化方法上。下面著重介紹兩類主流方法。

第一種要介紹的方法 [167] 是最早提出基於反事實的可解釋性的研究之一。假設原資料點為 x，反事實資料點為 x'，預先定義輸出為 $y' \in \mathcal{Y}$，$\mathcal{Y}$ 表示輸出變數的空間，Wachter 等人提出用式（4.10）所示的目標函數計算得到反事實解釋：

$$\underset{x'}{\text{argmin}}\, d(x,x') \quad s.t. \quad f(x')=y' \tag{4.10}$$

其中，$d(x,x')$ 是度量 x 和 x' 距離的函數，例如 L1 或 L2 距離。該目標函數強調反事實資料點應該是在原資料點上做出的「微小」改變。為了保證式（4.10）可微分，我們可以進一步將它轉化成式（4.11）：

$$\underset{x'}{\text{argmin}}\, \lambda(f(x')-y')^2+d(x,x') \tag{4.11}$$

式（4.11）的第一項計算模型對反事實樣本 x' 的預測和預先定義輸出的二次距離。在文獻 [167] 中，$d(x,x')$ 被定義為對每一個特徵加權的曼哈頓距離的加和，如式（4.12）所示：

$$d(x, x') = \sum_{j=1}^{p} \frac{x_j - x_j{'}}{\text{MAD}_j} \tag{4.12}$$

其中，p 為特徵數量，MAD_j（median absolute deviation，中值絕對偏差）是對 x 和 x' 在特徵 $j \in \{1,2,\cdots,p\}$ 上的距離度量，定義為式（4.13）：

$$\text{MAD}_j = \text{median}_{i \in \{1,\cdots,n\}}\left(\left|x_{i,j} - \text{median}_{l \in \{1,\cdots,n\}}(x_{l,j})\right|\right) \tag{4.13}$$

上述對 $d(x,x')$ 的定義優於常用的歐氏距離，因為它對異常值的表現更加穩定。另外，利用 MAD 的倒數可以保證不同特徵的設定值在同一比例上。λ 是調節預測準確性和特徵大小相似性的參數：λ 越大，表示模型更加偏重生成反事實解釋預測的準確性；相反，λ 越小，模型則更偏重反事實樣本跟原資料點的相似性。為了避免人為地選擇 λ 的大小，Wachter 等人建議選擇一個公差（tolerance）ϵ 來定義預測準確性的容忍度，即 $|f(x')\text{-}y'| \leq \epsilon$。因此，目標函數式（4.11）可以重新被定義為式（4.14）：

$$\arg\min_{x'} \arg\max_{\lambda} \lambda(f(x') - y')^2 + d(x, x') \tag{4.14}$$

該式表示在最小化 x 和 x' 距離的同時逐漸增大 λ，從而使 $f(x')$ 與 y' 的差異在容忍度範圍內。

然而，上述方法有兩個明顯的缺陷。其一，該方法生成的反事實解釋只考慮了上述評判標準 1 和 2，即與原樣本相近，以及對反事實的預測結果與預先定義輸出相近；其二，當特徵是分類變數且取值可以有多個類別時，該方法的計算複雜度會呈指數增加。

　　第二種基於反事實解釋性的方法 [168] 可以同時解決這兩個缺陷。該方法的目標函數由四部分組成，如式（4.15）所示：

$$\arg\min_{x'} \left(o_1(f(x'), y'), o_2(x, x'), o_3(x, x'), o_4(x', X^{\text{obs}}) \right) \qquad (4.15)$$

其中，X^{obs} 表示可觀測到的資料（例如訓練資料或者其他相關資料），$o_1 \sim o_4$ 分別對應標準 1~4。具體地說，o_1 要求模型對反事實樣本的預測與預先定義輸出相近，它被定義為：

$$o_1(f(x'), y') = \begin{cases} 0, & f(x') \in \mathcal{Y} \\ \inf_{y' \in \mathcal{Y}} |f(x') - y'|, & \text{其他} \end{cases}$$

o_2 要求原樣本和反事實樣本類似，其數學定義如式（4.16）所示：

$$o_2(x, x') = \frac{1}{p} \sum_{j=1}^{p} \sigma_G\left(x_j, x_j'\right) \qquad (4.16)$$

其中，$\sigma_G\left(x_j, x_j'\right)$ 為兩者的 Gower 距離，定義為：

$$\sigma_G\left(x_j, x_j'\right) = \begin{cases} \dfrac{1}{\widehat{R}_j |x_j - x_j'|}, & x_j \text{是數值型變數} \\ \mathbb{I}_{x_j \neq x_{j'}}, & x_j \text{是類別型變數} \end{cases}$$

$\widehat{R}_j$ 表示觀察資料中特徵 j 的設定值範圍，把它放在分母中的目的是為了保證所有特徵的 Gower 距離都在 0~1 範圍內。$\mathbb{I}$ 為指示函數（indicator function），即當 $x_j \neq x_{j'}$ 時，$\mathbb{I}$ 輸出為 1，否則輸出為 0。Gower 距離的優勢在於，它的輸入同時包含了數值變數和類別變數，但是它無法記錄被改變的特徵的數量，即標準 3。o_3 則彌補了這一缺陷，它的數學定義如式（4.17）所示：

$$o_3(x, x') = \parallel x - x' \parallel_0 = \sum_{j=1}^{p} \mathbb{I}_{x_j \neq x_{j'}} \qquad (4.17)$$

　　實現評判標準 4 的關鍵在於度量反事實樣本的「可能性」，即不同特徵大小的組合是符合現實的。Dandl 等人 [168] 提出，首先在訓練資料或者其他相關資料中找到與反事實樣本最相近的資料點 $x^{[1]} \in X^{\mathrm{obs}}$，然後計算該反事實樣本和 $x^{[1]}$ 的相似性。我們同樣用 Gower 距離定義 o_4，如式（4.18）所示：

$$o_4(x, x') = \frac{1}{p} \sum_{j=1}^{p} \sigma_{\mathrm{G}} \left(x_j{'}, x_j^{[1]} \right) \qquad (4.18)$$

　　顯然，式（4.15）是一個多目標最佳化問題。為了同時對四個目標進行最佳化，Dandl 等人採用了在多目標尋優領域中主流的非支配排序遺傳演算法（non-dominated sorting genetic algorithm，NSGA）[169]。具體最佳化原理和步驟不在此贅述，感興趣的讀者請參閱文獻 [168]。然而，該方法依然沒有實現反事實解釋的多樣性。

　　（4）基於反事實的可解釋性的優劣。

　　基於反事實的可解釋性主要有以下幾點優勢：

- 給定一個資料點，它的反事實解釋可以是多樣的。這不僅更有利於使用者理解黑盒模型的決策行為，而且使用者還可以選擇可行性更高的方案來達到預期結果。

- 基於反事實的可解釋性方法只涉及模型決策函數，而無須存取資料或者模型。這點對公司的發展是十分重要的。例如，為了保護商業機密和資料，公司有權不公開模型和使用者資料。在這種情況下，基於反事實的可解釋性方法可以在保護隱私的同時，對黑盒模型舉出對使用者友善的解釋。

- 基於反事實的可解釋性的適用範圍不限於機器學習領域。對任何一個包含輸入和輸出的系統，都可以用基於反事實的可解釋性的概念來對系統做出解釋。例如，如果銀行改用特定規則對貸款申請進行評估，其仍然可以對決策結果舉出反事實解釋。

- 基於反事實的可解釋性模型的實現相對容易，其中的關鍵步驟是設定目標函數。目前，最佳化目標函數的演算法已相當成熟，實際操作中只需呼叫對應的最佳化包即可。

基於反事實的可解釋性的一個主要劣勢是「羅生門效應」（Rashomon effect）。它描述的是，模型可能會對某個目標資料點舉出非常多的反事實解釋。在實際應用中，容錯的解釋反而使問題複雜化。例如，在基於反事實的可解釋性模型對機器學習模型的決策做出 30 種解釋後，該如何向使用者彙報這些解釋呢？是彙報基於某種評價指標而言最好的解釋，還是彙報相對較好但具有多樣性的幾種解釋呢？這就要求讀者根據具體案例進行具體分析。

3．評估指標

對基於因果的可解釋性模型的評估包括兩方面：生成的解釋是否可以被使用者理解，生成的解釋是否滿足因果關係。

（1）可解釋性評估指標。

判斷一個解釋是否能被使用者理解，最直接的方式是將它呈現給使用者，透過問卷調查的方式得到評估結果。通常，問卷中涉及的問題有以下內容：

- 向使用者呈現兩個不同的模型和對應的解釋，使用者是否能更好地判斷哪個模型的普適性更優。這個問題有助於調查哪個解釋對結果預測的準確性更高。

- 向使用者呈現對某個實例產生的解釋，使用者是否能正確地預測這個實例的輸出。這個問題有助於驗證生成的解釋是否能成功定義預設的輸出。

- 根據提供的解釋，使用者是否能放心地將該黑盒模型投入到實際應用中。評估信任的方式可以是讓使用者對模型的可靠性進行評分（例如，1~5 個等級，5 表示可靠性最高）。例如，在文獻[170] 中，為了對比兩個黑盒模型 A 和 B 的可依賴性，Selvaraju 等人首先挑選出兩個模型都做出正確預測的資料點，然後向 54 個使用者同時呈現這些資料點在不同模型下生成的解釋。最後，這些使用者根據生成的解釋給兩個模型的可靠性評分。例如，A 比 B 的可靠性稍高或者明顯高。

- 上述生成的解釋是否符合人類的直覺和常識。例如，可以向使用者詳細
  介紹目標黑盒模型，然後讓他們對模型的行為做出解釋。最後，對比模
  型生成的解釋和人為的解釋，並做出評估。理想狀況下，這兩類解釋應
  達成一致。

- 向使用者呈現兩種可解釋性模型生成的不同解釋，並詢問哪一個生成的
  解釋品質更高。這也被稱為「二元強迫選擇」（binary forced choice）評
  估指標[171]。

以人為主體的評估方式的缺陷有成本高、人易疲勞、每個人固有的一些思
想偏見，以及不適宜的使用者教育訓練等因素。所以常用的評估指標為非人為
的，具體可分為以下三類：

- 第一類指標是評估在給定的預測任務中，某可解釋性方法能覆蓋多少對
  黑盒模型決策起重要作用的特徵。該前提是要已知哪些特徵對黑盒模型
  的決策是具有重要作用的。一種方案是利用內建可解釋性模型（如線性
  模型）來產生這些特徵。

- 第二類指標判斷某可解釋性方法對原模型是否是局部忠誠的，即生成解
  釋的保真度。保真度高的解釋應該能準確地預測黑盒模型的輸出結果。
  例如，在影像分類任務中，高保真度的解釋（通常為像素）應該能表現
  該分類器輸出結果的機率大小。所以，保真度與黑盒模型的準確性高度
  相關。

- 第三類指標是對具有相同標籤的相似資料點，可解釋性方法應該能生成
  一致的解釋。一個合格的可解釋性方法不應對這些資料點產生差異明顯
  的解釋。理論上，導致解釋的不穩定性的原因可以是高方差或者可解釋
  方法本身的非確定性。

（2）因果評估指標。

在實際應用中，由於缺乏因果解釋的基準真相，我們通常採用預先定義的
代理指標來定量評估基於因果的可解釋性模型。下面將對基於干預的可解釋性
和基於反事實的可解釋性的因果評估指標分別進行說明。

基於干預的可解釋性模型的輸出是黑盒模型內部某個元件（如參數）對預測結果的因果影響。這類影響的基準真相顯然是無法從現實世界中獲得的。因此，如何對基於干預的可解釋性模型進行評估，仍然是可解釋機器學習領域的困難。目前的解決方案包括以下兩種：

- 透過基於干預的可解釋性模型，計算黑盒模型內每一個元件對預測的影響，然後輸出對結果影響最大的元件 [164]。

- 利用顯著圖視覺化每一個神經元的因果歸因 [152]。

相比之下，針對基於反事實的可解釋性模型提出的因果評估指標更加完善。如表 4.2 所示，首先結合之前提到的五種反事實解釋評判標準複習出五點反事實解釋的特性，然後針對每一個特性舉出對應的評估指標 [172]。對於稀疏性，除了記錄被改變的特徵數量的度量方法，還可以利用彈性網路（elastic network，EN）損失 [173]，定義為 $EN(\delta)=\beta \cdot ||\delta||_1 + ||\delta||_2^2$。其中，$\delta$ 表示原樣本和反事實解釋之間的距離，β 為參數。彈性網路是一種由 $L1$ 和 $L2$ 正規化矩陣組成的線性回歸模型，常用於稀疏模型。表 4.2 中對可理解性的兩種評估指標是由 Looveren 和 Klaise [173] 提出的。他們首先拓展了可理解性的定義，即反事實解釋 x' 與反事實損失的資料流程形（data manifold）足夠接近。然後，可理解性可以透過下列方式度量：

在反事實標籤上訓練得到的反事實資料生成器的重構錯誤與在原標籤上訓練得到的反事實生成器的重構錯誤的比。其數學定義為式（4.19）：

$$IM1\left(AE_i, AE_{t_0}, x'\right) = \frac{\| x_0 + \delta - AE_i(x_0 + \delta) \|_2^2}{\| x_0 + \delta - AE_{t_0}(x_0 + \delta) \|_2^2 + \epsilon} \tag{4.19}$$

其中，$x'=x_0+\delta$，δ 表示原樣本和反事實解釋之間的距離；AE_i 和 AE_{t_0} 表示兩種自編碼器（autoencoder，AE），前者用來生成在反事實標籤（標籤 i）訓練後得到的反事實解釋，後者用來生成在原標籤（標籤 t_0）訓練後得到的反事實解釋。IM1 的值越小，表示用反標籤訓練後得到的自編碼器能更精確地重構反事實解釋，即生成的反事實解釋更接近反事實損失的資料流程形。類似的量化方法還有式（4.20）：

$$IM2(AE_i, AE, x') = \frac{\parallel AE_i(x_0 + \delta) - AE(x_0 + \delta) \parallel_2^2}{\parallel x_0 + \delta \parallel_1 + \epsilon} \qquad （4.20）$$

其中，AE 表示在所有標籤上訓練得到的自編碼器。IM2 越小，表示兩列自編碼器生成的反事實解釋越相似，即生成的反事實解釋的分佈和所有標籤的分佈越相似。多樣性的定義也需要度量兩個樣本所有特徵的距離。表 4.2 中 C_k 表示由原始輸入生成的反事實解釋的集。$|C_k|$ 則表示集的大小。

→ 表 4.2 常用的基於反事實的可解釋性評估指標 [172]

反事實解釋特性	特性的描述	評價指標
稀疏性（sparsity）	由原始資料點 x 生成反事實資料點 x' 所需改變的特徵的數量儘量小	彈性網路損失項： $EN(\delta) = \beta \cdot \parallel \delta \parallel_1 + \parallel \delta \parallel_2^2$ [173]
		人為記錄改變特徵的數量 [174]
可解釋性（interpretability）	反事實解釋 x' 應位於資料流程形附近	在反事實標籤上訓練得到的反事實資料生成器的重構錯誤與在原標籤上訓練得到的反事實生成器的重構錯誤的比 [173]
		在反事實標籤上訓練得到的反事實資料生成器的重構錯誤與在所有標籤上訓練得到的反事實生成器的重構錯誤的比 [173]
接近度(proximity)	x 與對應的反事實解釋 x' 的距離儘量小	$\frac{1}{p}\sum_{j=1}^{p} dist(x_j', x_j)$ [168,175]
速度（speed）	生成反事實資料的速度應該足夠快，從而滿足實際應用的需要	測量梯度更新的時間和次數 [173]
多樣性（diversity）	給定一個具體案例，生成的反事實解釋是多樣的	$\frac{1}{|C_k|^2}\sum_{i=1}^{k-1}\sum_{j=i+1}^{k} dist(x_i', x_j')$ [175]

4.2　公平性

　　機器學習的公平性是近年來負責任人工智慧和可信任機器學習的另一個熱門研究領域。在如今巨量資料盛行的時代,「資料即財富」已經成為許多人的共識。但是,資料是一把「雙刃劍」。它既讓機器學習(尤其是深度學習)成為可能,同時也導致了演算法在訓練過程中吸收、學習,甚至放巨量資料中隱藏的人類主觀偏見和刻板印象。帶有有害「偏見」的人工智慧系統會做出有偏見的、不公平的決策。這些決策往往會損害弱勢和少數群眾的利益,甚至威脅到他們的生命安全。當帶有「偏見」的人工智慧系統用於人類生活的各方面時,會更進一步加強社會對弱勢和少數群眾的偏見和不公平性。這就形成了如圖 4.5 所示的一個惡性回饋迴圈。在決策領域,公平性指的是不基於個體或群眾任何固有或者外部獲得的屬性而對該個體或群眾表現出偏見(prejudice)或偏向(favoritism)。在該定義下,對任何個體或群眾做出具有偏向性決策的演算法都是不公平的。

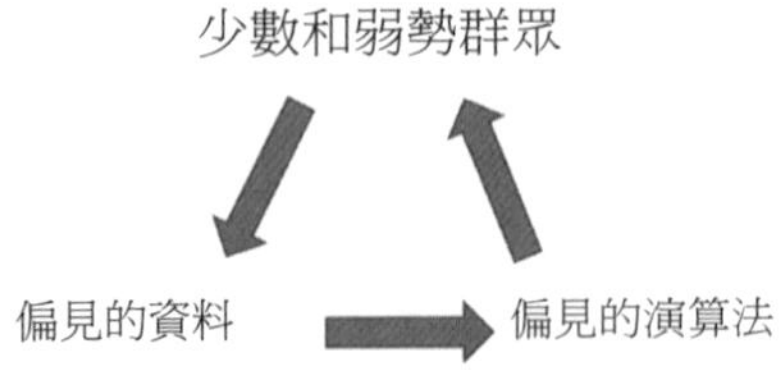

少數和弱勢群眾

偏見的資料　→　偏見的演算法

▲ 圖 4.5　機器學習演算法的有害偏見和不公平性的惡性循環

4.2.1　不公平機器學習的典型實例

　　為了更好地說明機器學習的公平性在人類生活中扮演的重要角色,本節列舉部分典型案例,並討論不公平機器學習對弱勢和少數群眾造成的危害。

1．再犯預判

　　美國法院通常採用替代性制裁犯罪矯正管理剖析軟體(correctional offender management profiling for alternative sanctions,簡稱為 COMPAS)評估被告的再

犯風險,以協助法官做出保釋決定。COMPAS 的輸入資訊包含被告的犯罪記錄、犯罪類型、與社區的聯繫記錄、未能出庭的歷史記錄,以及被告人的其他檔案資訊(例如,種族和年齡等)。然而,據 ProPublica 組織在 2016 年的調查結果顯示(相關資訊見「連結 7」),當兩名被告人的檔案資訊幾乎相同時,非裔美國被告人被 COMPAS 標記為高風險,但實際沒有再次犯罪的機率幾乎是歐裔美國被告人的兩倍;而歐裔美國被告人被標記為低風險,但實際再次犯罪的機率比黑人更高。因為利用被告人的種族資訊評估被告人再犯的風險,COMPAS 的預測演算法是不公平的,剝奪了非裔美國被告人的平等機會和資源。ProPublica 這篇十分具有影響力的報告無疑將 COMPAS 推向了風口浪尖。

2・Google 和臉書的不公平推薦演算法

美國卡內基美隆大學的 Annupam Datta 教授及其同事曾開發了一款名為 Ad Fisher 的軟體,用於記錄使用者在 Google 瀏覽器的行為如何影響 Google 的個性化推薦結果[176]。其中一個實驗是創建多個虛假「求職者」的帳號,並追蹤記錄這些「求職者」在瀏覽同一工作申請網站後,Google 為他們推薦的工作。除性別外,這些求職者擁有完全相同的網路瀏覽行為及其他資訊。然而,Ad Fisher 軟體開發團隊發現,Google 推薦系統為男性求職者推薦高薪工作的機率遠高於女性申請者。無獨有偶,南加州大學的學者在研究中也發現臉書的廣告推薦系統會根據職業工作者中的主流性別而向該性別的求職者以更高的機率推薦該工作(相關資訊見「連結 8」)。在該案例中,Google 和臉書的推薦演算法透過偏見定向(biased targeting)對女性求職者表現出不公平的決策行為。

3・保險定價

汽車保險公司常用的事故理賠評估模型主要透過預測車主的事故發生率進行保險定價[177]。一個奇怪的現象是,保險公司通常會對紅色汽車有較高的保險定價,儘管車主並無任何事故記錄。有報告(相關資訊見「連結 9」)顯示其主要原因是喜歡紅色汽車的人通常具有攻擊性更強的駕駛習慣。所以,攻擊性的駕駛習慣同時導致該車主選擇紅色汽車和被收取高額保險(此時,攻擊性行為是不可見的混淆因數)。那麼,假設某一種族的車主偏愛紅色汽車,事故理賠評估模型會預測該種族的車主有較高的事故發生率,即使該種族的車主並沒有

比其他種族的車主有更多的交通事故。該案例可由因果圖 4.6 說明。混淆因數（即本例中的攻擊性行為）導致了機器學習模型對某一種族車主有不公平的保險定價。

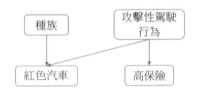

▲ 圖 4.6 保險定價的因果圖

其他類似的案例在日常生活中並不少見。例如，人工智慧系統在預測選美大賽冠軍時更偏向選擇淺色皮膚的參賽選手（相關資訊見「連結 10」）；尼康數位相機裡的人臉辨識軟體經常會將微笑的亞洲人預測為在眨眼睛（相關資訊見「連結 11」）；在美國新冠疫苗研製完成初期，史丹佛大學開發的疫苗分配演算法預測高齡人應優於新冠最前線工作者接受第一批疫苗的接種（相關資訊見「連結 12」）；在金融領域，美國消費者金融保護局在 2015 年的報告（相關資訊見「連結 13」）中顯示，有近 20% 的美國成人的信用記錄是空白的，而且大多數來自少數群眾，例如非裔和拉丁美裔美國人。訓練資料的極度不平衡導致銀行自動借貸系統對少數族裔申請者的信用值做出不公平的評估。2019 年，一項基於 320 萬美金的按揭申請和 1 千萬美金的再融資申請的研究曾轟動一時。該報告顯示，非裔和拉丁美裔美國人不僅會有更高的借貸拒絕率，而且同時被要求以更高的按揭利率償還貸款 [178]。

上述典型案例清晰地顯示了不公平機器學習對人類社會造成的危害和負面影響。所以對可信機器學習和負責任人工智慧的研究任重道遠。

4.2.2 機器學習不公平的原因

造成機器學習不公平的原因存在於機器學習生命週期的各方面，如資料處理、模型建立、模型評估、模型部署和生產應用等。本章引言中著重討論了資料中的偏差主要來自人類歷史偏差。在再犯預判案例中，量刑、假釋，以及審前釋放等決策都有可能受到個人偏見的影響。機器學習演算法學習到存在有害偏差的規律後會做出不公平的決策。

本節將進一步對造成不公平的機器學習的主要原因進行討論。針對機器學習公平性研究和偏差來源的詳細闡述可閱讀文獻 [139]。

1 · 形式化

機器學習演算法主要包含四大組成部分：資料、標籤、損失函數和評估標準。

首先，在對每個部分進行形式化（即將資料、標籤等轉化成機器可以理解的輸入）的過程中，可能會遺漏它們所處的環境和歷史背景。例如，在將原始資料轉化為數值屬性向量時，通常會忽略這些資料產生時的環境，比如，是誰產生的資料、在哪裡產生的、主要用途有哪些。所以，前置處理後的資料往往不包含任何重要的背景資訊。其次，資料的標注也是引入偏見的重要來源之一。例如，不同的標注工作者對標注種類的定義可能會不同。一項針對網路霸淩標記的研究表示，受害者和協力廠商標注工作者對同一組資料標注的結果大相徑庭，其中正標籤（也就是霸淩）在受害者標注的結果中所占比例遠高於協力廠商工作者[179]。除了個人偏見，對標注標準的不同定義也會產生不同的標注結果；即使存在一套清晰明確的標準，我們也無法保證標注者嚴格遵循或者準確理解這些標準。所以，模型訓練中用到的標籤並不是理想的基準標籤，而是近似的代理標籤。損失函數的形式化則可能會存在過度簡化的問題：幾乎所有的損失函數都是以最大化利益或者最小化損失為（唯一）目標的。最佳化結果則有可能是滿足既定目標但帶有偏見的解。類似的問題也存在於評估標準的形式化過程中，比如不合理地使用基準評估資料和指標會在決策中引入偏見。

2 · 資料偏差

機器學習不公平性最重要的原因是資料的偏差，而造成資料偏差的主要原因是人類歷史偏差。

首先，輸入資料可能是有偏差的（skewed），隨著時間流逝，這些偏差會逐漸累積和放大。例如，員警會更頻繁地巡視犯罪率高的地區，導致記錄中該地區的犯罪率高於其他實際犯罪率很高但被員警較少巡視的地區。所以，用這種有偏資料訓練的預測系統對被員警較少關注的地區會產生「有利」偏見。

其次，資料中存在帶有人類固有偏見的樣本。比如，一個基於管理者就職標準的自動簡歷篩選系統會篩選出符合該管理者標準的職位申請者而非有能力的申請者。一篇詞向量偏見研究的里程碑工作[180] 曾指出，在 Google 新聞資料上訓練的詞向量存在性別歧視。例如，程式設計師的詞向量更靠近男性詞向量（比如「他」和「男人」），而家庭主婦（夫）更靠近女性詞向量（比如「她」和「女人」）。第三個造成資料偏差的原因為有限的特徵，尤其是少數群眾的特徵。由於搜集少數群眾的資料相對多數群眾更加困難，導致資料中少數群眾的樣本數量小、可提取的特徵數量少，已有特徵的資訊也不一定完整。另外，現實世界的資料往往是不均衡的，主要表現為大部分的樣本來自多數群眾，只有很小一部分來自少數群眾。

最後，不同特徵之間是相關的，即使將敏感屬性，例如性別和種族從特徵中排除，訓練資料中依然可能存在與這些敏感屬性高度相關的代理特徵。一個典型的例子是居住地區一般和種族資訊緊密相關。

3 · 自動化和演算法偏見

自動化偏見指人類更依賴於人工智慧系統預測的結果做出決策，儘管這些結果和先驗知識相互矛盾。這種偏見是人工智慧系統的不公平性的傳播器和放大器。演算法偏見則是由演算法本身額外引入的偏見。透過對帶有偏見的輸入資料（例如樣本數量不均衡的資料）的學習，演算法可能會捕捉到一些在資料中常見但帶有偏見的規律，然後利用這些規律做出決策，從而成為帶有偏見的預測系統。例如，由於現存資料中大部分就職 的軟體工程師為男性，則在預測某位女性申請者是否為適合軟體工程師的職務時，自動化人工智慧就職 系統可能會利用性別資訊而非相關特徵，比如「工作經歷」、「程式設計技能」、「學位」和「參與過的項目」進行決策。演算法偏見是人工智慧系統中一類系統的、可重複性的錯誤，它會放大、操作化甚至合法化機構偏見（institutional bias；也被稱為系統偏見，systematic bias）[137]。

4．因果偏差

當機器學習演算法將相關關係誤用為因果關係或者對因果關係建立不合理時，則會產生因果偏差。在保險定價的案例中，司機的攻擊性駕駛行為是紅色汽車和高額保險的共同原因，導致紅色汽車和高額保險之間虛假的相關關係。由於種族資訊也會部分影響汽車顏色的選擇，事故理賠評估模型則會預判該種族的車主屬於高風險人群，保險公司則會向其收取高額汽車保險。正是因為保險公司忽視了種族、汽車顏色和攻擊性駕駛行為之間的因果關係，其在建構機器學習模型時才引入因果偏差。

需要注意的是，不同的偏差並不是孤立存在的，它們可以是相關的，甚至進一步產生交叉性偏差（intersectional bias）。例如，黑人女性面臨的某些歧視可能既不是因其種族差異（假如沒有歧視黑人的現象），也不是因其性別差異（假如沒有歧視白人婦女的行為），但卻由兩個因素的結合產生。因此，在機器學習的整個生命週期中，需要同時重視某一類偏差以及偏差之間的相互影響和交叉性，從而提供針對性的解決方案。

4.2.3 基於相關關係的公平性定義

本節介紹傳統的機器學習領域對公平性的定義。這裡「傳統的」公平性是基於相關關係的。該領域當前最具挑戰的問題之一是如何使用數學運算式準確地定義公平性。這背後的主要原因是公平性是一個具有社會性的概念，與人類文化、背景，以及社會環境緊密相連。任何脫離了對環境考慮的公平性的研究都是無意義的。因此，目前學術界對公平性的定義隨著機器學習演算法任務的不同而改變，很難確定一種廣泛適用的定義。

目前常用的公平性定義大致可分為三類[181]：意識公平性、統計公平性和因果公平性。美國聯邦法令定義的敏感屬性包括種族、宗教、國籍、年齡、性別、懷孕、家庭狀況、殘障人身份、退伍軍人身份和遺傳信息。根據演算法是否使用敏感屬性，可進一步將意識公平性分為有意識公平性（fairness through awareness）和無意識公平性（fairness through unawareness）。當敏感屬性被用於條件機率時，可將公平性分為以頻率統計為基礎的統計公平和以貝氏統計為基礎的因果公平。下面討論意識公平性和統計公平性。

1‧意識公平性

　　意識公平性的考量在於是否顯性地使用敏感屬性以實現機器學習的公平性，即是否將敏感屬性用於模型的訓練和預測過程。

　　首先定義 $\mathcal{Y}$ 為輸出空間，$\hat{Y}$ 為預測輸出，$\mathcal{X}$ 為非敏感屬性集合，$\mathcal{A}$ 為敏感屬性集合，$f(\cdot)$ 為機器學習演算法。無意識公平性演算法在決策過程中隱性地使用任何敏感屬性，即 $\hat{y}=f(x,a)=f(x)$。這類公平性定義的問題在於它忽略了非敏感屬性中可能存在與敏感屬性高度連結的特徵（例如種族居住地區高度相關）。當這些非敏感屬性被用於訓練模型時，模型的輸出仍然可能帶有偏見。有意識公平性 [182]（也稱為個體公平性，individual fairness）演算法要求相似的個體得到相似的決策結果，即如果兩個個體在某種相似性指標下距離相近，那麼演算法對這兩者做出的預測應該相似。其數學表達如式（4.21）所示：

$$D\big(f(x,a),f(x',a')\big)\leqslant d\big((x,a),(x',a')\big) \tag{4.21}$$

　　其中，$D(\cdot)$ 和 $d(\cdot)$ 分別表示在輸入和輸出空間的距離度量。有意識公平性的主要困難在於如何在特定任務下選擇合適的距離度量標準。

2‧統計公平性

　　統計公平性要求弱勢、少數群眾受到的待遇與非弱勢群眾或者整個群眾相似，所以，它屬於群眾公平性（group fairness）。在再犯預判案例中，ProPublica 對比了 COMPAS 對非裔美國人被告群眾和歐裔美國人被告群眾的預判結果，結果顯示這兩者的假陽率和假陰率差別較大，即非裔美國人被告群眾實際不再犯罪，卻被預測為高風險的機率明顯高於歐裔美國人被告群眾，而後者再犯，卻被預測為低風險的機率明顯高於前者。統計公平性的優勢在於對資料無額外假設，而且易於驗證。現有的基於相關性的公平性的研究可分為基本率統計公平、精度統計公平和校準統計公平 [183]。

（1）基本率統計公平。

假設一個二元的敏感屬性變數 $a \in \{0,1\}$（例如性別），基本率統計公平要求不同群眾輸出的分佈差異滿足式（4.22）：

$$|\ln \frac{P(Y = \hat{y}|a = 0)}{P(Y = \hat{y}|a = 1)}| \leqslant \delta \tag{4.22}$$

其中，$\delta \geq 0$ 表示對差異的容忍度。一個主流的基本率統計公平的指標為統計均等（statistical parity 或 demographic parity）[182]，其數學定義為 $P(\hat{y}|a=0)=P(\hat{y}|a=1)$，表示預測結果 $\hat{y}$ 在任何情況下均獨立於敏感屬性，即弱勢群眾（例如非裔美國人群眾）中的個體獲得相同輸出預測結果的機率應該和其他群眾相同。在實際應用中，絕對相等幾乎是不可能達到的。常用的兩種近似形式如式（4.23）和式（4.24）所示：

$$\frac{P(Y = \hat{y}|a = 0)}{P(Y = \hat{y}|a = 1)} \geqslant 1 - \epsilon_1, \quad \epsilon_1 \in [0,1] \tag{4.23}$$

$$|P(\hat{y}|a = 0) - P(\hat{y}|a = 1)| \leqslant \epsilon_2, \quad \epsilon_2 \in [0,1] \tag{4.24}$$

其中，ϵ_1 和 ϵ_2 代表近似控制參數。統計均等是最簡單的公平性指標，該定義的主要缺陷有兩點：

第一，統計均等並不能保證公平性。如果模型預測一個群眾為合格的機率高於另一個群眾，統計均等則會要求模型偏向選擇該群眾中不合格的個體而遺漏另一個群眾中合格的個體，以達到演算法公平性。我們稱之為統計均等的惰性。

第二，統計均等會降低模型預測的準確性，尤其是在敏感屬性對預測的準確性十分重要的情況下。例如，性別是對預測人們有購買意向的產品非常有價值的資訊，然而受限於統計均等的定義，模型無法將性別資訊用於預測。所以，統計均等和機器學習的根本目標在本質上是相互衝突的。一個公平且準確性高的模型不一定滿足統計公平。

（2）精度統計公平。

該公平性定義取決於模型對每個群眾輸出結果的錯誤率和正確率的差異，且對任意 y，該差異需要滿足式（4.25）：

$$|\ln\frac{P(Y=\hat{y}|a=0,Y=y)}{P(Y=\hat{y}|a=1,Y=y)}|\leqslant\delta \quad \forall y \tag{4.25}$$

幾種主流的精度統計公平指標有機率均等（equalized odds/positive rate parity）、機會均等（equal opportunity/true positive rate parity）和待遇均等（treatment equality）。

在給定標籤 y 時，如果預測結果 $\hat{y}$ 和敏感屬性 a 條件獨立，那麼 $\hat{y}$ 滿足關於 a 和 y 的機率均等 [184]，如式（4.26）所示：

$$P(\hat{y}=1|a=0,y)=P(\hat{y}=1|a=1,y) \quad \forall y \tag{4.26}$$

機率均等要求模型對不同群眾輸出結果的假陽率和真陽率（true positive rate，TPR）相等。它的弱化形式為準確性均等（accuracy parity），其數學定義如式（2.27）所示：

$$P(\hat{y}=y|a=0)=P(\hat{y}=y|a=1) \quad \forall y \tag{4.27}$$

準確性均等能極佳地克服統計均等的兩點缺陷，但是它會鼓勵模型透過選擇非弱勢群眾中的不合格個體忽略弱勢群眾中的合格個體，以達到公平性，即透過增加弱勢群眾的假陰性提高非弱勢群眾的假陽性。

機會均等要求模型對不同群眾的真陽率是相等的。其數學定義如式（4.28）所示：

$$P(\hat{y}=1|a=0,y=1)=P(\hat{y}=1|a=1,y=1) \tag{4.28}$$

它適用於以真陽率為重心的應用。例如，當機器學習模型用於應徵，一個機會均等模型的預測結果中實際合格的申請者在不同群眾中的占比應相同。該公平性定義的缺陷在於它會不斷擴大不同群眾間的差異。

與機會均等的分析思路類似，待遇均等要求模型對不同群眾輸出結果的假陰率和假陽率相等。其數學定義如式（4.29）所示：

$$\begin{cases} P(\hat{y}=0|a=0,y=1) = P(\hat{y}=0|a=1,y=1) \\ P(\hat{y}=1|a=0,y=0) = P(\hat{y}=1|a=1,y=0) \end{cases} \tag{4.29}$$

（3）校準統計公平。

該公平性定義度量模型對每個群眾輸出結果的置信度的差異。該差異應滿足式（4.30）：

$$|\ln \frac{P(Y=\hat{y}|a=0,Y=\hat{y})}{P(Y=\hat{y}|a=1,Y=\hat{y})}| \leqslant \delta \tag{4.30}$$

校準統計公平的主流指標為測試均等（test fairness/predictive rate parity）[185]。它要求對於任何模型輸出的機率值，不同的群眾被正確地分類到正標籤的機率必須相同。如果標籤 y 和敏感屬性 a 在給定預測結果 $\hat{y}$ 時條件獨立，如式（4.31）所示：

$$P(y=1|a=0,\hat{y}) = P(y=1|a=1,\hat{y}) \tag{4.31}$$

那麼 y 滿足關於 a 和 $\hat{y}$ 的測試均等。

4.2.4 因果推斷對公平性研究的重要性

因果公平性和統計公平性的不同源於相關關係和因果關係的差別，即兩個完全不同的因果結構圖（因果關係）可能會對應相同的聯合分佈（相關關係）。這就可能導致面對兩個不同的資料生成方式，其中一個是公平的，另一個是帶有歧視的，基於相關關係的公平性（例如統計公平）將無法區分這兩個場景。所以，基於相關性標準的公平性的核心問題在於它無法確保機器學習的決策是公平的。那麼，因果推斷對公平性研究的重要性具體表現在哪裡呢？

1 · 辛普森悖論（Simpson's Paradox）

　　下面回顧一下柏克萊大學錄取中性別歧視的案例。1973 年，柏克萊商學院和法學院秋季的招生統計資料整理如表 4.3 所示，結果表示男性錄取率高於女性錄取率。但是，這是否表示柏克萊大學錄取過程存在對女性申請者的歧視呢？我們再來看另外兩組資料 [186]，如表 4.4 和表 4.5 所示。出乎意料的是，當我們對每個學院的錄取率進行分析時，女性申請者的錄取率反而均高於男性申請者。這就是著名的辛普森悖論，由英國統計學家 E.H. 辛普森於 1951 年提出，即在某個條件下對資料進行分組，每組資料裡呈現的趨勢與分組前整體資料呈現的趨勢相反。辛普森悖論的原因通常存在混淆因數，例如，上述實例中的學院類別。因此，如果使用上述基於相關關係的公平性定義來分析該案例，可能會得到與基於因果關係的公平性定義完全相反的結論。

→ 表 4.3　柏克萊大學 1973 年秋季商學院和法學院的招生統計資料整理

性別	錄取	拒收	整體說明	錄取率
男性	209	95	304	68.8%
女性	143	110	253	56.5%

→ 表 4.4　柏克萊大學 1973 年秋季法學院的招生統計資料整理

性別	錄取	拒收	整體說明	錄取率
男性	8	45	53	15.1%
女性	51	101	152	33.6%

→ 表 4.5　柏克萊大學 1973 年秋季商學院的招生統計資料整理

性別	錄取	拒收	整體說明	錄取率
男性	201	50	251	80.1%
女性	92	9	101	91.1%

　　需要注意的是，我們並不能因此斷定該學校招生過程中性別歧視是完全不存在的。在該案例中，辛普森悖論的發生主要有以下兩個原因。

　　第一，兩個學院的錄取率存在很大差距：法學院錄取率低，商學院錄取率高。另外，法學院的女性申請者更多，而商學院的男性申請者更多。

　　第二，存在其他因素的影響，比如申請者的入學成績和教育背景。在人類社會長期存在的性別歧視可能導致更多女性選擇申請競爭力更大的法學專業[186]。儘管在文獻 [186] 的研究中並沒有清晰地描述因果模型，但控制學院類別實際上是在控制因果關係中的混淆因數。對辛普森悖論詳細的因果研究可參考文獻 [5]。

2．選擇偏差

　　機器學習的不公平性也源於資料搜集和採樣過程中的選擇偏差。例如，員警更頻繁地巡視犯罪率高的地區，從而導致產生更多的有偏資料，最終形成不公平的反饋回路。該案例中資料的搜集是存在選擇偏差的，即在資源有限的情況下，員警會選擇犯罪率高的地區，導致資料中大部分樣本來自該地區。假設存在一個代表選擇的變數 Selected，那麼所有的觀測資料都滿足"Selected=True"。地區 R 和犯罪率 C 的關係可表示為式（4.32）的形式：

$$P(C = \text{High}|R = r, \text{Selected} = \text{True}) > P$$
$$(C = \text{High}|R = r', \text{Selected} = \text{True}) \tag{4.32}$$

　　然而，我們無法透過觀測資料推測如式（4.33）所示的關係：

$$P\big(C = \text{High}|R = r, \text{do}(\text{Selected} = \text{False})\big) > P$$
$$\big(C = \text{High}|R = r', \text{do}(\text{Selected} = \text{False})\big) \tag{4.33}$$

　　即無法知道員警選擇犯罪率更低的地區後的結果。一種解決方案是利用因果推斷中的干預模型。

3．公平性需要干預

　　干預要求我們有明確的結構因果關係圖（後面將會介紹基於因果圖的公平性實例），然後對不同變數之間的因果關係進行建模。對機器學習演算法附加公平性約束實際上也是在對輸出結果 $\hat{Y}$ 進行干預的過程。透過結構因果關係圖，

可以明確與 $\hat{Y}$ 有因果關係的變數。這不僅有助於我們明確導致輸出結果有偏差的變數，也能對該偏差的輸出結果可能造成的影響進行分析。除了對輸出結果的干預，我們也可以將「干預」應用於機器學習系統的任何一個環節，例如，資料搜集、模型訓練、接收回饋、做決策等，因為這些環節都由設定的因果假設和結果驅動。需要說明的是，透過干預去破壞敏感屬性與預測結果之間的因果聯繫只是針對公平性問題的其中一種解決方案，而且這種方案仍然是以預測為主要目標的。理想的公平性定義應該保證敏感屬性 A 和結果 Y 之間不存在任何因果路徑。因此，從預測的角度進行的因果干預是否能達到這種理想的公平性仍然是有待考證的。

4.2.5　因果公平性定義

與統計公平對比，因果公平性不僅由觀察資料（observing）驅動，它還要求因果假設和因果圖，從而實現干預（intervening）和反事實想像（imagining）。目前涉及因果公平性的主要方法為基於 do 操作的干預。

下面介紹主要的數學符號：模型在 do(a=0) 的干預下預測結果為 $\hat{Y}_{a=0}$，在 do(a=1) 的干預下，結果為 $\hat{Y}_{a=1}$；某個個體 i 的預測結果包括 $\hat{Y}^i_{a=1}$ 和 $\hat{Y}^i_{a=0}$；π 表示指定的因果路徑，R 表示 A 的代理變數（proxies。例如，地區和名字可能是種族的代理變數），其取值空間為 $\mathcal{R}$。本節介紹的因果公平性定義的複習如表 4.6 表示。

➜ 表 4.6 因果公平性定義的複習

定義		個體 / 群眾	文獻	公式	因果框架	優勢	挑戰
基於干預	純干預公平	群眾	[187]	$P(\hat{y}_{a=0}) = P(\hat{y}_{a=1})$	因果結構圖	可解釋	依賴因果圖；無法保證個體公平
	無代理歧視	群眾	[187]	$P(Y \vert do(R=r)) = P(Y \vert do(R=r'))$	因果結構圖	可解釋；可以保留受保護屬性帶來的合理差異	依賴因果圖；無法保證個體公平
	FACE	群眾	[188]	$\mathbb{E}[\hat{Y}^i_{a=1} - \hat{Y}^i_{a=0}] = 0$	潛在結果	可解釋；無須證明可辨識性	無法保證個體公平
基於反事實	反事實公平	個體	[177]	$P(\hat{y}_{a=0} \vert \boldsymbol{x}, a) = P(\hat{y}_{a=1} \vert \boldsymbol{x}, a)$	因果結構圖	可解釋；適用於不同細微性的公平性	依賴因果圖；不可辨識性（unid-entification）
	基於特定路徑的反事實公平	個體	[187]	$P(\hat{y}_{a=1} \vert \boldsymbol{x}, a, \pi) = P(\hat{y}_{a=0} \vert \boldsymbol{x}, a, \pi)$	\$ 因果結構圖	可解釋；可以保留受保護屬性帶來的合理差異	依賴因果圖；不可辨識性
	自然直接效應	群眾	[189]	$P(y_{a=1}, z_{a=0}) - P(y_{a=0}) = 0$	因果結構圖	可解釋	依賴因果圖；無法保證個體公平
	自然間接效應	群眾	[189]	$P(y_{a=0}, z_{a=1}) - P(y_{a=0}) = 0$	因果結構圖	可解釋	依賴因果圖；無法保證個體公平
	基於特定路徑效應	群眾	[5]	$P(y_{a=1} \vert \pi, y_{a=0} \vert \overline{\pi}) - P(y_{a=0}) = 0$	因果結構圖	可解釋；可以保留受保護屬性帶來的合理差異	依賴因果圖；無法保證個體公平
	FACT	群眾	[188]	$\mathbb{E}[\hat{Y}^i_{a=1} - \hat{Y}^i_{a=0} \vert A_i = 1] = 0$	潛在結果	可解釋；無須證明可辨識性	無法保證個體公平
僅基於因果圖	無解決歧視	群眾	[187]	-	因果結構圖	可解釋；可以保留受保護屬性帶來的合理差異	依賴因果圖；無法保證個體公平；無數學定義

1・反事實公平

基於反事實思維的公平性定義最早由 Kushner 等人 [177] 提出。如果模型輸出結果 $\hat{y}$ 滿足式（4.44）：

$$P(\hat{y}_{a=0}|\boldsymbol{x},a) = P(\hat{y}_{a=1}|\boldsymbol{x},a) \qquad (4.44)$$

那麼，該模型滿足反事實公平。反事實公平的思想簡單明瞭：在所有其他變數都相同的情況下，如果一個決策與一個在敏感屬性值不同的反事實世界中所採取的決策一致，那麼該決策對於個體是公平的。在實際應用中，這表示可以利用系統中觀測到的任何不是由敏感屬性導致的變數（也就是因果圖中沒有任何從敏感屬性到該變數的路徑）來預測結果。該定義要求同一個個體的輸出結果在現實世界和反事實世界中分佈的差異應滿足式（4.45）：

$$\ln\frac{P(Y = \hat{y}_{a=1}|\boldsymbol{x},a)}{P(Y = \hat{y}_{a=0}|\boldsymbol{x},a)}| \leqslant \delta \qquad (4.45)$$

例如，前述被告人再犯案例中，反事實公平要求「如果某非裔美國被告人成為歐裔美國被告人，模型預測他（她）再犯風險應與之前相同」。反事實公平的優勢在於可以對同一個個體比較模型對其在不同敏感屬性值下的輸出結果。其主要缺點在於需要明確的因果圖，因果圖的不唯一性導致反事實公平有不可證實性。

2・基於特定路徑的反事實公平（PSCF）

Kushner 等人提出的反事實公平性考慮的是敏感屬性對輸出結果的整體影響。這個定義在某些情形下是存在問題的。例如，柏克萊大學錄取案例中並不是學校做出的決策對女性有歧視，而是相比於男性申請者，女性申請者更多地選擇競爭力更大的法學院。Kushner 等人定義的反事實公平則無法區分這一點。繼而有學者提出了基於特定路徑的反事實公平 [187,190-192]。這裡的路徑指的是在因果圖中，敏感屬性 A 和輸出 Y 之間可能存在公平路徑和不公平路徑。基於特定路徑的反事實公平則要求個體在不公平路徑上的預測結果與反事實中的預測結果相同。

如圖 4.7 所示，假設 A 為性別變數，Y 為錄取率，X_1 為受性別影響的變數（例如，柏克萊學院基金來源），X_2 為學院選擇，那麼圖 4.7 中有兩條路徑是不公平的，即 $A \to X_1 \to \hat{Y}$ 和 $A \to \hat{Y}$。前者為間接性別歧視（indirect gender discrimination），後者為直接性別歧視（direct gender discrimination）。$A \to X_2 \to \hat{Y}$ 是公平路徑，因為它源於申請者的自由意願。所以，在基於特定路徑的反事實公平下，要求式 (4.46) 成立：

$$P(\hat{Y}(a', X_1(a', X_2(a)), X_2(a)|X_1 = x_1, X_2 = x_2, A = a) =$$
$$P(\hat{Y}(a, X_1(a, X_2(a)), X_2(a)|X_1 = x_1, X_2 = x_2, A = a)$$
(4.46)

該定義度量同一個個體在不同路徑下的輸出結果在現實世界和反事實世界中分佈的差異，該差異應滿足式（4.47）：

$$|\ln \frac{P(Y = \hat{y}_{a=1}|\boldsymbol{x}, a, \pi)}{P(Y = \hat{y}_{a=0}|\boldsymbol{x}, a, \pi)}| \leqslant \delta$$
(4.47)

其中，π 代表保護屬性 A 到結果 Y 的一條因果路徑。

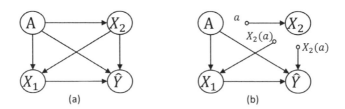

▲ 圖 4.7 (a) 一個在敏感屬性和預測結果之間存在不同路徑的因果圖；
(b) $A \to X_2 \to \hat{Y}$ 是公平路徑，$A \to X_1 \to \hat{Y}$ 和 $A \to \hat{Y}$ 是不公平路徑

3 · 純干預公平

基於反事實的公平性是定義在個體層面的，則需要對個體的保護屬性（例如性別）進行干預，這在實際應用中顯然是很難實現的。因此，有研究提出在干預分佈（$P(\hat{Y}|\text{do}(A=a), \boldsymbol{X}=\boldsymbol{x})$）上定義公平約束，即純干預公平 [187]。該約束定義如式（4.48）所示：

$$P(\hat{y}_{a=0}) = P(\hat{y}_{a=1})$$
(4.48)

對同一群眾，純干預公平要求干預前和干預後模型的輸出結果分佈的差異滿足式（4.49）：

$$|\ln \frac{P(Y = \hat{y}_{a=1})}{P(Y = \hat{y}_{a=0})}| \leqslant \delta \qquad (4.49)$$

純干預公平通常比較簡單、直觀且容易實現。它的主要缺點在於它屬於群眾公平性定義，所以一個滿足純干預公平的模型可能在個體層面是帶有歧視性的。

4 · 直接歧視和間接歧視

直接歧視和間接歧視也存在於群眾層面，可以透過因果中介效應來理解。在柏克萊大學招生案例中，性別對錄取率有直接和間接影響，分別導致直接和間接的性別歧視。如圖 4.8 所示，$A \rightarrow X_1 \rightarrow \hat{Y}$ 代表性別透過中介因數對錄取的間接影響，$A \rightarrow \hat{Y}$ 代表直接影響。變數 X_1 被稱為敏感屬性的代理屬性（或紅線屬性）。$A \rightarrow X_2 \rightarrow \hat{Y}$ 表示不同性別的申請者對學院的選擇不同，可被詮釋為性別對錄取率的可解釋性影響。

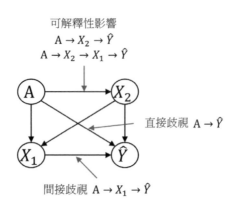

▲ 圖 4.8　柏克萊招生案例的因果圖，其中 $A \rightarrow X_2 \rightarrow \hat{Y}$ 是性別透過學院選擇對錄取率的可解釋性影響，$A \rightarrow X_1 \rightarrow \hat{Y}$ 代表間接歧視，$A \rightarrow \hat{Y}$ 代表直接歧視

自然直接效應（NDE）[189]通常用來度量直接歧視，其定義如式（4.50）所示：

$$\text{NDE}_{a=1,a=0}(y) = P(y_{a=1}, z_{a=0}) - P(y_{a=0}) \tag{4.50}$$

其中，Z 表示中介變數的集合。也就是說，A 在路徑 $A \to Y$ 上被給予值為 1，而在其他所有間接影響的路徑上為 0。自然間接效應（NIE）[189]描述 A 對 Y 的間接效應，其定義如式（4.51）所示：

$$\text{NIE}_{a=1,a=0}(y) = P(y_{a=0}, z_{a=1}) - P(y_{a=0}) \tag{4.51}$$

由於 NIE 無法區分可解釋性影響和間接歧視，就需要用到更加詳盡的基於特定路徑的效應（path-specific effect，PSE）[5]。給定一個特定的路徑 π，基於 π 的效應可定義為式（4.52）：

$$\text{PSE}_{a=1,a=0}^{\pi}(y) = P\left(y_{a=1|\pi, y_{a=0|\overline{\pi}}}\right) - P(y_{a=0}) \tag{4.52}$$

其中，干預後的敏感屬性對結果的影響透過 π 傳播，而未干預的影響透過 π 以外的路徑（即 $\overline{\pi}$）傳播。

基於直接歧視和間接歧視提出的其他公平性定義還包含尚未解決的歧視（no unresolved discrimination）和無代理歧視（no proxy discrimination）[187]。如果因果圖中不存在任何 A 到 Y 的路徑（可解釋性影響的路徑除外），那麼滿足尚未解決的歧視。代理歧視表示從 A 到 Y 的路徑中存在一個 A 的代理屬性，例如，圖 4.8 中的 X_1。代理屬性是先驗的 A 的後代。對 R 的干預通常比直接對 A 進行干預更加可行。所以無代理歧視要求對任何代理屬性 R 滿足式（4.53）：

$$P\big(Y|\text{do}(R=r)\big) = P\big(Y|\text{do}(R=r')\big) \quad r, r' \in \mathcal{R} \tag{4.53}$$

無未解決歧視關注直接歧視和間接歧視，而無代理歧視偏重間接歧視。

5 · 基於平均因果效應和實驗組平均因果效應的公平性

　　與上述基於結構因果圖的因果公平性定義不同，下面介紹的因果公平性是基於潛在結果框架的。其關注的是敏感屬性對預測結果在群眾水準的整體影響，可分為基於平均因果效應的公平性（fairness on average causal effect，FACE）和基於實驗組平均因果效應的公平性（fairness on average causal effect on the treated，FACT）[188]。類似於 ATE 和 ATT 的區別，FACE 關注的是整個群眾（例如，柏克萊的所有申請者），FACT 則偏重於某個子群眾（例如，女性申請者）。FACE 的數學定義如式（4.54）所示：

$$\mathbb{E}\big[\hat{Y}_{a=1}^{i} - \hat{Y}_{a=0}^{i}\big] = 0 \tag{4.54}$$

　　其中，$\mathbb{E}$ 表示某個變數在所有的輸入資料中的期望值。換言之，要滿足 FACE，群眾中所有個體的輸出結果和反事實結果的差異的平均值應為零。FACT 的定義與 FACE 類似，但是只針對某個特定群眾，如式（4.55）所示：

$$\mathbb{E}\big[\hat{Y}_{a=1}^{i} - \hat{Y}_{a=0}^{i} | A_i = 1\big] = 0 \tag{4.55}$$

　　即要滿足 FACT，某個子群眾中所有個體的輸出結果和反事實結果的差異的平均值應為零。

　　綜上所述，因果公平性與統計公平性的區別在於，前者考核的是變數之間的因果關係，後者則依賴於相關關係。所以因果公平性需要明確資料的生成過程。這在實際應用中需要克服兩個困難：

　　第一，因果公平性依賴於因果假設和因果圖。然而，我們既無法保證定義的因果圖的準確性，也無法保證因果假設在當前應用中是被滿足的。實際上，因果假設在大多數情況下是很難被滿足的，例如，不存在任何隱形混淆因數。

　　第二，因果辨識一直是因果推斷中的困難，這在機器學習公平性的應用中更是如此。當因果辨識不成立時，我們就無法透過觀測到的資料推斷干預和反事實的結果。前述的因果公平性的定義中，除了定義在潛在結果框架下的 FACE 和 FACT 是無須證明因果辨識，其他公平性定義都需要有對應的因果辨識，例

如，干預可辨識性、反事實可辨識性和特定路徑效應的可辨識性。對公平性因果辨識感興趣的讀者可以參閱文獻 [193]。

4.2.6　基於因果推斷的公平機器學習

　　機器學習的公平性旨在既保證演算法的準確性，同時要求輸出結果符合某種公平性定義。前面討論的三類公平性則為公平性提升方法的設計提供了理論支撐。根據公平性處理機制（即前置處理、處理中和後處理機制），本節主要從公平表徵任務（fair representation task）、公平建模任務（fair modeling task）和公平決策任務（fair decision-making task）三方面歸納現有因果公平性演算法①。其中公平表徵任務旨在建立公平資料集；公平建模任務建立公平機器學習模型；公平決策任務利用機器學習模型對輸出結果進行公平決策。表 4.7 複習了這三類任務的具體資訊。

→ 表 4.7　三類機器學習公平性任務的複習

任務	目標	輸入	輸出	偏差消除機制
公平表徵任務	資料表徵學習	與任務相關的訓練樣本	公平的合成資料集，公平的特徵	前置處理機制
公平建模任務	演算法模型改進	與任務相關的訓練樣本	公平的機器學習演算法模型	處理中機制
公平決策任務	決策結果調整	訓練樣本和決策結果	公平的決策結果	後處理機制

1·公平表徵任務

　　該任務的主要目標是透過對敏感屬性 A 和 Y 進行特徵變換，從而達到以下目標：提取的特徵 Z 僅僅保留與 A 無關但同時能夠準確預測 Y 的資訊，即 $(X,A) \xrightarrow{g} Z \xrightarrow{f'} Y$。其中，$g$ 將輸入 (X,A) 轉換為特徵 Z，f' 表示以特徵 Z 為輸入的預測模型。換言之，任何基於公平表徵的演算法應對兩個具有相似特徵 Z 的個體做出相似的決策。下面透過 CFGAN 模型 [194] 描述如何使用因果推斷學習公平性表徵。

---

① 每一類任務中都包含有統計公平性演算法，本書主要討論因果公平性。

CFGAN 在 Causal GAN[195] 的基礎上學習變數之間的因果關係，利用生成對抗網路（generative adversarial networks，GAN）達到預測值與反事實世界的預測值相同，從而實現因果公平性。CFGAN 由兩個生成器（G_1,G_2）和兩個判別器（D_1,D_2）組成。G_1 的任務是促使生成的干預資料的分佈和觀測資料的分佈足夠接近；G_2 則確保其生成的干預資料滿足因果公平性定義。這兩個生成器透過共用輸入的雜訊和模型參數形成兩個因果模型的相關性，同時使用不同的子神經網路來表現不同干預的效應。D_1 的目標在於區分生成資料和真實資料；D_2 則負責區分兩個干預分佈（假設敏感屬性是一個二元變數）：do(A=1) 和 do(A=0)。（G_1,G_2）和（D_1,D_2）進行對抗博弈，從而生成公平表徵資料。

2 · 公平建模任務

公平建模任務有兩個目標：保證預測的準確率和提高模型的公平性。給定某種公平性定義，公平建模旨在調整原有演算法 f 以獲得 f'。所以，它適用於決策者對模型有完全控制的情況。目前大多數研究討論的是分類任務的公平建模，下面對一些主要成果進行探討。

用於最佳化反事實公平性的演算法是透過估計隱變數 U（即無法觀測的背景變數）的後驗分佈來減少敏感屬性對預測結果的影響的。假設 $\mathcal{M}$ 為定義的因果結構模型，$\hat{Y}=f_\theta(U,X_{\star A})$ 表示參數為 θ 的預測模型（例如邏輯回歸），其中 $X_{\star A}$ 表示 X 中所有不屬於 A 後代的變數。對樣本容量為 n 的輸入資料，$\mathcal{D}=\{(A_i,X_i,Y_i)\ \forall i=1,2,\cdots,n\}$，則定義式（4.56）所示的經驗損失函數（empirical loss function）：

$$L(\theta) = \frac{1}{n}\sum_{i=1}^{n}\mathbb{E}\left[l(y_i,f_\theta(U,X_{\star A}))|x_i,a_i\right] \tag{4.56}$$

其中，$\mathbb{E}$ 為對每一個 $U_i \sim P_\mathcal{M}(U|x_i,a_i)$ 的期望。$P_\mathcal{M}(U|x_i,a_i)$ 表示隱變數在因果模型 $\mathcal{M}$ 下的條件分佈。通常可以使用馬可夫鏈蒙地卡羅（MCMC）來獲得 U 的近似期望值。給一個新樣本 (a^*,x^*)，其反事實公平化的預測結果為 $\tilde{Y}=\mathbb{E}[\hat{Y}(U^*,x^*_{\star A})|a^*,x^*]$。

對反事實公平性演算法的改進有 PSCF 演算法 [192]（即修正敏感屬性的後代變數在不公平路徑上的觀測值，從而實現特定路徑反事實公平）、multi-world fairness 演算法 [196]（透過結合多個可能的因果模型做出近似公平的預測，從而解決反事實公平中難以度量和因果模型不唯一的問題），以及 PC-fairness 演算法 [197]（透過採用回應變數函數以衡量在因果不可辨識情況下的特定路徑的反事實效應，進一步舉出特定路徑反事實效應的緊確界）。

3．公平決策任務

在決策任務中，因果公平性的目標是確保機器學習演算法輸出結果對每個群眾都是公平的，即 $(\boldsymbol{X}, A, \hat{Y}) \xrightarrow{h} \tilde{Y}$。其中，$h$ 表示輸入到輸出的變換方程式，$\tilde{Y}$ 表示符合某種公平定義的輸出結果。目前對公平決策的因果公平性研究主要集中在分類任務中，這裡以 CF 演算法 [198] 為例進行說明。

CF 演算法是以解決反事實公平性演算法 [177] 的不可辨識性問題為目標的一種後處理機制演算法。反事實公平的困難在於計算 $P(\hat{y}_a \mid a', \boldsymbol{x})$，因為該反事實分佈無法直接從現實世界中觀測（對應地，$P(\hat{y}_a \mid a, \boldsymbol{x})$ 是可以透過觀測資料得到的，因為我們並沒有對其敏感屬性進行人為干預）。CF 首先利用 C 成分分解演算法 [199] 找到反事實公平度量中不可辨識的項，然後舉出判定該反事實公平度量是否可辨識的基準。CF 進而推導適用於 $P(\hat{y}_a \mid a', \boldsymbol{x})$ 可辨識和不可辨識情形下的上下界。最後，CF 利用該上下界實現讓任何分類器都能達到反事實公平，所以 CF 是後處理機制方法。該方法將反事實公平的原本定義拓展為 τ- 反事實公平，即給定設定值 τ，一個分類器 $f:\boldsymbol{X}, A \to \hat{Y}$ 滿足反事實公平，如果滿足條件式（4.57）：

$$|\mathrm{DE}(\hat{y}_{a^+ \to a^-} \mid \boldsymbol{x})| \leqslant \tau \tag{4.57}$$

其中，$\mathrm{DE}(\hat{y}_{a^+ \to a^-} \mid \boldsymbol{x}) = P(\hat{y}_{a^+} \mid a^-, \boldsymbol{x}) - P(\hat{y}_{a^-}) \mid a^-, \boldsymbol{x})$ 這個因果效應能夠度量分類器對某一特定群眾（由 $\boldsymbol{x}$ 定義）的不公平性。其定義為分類器對該群眾在反事實世界（即將 a^- 轉換為 a^+）和現實世界（即 a^-）正決策率（positive decision rate）的差值。在 τ- 反事實公平定義下，CF 旨在學習一個輸出公平決策 $\tilde{Y}$ 的映射方程式 $P\left(\tilde{Y} \mid \hat{y}, \mathrm{pa}(\hat{Y})_{\mathcal{G}}\right)$，其中 $\mathrm{pa}(\hat{Y})_{\mathcal{G}}$ 表示已知因果圖 $\mathcal{G}$ 中 $\hat{Y}$ 的父節點。給定

資料集 $\mathcal{D}$ 和分類器的輸出結果 $\hat{Y}$，可透過最佳化如式（4.58）所示的損失函數學習 $P\left(\tilde{Y}|\hat{y},\mathrm{pa}(\hat{Y})_{\mathcal{G}}\right)$：

$$\begin{cases} \min \mathbb{E}\left[\ell\left(Y,\tilde{Y}\right)\right] \\ s.t. \ 對任意\boldsymbol{x}: \\ \mathrm{ub}\left(\mathrm{DE}(\hat{y}_{a^-\to a^+}|\boldsymbol{x})\right)\geqslant\tau, \quad \mathrm{lb}\left(\mathrm{DE}(\hat{y}_{a^+\to a^-}|\boldsymbol{x})\right)\geqslant-\tau \\ \sum_{\tilde{y}} P\left(\tilde{y}|\hat{y},\mathrm{pa}(\hat{Y})_{\mathcal{G}}\right)=1, \ 0\leqslant P\left(\tilde{y}|\hat{y},\mathrm{pa}(\hat{Y})_{\mathcal{G}}\right)\leqslant 1 \end{cases} \tag{4.58}$$

其中，$\ell\left(Y,\tilde{Y}\right)$ 是 0-1 損失函數，lb 和 ub 分別對應下界和上界。式（4.58）表示當不公平度量 DE$(\cdot)$ 約束於一定範圍時，可以透過最小化公平預測和真實標籤的誤差實現分類器的 τ- 反事實公平。

綜上所述，本節介紹了因果公平性在公平表徵任務、公平建模任務和公平決策任務的相關工作。公平表徵旨在學習與敏感屬性不相關的表徵的同時，保留對目標任務有用的資訊；公平建模任務的關鍵是調整目標函數，從而實現機器學習演算法的公平性和準確性。現有工作主要集中在分類任務；公平決策任務的目標是對已訓練模型的輸出結果進行調整，使其最終的輸出結果滿足公平性定義。目前對這類任務研究還相對較少。

公平性是一個極具挑戰和複雜性的社會問題，它涉及的領域有各方面，例如，司法、社會學、政治等。因此，機器學習的公平性並不能簡單地等於定義一個目標函數，然後透過最佳化演算法輸出所謂「公平」的解決方案。

首先，公平性還沒有一個統一的數學定義和度量方法，當我們使用某種公平指標時，可能正在違反其他定義下的公平指標。例如，在 ProbPublica 於 2016 年發表關於 COMPAS 存在對非裔美國被告的不公平對待的報告後，COMPAS 的創始人回應 COMPAS 並沒有種族歧視，因為在具有相同風險值的條件下，非裔美國被告人和歐裔美國被告人釋放後的再犯率是相同的，即滿足校準公平性（calibration）。

其次，對任何一個模型，要清楚它的「使用說明」，例如，它的用途有哪些、注意事項，以及使用範圍等。COMPAS 被用於判刑而非再犯預判時，同樣表現出不公平性，因此也備受詬病。機器學習模型和公平性都是有局限性的，尤其是我們還無法準確地用數學表達來定義這些目標時，一味地追求預測的準確性或者模型的公平性最終會造成目標和結果的錯配，導致一致性問題（the alignment problem）[200]。因此，要從更高、更廣的角度去看待機器學習和人類社會的關係。

4.3　因果推斷在可信和負責任人工智慧的其他應用

因果推斷與可信和負責任人工智慧是緊密相關的，這一點在前面關於機器學習可解釋性和公平性的介紹中得以表現。不難發現，可解釋性和公平性是相輔相成的：模型可解釋性對公平性研究必不可少，模型公平性也促進了對可解釋性更深層次的探討。同時，從因果關係的層面，這兩者又由相同或相似的因果理論支持。那麼，因果推斷是否還可以運用於負責任人工智慧的其他領域，比如隱私問題？有哪些因果理論和模型會在這些應用中擔當重任呢？下面簡要探討因果推斷在負責任人工智慧中其他領域的應用和未解決的問題。

1・泛化能力

機器學習的泛化能力一直是該領域中十分重要和具有挑戰性的研究課題。隨著因果機器學習的興起，對泛化能力在因果層面的討論在近幾年獲得了廣泛關注。其中一個主要原因是因果關係的本質是具有可遷移性（adaptability）。關於因果推斷和泛化能力較為代表性的研究包括不變因果預測（invariant causal prediction，ICP）[118] 和不變風險最小化（invariant risk minimization，IRM）[85]。前者是基於因果圖的，其主要思想為如果積極干預一些變數或者改變整個環境，因果模型的預測效果比非因果模型的預測效果更好。後者無須因果圖，而依賴於多種訓練資料分佈。其主要思想是虛假相關關係（spurious correlation）在多個不同訓練資料分佈中是不穩定的。

2‧隱私保留

使用者的隱私保護也是負責任人工智慧的一個重要研究方向。越來越多的學術成果表示人工智慧演算法能夠學習和記住使用者的隱私屬性，比如年齡、醫療記錄等 [210]。然而目前學術界對如何利用因果推斷提高隱私保護還知之甚少。考慮到隱私保留和公平性問題在一定程度上相似（例如，都與敏感屬性相關），感興趣的讀者可以從因果公平性的研究出發，設計能幫助保護使用者隱私的因果模型。

3‧長期因果影響

目前大多數對可信和負責任人工智慧的研究探討的是特定時間點或者短期的影響。例如，給定某一特定時間點（段）搜集的資料，現有的可解釋性模型和公平性模型輸出的是該時間點（段）哪些屬性負責於模型的決策或者該模型是否公平。然而，人的認知和社會環境是在不斷變化的。當前符合某公平性定義的模型可能在將來某個時刻不再滿足該公平性定義，它甚至會損害弱勢群眾的長期利益。一個典型案例可參見 ICML 2018 最佳論文 [202]。該論文以貸款申請為例，討論了公平機器學習模型對弱勢群眾的長期影響，即當我們一味追求某公平性目標而降低對弱勢群眾的貸款申請門檻時，很可能會導致申請者無法按時還款，從而降低他們的信用值。所以，對長期因果影響的研究是負責任人工智慧的一個重要方向。

4‧社會公益

負責任人工智慧的最終目標是服務於人類：保護、告知，以及阻止或減少對人類的消極影響 [137]。因果機器學習則是達成這一目標不可或缺的工具。目前已有學者將因果推斷應用於對大規模社交媒體資料的研究，例如，社交媒體中的社會支援性語言是如何影響自殺傾向風險的 [203]，以及虛假新聞是如何在社交媒體中傳播的 [204]。然而，對如何將因果機器學習應用於社會公益的研究仍處於早期階段。

5 · 因果工具套件

　　推動因果機器學習在負責任人工智慧領域應用的一個有效方法是開發因果工具套件。目前常用的因果工具套件有 Causal ML[205]、DoWhy[206] 和 TETRAD[207] 等。我們可以將一些常用的因果公平性模型、可解釋性模型和泛化模型加入這些工具套件中，這對推動相關領域的學術研究和實際應用具有重大意義。

第 **5** 章

特定領域的 機器學習

　　本書把推薦系統和資訊檢索中用到的機器學習模型叫作互動性的機器學習模型。這類模型的一個重要特點是它們通常需要利用使用者產生的標籤來完成訓練。在這類演算法中可以使用顯性的（explicit）或隱性的（implicit）兩種使用者產生的標籤。

　　顯性的標籤往往被認為是直接表現使用者偏好的基準真相。例如，在推薦系統中，顯性的標籤一般指使用者對商品的評分。而隱性的標籤則更為常見，它可以是任何能反映使用者偏好的使用者行為。例如，在電子商務網站中，可以把點擊、購買、加入購物車等使用者行為都當作是隱性的標籤，它們歸根結底都是使用者偏好的一種表現。但這類標籤表現的關於使用者偏好的資訊不如

顯性的標籤那麼直接和明確。在訓練這一類的模型的時候，由於實際應用中的種種限制，我們會發現選擇模型使用的評估標準和訓練時最佳化的目標雖然看上去一致，比如，對於資訊檢索，它們都會用 NDCG 或者 mAP 這樣的標準來衡量模型的表現；但在離線訓練和線上評估的時候，這些標準實際上是在不同的樣本下計算的。我們常常把用於訓練的資料稱為離線資料或日誌資料。這是因為搜集這些資料時，與使用者互動時產生標籤的推薦系統或資訊檢索模型並非是我們正在訓練和評估的這個模型，而是一個已經上線的模型。這其實可以被看作是一種強化學習中的離線策略評估（off-policy evaluation）的問題。同時把用於評估的資料稱為線上資料。這是因為用於評估的資料是透過把正在訓練和評估的這個模型上線做 A/B 測試而搜集到的。

5.1　推薦系統與因果機器學習

　　推薦系統在當今的網際網路和物聯網應用中扮演著不可或缺的角色。推薦系統的目的是根據使用者個人喜好，把還未被使用者發現的物品（item）推薦給使用者。根據具體應用的不同而推薦不同的內容，如網飛上的電影、蝦皮或露天的商品、貓途鷹（註：中國大陸旅遊網站）上的景點、Zillow 上的房子、LinkedIn 上的工作、網易雲（註：中國大陸的入口網站）或者蝦米音樂（註：中國大陸串流音樂平台）上的音樂、銀行或者證券公司的理財產品、Google 學術上的學術文章，以及社群網站上的好友等。例如，LinkedIn 會把你可能感興趣的工作或好友推薦給你。對於提供推薦服務的公司來講，推薦系統既能在短期內讓公司盈利，也能透過良好的使用者體驗增加使用者黏性（customer stickiness，或稱忠誠度），從而提高公司的長期盈利。下面首先介紹一下推薦系統的基礎知識。然後，講解傳統的推薦系統中的偏差。正是這些偏差的存在，讓我們更想利用因果推斷的思想來改進推薦系統，修正這些偏差，以使推薦系統在真實世界的測試集（隨機化的 A/B 測試或是與訓練集資料分佈不同的測試集）上表現更佳。

5.1.1 推薦系統簡介

在推薦系統中，我們總有一個使用者的集合 $\mathcal{U}=\{u_1,\cdots,u_n\}$ 和物品的集合 $\mathcal{I}=\{i_1,\cdots,i_m\}$。推薦系統的目的就是根據每個使用者的喜好，將其最可能會點擊或購買的物品篩選出來，並排序，最終利用網頁或者 APP 中有限的互動介面將這些物品展示給使用者，以期望得到使用者的正回饋，如點擊、購買或好評。下面根據推薦系統資料中的回饋類型，對其進行分類介紹。

1. 推薦系統分類

推薦系統一般可分為基於顯性回饋的推薦系統和基於隱性回饋的推薦系統。

在基於顯性回饋的推薦系統中，使用者給物品的評分被當成標籤[208-209]，我們可以用一個矩陣 $R\in\{0,1,2,3,4,5\}^{n\times m}$ 來表示觀察到的評分。其中，評分 $r_{u,i}=0$，表示使用者 u 尚未與物品 i 有互動。基於顯性回饋的推薦系統的目標是，訓練能夠準確預測使用者對某個尚未有互動的物品的評分的機器學習模型，從而可以按預測的評分，從高到低地向使用者推薦其可能感興趣的物品。

另外，我們可以用對評分預測的準確性來評價一個推薦系統的表現。這裡評分預測被當作一個回歸問題，因此可以用常見的評價回歸機器學習模型的指標，如均方差（mean squared error，MSE）和平均絕對誤差（mean absolute error，MAE）來評價一個顯性回饋的推薦系統的表現。它們的正式定義如式（5.1）和式（5.2）所示：

$$\text{MSE} = \frac{1}{|\mathcal{U}|}\sum_u \frac{1}{|\mathcal{I}_u|}\sum_{i\in\mathcal{I}_u}(r_{ui}-\hat{r}_{ui})^2 \tag{5.1}$$

$$\text{MAE} = \frac{1}{|\mathcal{U}|}\sum_u \frac{1}{|\mathcal{I}_u|}\sum_{i\in\mathcal{I}_u}|r_{ui}-\hat{r}_{ui}| \tag{5.2}$$

其中，$\hat{r}_{ui}$ 是推薦系統模型預測的使用者 u 對物品 i 的評分，而 $\mathcal{I}_u=\{i|r_{ui}>0\}$ 是與使用者 u 有過互動的物品的集合。

在基於隱性回饋的推薦系統中，沒有詳細的使用者對某一件物品的評分，在這種情況下，可以利用使用者的一些行為（如點擊、加入我的最愛、購買等）來作為一對使用者和物品的標籤。這裡用矩陣 $Y \in \{0,1\}^{n \times m}$ 表示隱性回饋的標籤矩陣。其中 $y_{ui}=1$ 和 $y_{ui}=0$ 分別表示使用者 u 與物品 i 有互動和沒有互動。一般情況下，在推薦系統的文獻中，隱性回饋的推薦系統被視作一種排序模型 [210]。更詳細地說，對於每一個使用者，隱性回饋的推薦系統模型的輸出是一個向量，它的每個元素表示該使用者對於一個物品的排序評分（ranking score）。原則上，我們認為一個好的隱性回饋的推薦系統應該把有互動的物品排在前面。這樣就可以用推薦系統舉出個性化的物品排序，以判斷推薦系統的表現。具體地說，可以用以下幾種排序模型的評價指標來評價一個基於隱性回饋的推薦系統的好壞。

（1）召回率 @K（recall@K）：使用者 u 在有互動的物品中被推薦系統模型推薦給使用者 u，且為前 K 個物品的比例。用式（5.3）舉出召回率 @K 的正式定義：

$$\text{recall@K} = \frac{\sum_u |\hat{\mathcal{I}}_u|}{\sum_u |\mathcal{I}_u|} \tag{5.3}$$

其中，K 是推薦系統推薦的物品的個數，一般設為 20。它一般由使用者可以瀏覽的物品數量和使用者的注意力隨位置上升而下降的程度決定。物品集合 $\hat{\mathcal{I}}_u = \{i | y_{ui}=1, \text{rank}(\hat{y}_{ui}) \leq K\}$ 表示那些被推薦給使用者 u 的排在前 K 個位置上的物品中實際與使用者有互動的物品。我們也可以把它叫作對使用者 u 而言，真陽性的物品的集合。熟悉分類問題的讀者可以把它與分類問題中被稱為真陽性（true positive）的樣本的集合進行類比。

（2）準確率 @K（precision@K）：推薦系統為使用者 u 推薦的排在前 K 個位置的物品中，使用者 u 與之有互動的比例。可以用式（5.4）舉出它的正式定義：

$$\text{precision@K} = \frac{\sum_u |\hat{\mathcal{I}}_u|}{\sum_u K} \tag{5.4}$$

（3）F1 值 @K（F1score@K）：召回率和準確率的幾何平均數。它綜合了這兩種評價指標。它的正式定義如式（5.5）所示：

$$\text{F1score@K} = \frac{2\text{precision@K} \times \text{recall@K}}{\text{precision@K} + \text{recall@K}} \tag{5.5}$$

（4）歸一化折損累計增益 @K（NDCG@K）：對推薦系統為使用者 u 推薦的排在前 K 個位置的物品計算折損累計增益（DCG），再做歸一化處理，就可得到 NDCG@K。其正式定義如式（5.6）所示：

$$\begin{cases} \text{NDCG@K} = \dfrac{1}{|\mathcal{U}|} \sum_{u} \dfrac{\text{DCG@K}}{\text{IDCG@K}} \\ \text{DCG@K} = \displaystyle\sum_{i:\text{rank}(\hat{y}_{ui})<K} \dfrac{y_{ui}}{\log(\text{rank}(\hat{y}_{ui}))} \\ \text{IDCG@K} = \displaystyle\sum_{i:\text{rank}(\hat{y}_{ui})<K} \dfrac{1}{\log(\text{rank}(\hat{y}_{ui}))} \end{cases} \tag{5.6}$$

函數 $\text{rank}(\hat{y}_{ui})$ 表示對使用者 u 而言，推薦系統預測的物品 i 的排序。而物品集合 $\mathcal{I}_u = \{i | y_{ui}=1\}$ 在隱性回饋的問題中，也是被定義為與使用者 u 有過互動的物品的集合。IDCG@K 是 DCG@K 能取到的最大值，即每個被推薦系統為使用者 u 排在前 K 個位置的物品都是與使用者 u 有互動的情況下 DCG@K 的取值。

（5）命中率 @K（Hit Ratio@K、Hit Rate@K 或 HR@K）：它是召回率在留一交叉驗證（leave-one-out cross validation）設定下的值。

（6）mAP@K（mean average precision@K，全類平均準確率 @K）：它是對前 K 個位置的平均準確率（average precision，AP）取均值。而平均準確率可以被理解為帶有位置權重的準確率，其定義如式（5.7）所示：

$$\text{AP@K} = \frac{1}{|\mathcal{I}_u|} \sum_{i \in \mathcal{I}_u} \frac{1(i \in \hat{\mathcal{I}}_u)}{\text{rank}(\hat{y}_{ui})} \tag{5.7}$$

我們可以發現，與準確率相比，平均準確率對每個真陽性的物品的貢獻進行了一個折損。每個真陽性的物品的貢獻為它在推薦系統預測的排序中位置的倒數。也就是說，把一個跟使用者有互動的物品排在越往後的位置，收益就越小。這更符合真實世界中使用者的注意力會隨著位置而下降的事實。而 mAP 則是對前 K 個位置的平均準確率求平均得到的。

2 · 典型的推薦序系統演算法

下面介紹兩種最具代表性的推薦系統演算法，分別是基於顯性回饋的協作過濾（collaborative filtering）和基於隱性回饋的貝氏個性化排序（bayesian personalized ranking，BPR）[210]。熟悉傳統的推薦系統演算法的讀者可以直接跳到後面部分，閱讀推薦系統中的偏差和基於因果推斷的推薦系統演算法等內容。

（1）協作過濾。

協作過濾可以被稱為最經典的基於顯性回饋的推薦系統演算法[211-212]。協作過濾的基本假說如下：如果使用者 u_1 和使用者 u_2 在很多物品上都有相似的評分，那麼他們在其他物品上也會有相似的評分。這樣，如果 u_1 對物品 i_1 的評分是 5.0，那麼 u_2 對物品 i_1 的評分也應當與 5.0 相近。也就是說，相似的使用者對同一件物品的評分應當相似。協作過濾之所以被叫作協同過濾，是因為我們可以把推薦系統看作一個篩選資訊的演算法。

在資訊爆炸時代，一個平臺的物品數量往往遠大於人類可以掌控的數量級。因此，人們需要推薦系統來幫助過濾掉那些不太可能感興趣的物品，從而讓每個使用者可以在消耗很少的時間和精力的前提下完成購物、觀影、安排旅行計畫、預訂酒店、購買理財產品等任務。而協作則意味著最終模型對某一個使用者做出的個性化預測會基於其他使用者的資訊。

協作過濾一般分為兩類：基於使用者的協作過濾和基於物品的協作過濾。這裡以基於使用者的協作過濾演算法為例進行介紹。如果想要更深入地了解推薦系統，可以參考推薦系統方向的文獻和書籍，如文獻 [213-214]。基於使用者（物品）的意思是對使用者（物品）間的相似度進行建模，然後利用這種相似度去預測一個使用者對一個物品的評分。

基於使用者的協作過濾演算法即最近鄰居（nearest neighbor）的協作過濾演算法。在基於使用者的最近鄰居演算法中，可以用式（5.8）基於最近鄰居來預測使用者 u 對物品 i 的評分：

$$\hat{r}_{ui} = \text{aggr}_{u' \in \mathcal{N}(u)}(r_{u'i}) \tag{5.8}$$

其中，aggr 是彙總函式（aggregation function），例如，最常見的彙總函式是求最近鄰居對物品 i 評分的平均值，如式（5.9）所示：

$$\text{aggr}_{u' \in \mathcal{N}(u)}(r_{u'i}) = \frac{1}{|\mathcal{N}(u)|} \sum_{u' \in \mathcal{N}(u)} r_{u'i} \tag{5.9}$$

其中，$\mathcal{N}(u)$ 代表使用者 u 的最近鄰居的集合。又如，當前最常用的形式如式（5.10）所示：

$$\hat{r}_{ui} = \bar{r}_u + k \sum_{u' \in \mathcal{N}(u)} \text{sim}(u, u')(r_{u'i} - \bar{r}_{u'}) \tag{5.10}$$

其中，$\bar{r}_u$ 是使用者 u 對所有物品 i 的平均評分。而 $\text{sim}(u,u')$ 是這一對使用者之間的相似度。式（5.10）中的第二項可以視為使用者 u 的最近鄰居對物品 i 的評分與他們每一個人對所有有互動的物品的平均評分的差。在第一項中，使用者 u 對所有有互動的物品的平均評分考慮了該使用者自己的一個評分標準，即考慮了以下情況：一個更嚴格的使用者和一個更隨和的使用者對同樣喜愛的物品可能評分有偏差。式（5.10）中第二項的計算依賴於每個使用者 u 的最近鄰居 $\mathcal{N}(u)$ 對物品的評分。尋找最近鄰居就要依賴於使用者之間相似度的計算。這裡就要回答這個問題：使用者之間的相似性如何計算？

最常見的相似度計算方法包括兩種：皮爾森相關係數（Pearson correlation）相似性和餘弦相似度。皮爾森相關係數相似性可以由式（5.11）計算得到：

$$\text{sim}(u, u') = \frac{\sum_{i \in \mathcal{I}_{uu'}} (r_{ui} - \bar{r_u})(r_{u'i} - \bar{r_{u'}})}{\sqrt{\sum_{i \in \mathcal{I}_{uu'}} (r_{ui} - \bar{r_u})^2} \sqrt{\sum_{i \in \mathcal{I}_{uu'}} (r_{ui} - \bar{r_u})^2}} \tag{5.11}$$

其中，$\mathcal{I}_{uu'}$ 是那些與使用者 u 和 u' 都有互動的物品的集合。

餘弦相似度可以由式（5.12）計算得到：

$$\cos(u, u') = \frac{\sum_{i \in \mathcal{I}_{uu'}} r_{ui} \, r_{u'i}}{\sqrt{\sum_{i \in \mathcal{I}_u} r_{ui}^2} \sqrt{\sum_{i \in \mathcal{I}_{u'}} r_{u'i}^2}} \qquad (5.12)$$

這兩種方法都是直接利用觀察到的評分矩陣 **R** 完成相似度的計算，從而預測與使用者沒有互動的物品的評分，並沒有學習任何參數。在更加先進的推薦系統中，常常會為每個使用者和物品學習一個嵌入向量，也稱為潛特徵，然後利用這些向量來計算相似度，從而完成對評分的預測。這類模型中最經典的方法莫過於基於矩陣分解的方法 [215]。在最近的文獻中，更先進的參數模型如神經網路，也被廣泛應用於基於協作過濾的顯性回饋的推薦系統中。這裡就不再詳細介紹這些模型了，有興趣的讀者可以自行參考相關文獻，如文獻 [216-217]。

（2）貝氏個性化排序。

相比顯性回饋（如評分資料），隱性回饋資料在網際網路中更常見。在使用者使用網際網路產品時，除了透過正負評分（在一些工作中，4 到 5 分的評分被認為是正的隱性回饋，而 1 到 3 分被認為等值於負的隱性回饋）。任何形式的正面回饋，如點擊、收藏、加入願望列表等行為都可以為隱性回饋的推薦系統模型提供標籤。這種標籤常常是二值的。對基於隱性回饋的推薦系統模型來說，主要的任務是利用隱性回饋的資料訓練一個排序模型[①]。這樣的排序模型要能夠對每個使用者生成一個個性化的物品排序。有了這個排序，就可以把名列前矛的物品推薦給使用者。在實際應用中，網際網路公司往往透過網頁或者在 APP 上預留的推薦欄位把名列前矛的物品展示給使用者以完成推薦。圖 5.1 展示了一個真實世界中基於推薦系統預測的個性化排序來展示商品的例子。

---

① 顯性回饋的推薦系統也能夠利用預測的評分完成對每個使用者生成個性化的物品排序。因此，前文介紹的基於排序的推薦系統評價指標也可以用於顯性回饋的推薦系統模型。

▲ 圖 5.1　真實世界中的推薦系統案例。一家電子商務網站的商品細節頁面中推薦
　　系統所展示的使用者可能感興趣的來自同一家商店的商品欄位

　　這裡介紹經典的基於隱性回饋的推薦系統模型——現任 Google 研究員的
Steffen Rendle 等人提出的貝氏個性化排序[210]。Rendle 同時也是點擊率預測領
域的經典模型——分解機（factorization machine，FM）[218] 的第一作者，其工作
在推薦系統領域啟發了很多研究。要利用隱性回饋的資料，可以基於這樣的資
料來產生每一對使用者 - 物品的正負標籤 $y_{ui} \in \{0,1\}$。圖 5.2 展示了隱性回饋的推
薦系統的資料轉化過程。

	i_1	i_2	i_3
u_1	+	?	+
u_2	?	+	?
u_3	+	+	?

	i_1	i_2	i_3
u_1	1	0	1
u_2	0	1	0
u_3	1	1	0

▲ 圖 5.2　推薦系統的隱性回饋資料。將左圖中的正回饋（＋）和沒有回饋（？）轉
化成右圖中 $y_{ui}=1$ 或 $y_{ui}=0$ 的二值標籤

　　貝氏個性化排序則是利用兩個使用者 - 物品對的標籤值來得到它們之間應有
的排序關係，從而訓練一個能為每個使用者預測個性化的物品排序的推薦模型。
在文獻 [210] 中，Rendle 等人定義了一種新的符號 $>_u \subset \mathcal{I}^2$ 來表示對一個使用者 u
定義的個性化總排序，其中 $\mathcal{I}$ 表示物品的集合。我們可以發現，$>_u$ 的下標 u 表
示它是隨使用者 u 改變的，因此是個性化的。接下來介紹 Rendle 等人提出的個
性化總排序符號 $>_u$ 的三個性質。

- 完全性（Totality）：即給定任意一對物品 $i_1 \neq i_2$，個性化總排序符號 $>_u$，$i_1 >_u i_2$ 或 $i_2 >_u i_1$，其中有且僅有一個關係必然成立。完全性可以被表示為式（5.13）的形式：

$$\forall i_1, i_2 \in \mathcal{I}, i_1 \neq i_2 \rightarrow i_1 >_u i_2 \text{或} i_2 >_u i_1 \tag{5.13}$$

- 不對稱性（Asymmetry）：即給定任意一對物品 i_1 和 i_2，個性化總排序符號 $>_u$，若 $i_1 >_u i_2$ 和 $i_2 >_u i_1$ 同時成立，則 i_1 和 i_2 必然相等。我們可以用式（5.14）表示不對稱性：

$$\forall i_1, i_2 \in \mathcal{I}, i_1 >_u i_2 \text{且} i_2 >_u i_1 \rightarrow i_1 = i_2 \tag{5.14}$$

- 傳遞性（Transitivity）：即給定任意三個物品 i_1、i_2 和 i_3，個性化總排序符號 $>_u$，若 $i_1 >_u i_2$ 和 $i_2 >_u i_3$ 同時成立，則 $i_1 >_u i_3$ 必然成立。我們可以將傳遞性表示為式（5.15）的形式：

$$\forall i_1, i_2, i_3 \in \mathcal{I}, i_1 >_u i_2 \text{且} i_2 >_u i_3 \rightarrow i_1 >_u i_3 \tag{5.15}$$

基於個性化總排序符號和觀測到的隱性回饋資料，可以獲得對每個使用者 u 的一系列成對的物品排序關係，從而用它們來訓練隱性回饋的推薦系統模型。貝氏個性化排序基於一個非常簡單的假設，即如果觀測到一個使用者 u 和物品 i_1 有互動，而與 i_2 沒有互動，則認為使用者 u 喜歡 i_1 多過 i_2，即存在個性化排序關係 $i_1 >_u i_2$。根據這樣的個性化排序關係，可以創建如式（5.16）所示的資料集：

$$D_s = \{(u, i_1, i_2) | i_1 \in \mathcal{I}_u \text{且} i_2 \in \mathcal{I} \backslash \mathcal{I}_u\} \tag{5.16}$$

其中，$\mathcal{I}_u$ 代表與使用者 u 有互動的物品集合。我們可以把資料集 D_s 中的每一個樣本 (u, i_1, i_2) 理解為使用者 u 喜歡 i_1 多過 i_2。這就為我們訓練隱性回饋的推薦系統模型（個性化排序模型）提供了個性化的物品排序關聯資料。

那麼，如何利用這樣的資料訓練個性化排序模型呢？接下來回答這個問題。在文獻 [210] 中，Rendle 等人首先提出了一個模型無偏（model agnostic）的廣義最佳化原則——貝氏個性化排序最佳化（BPR-OPT）。它被用來指導最終的貝氏個性化排序的損失函數的設計。根據貝氏定理，給定個性化總排序 $>_u$，可

以把一個隱性回饋推薦系統的模型參數 θ 的後驗機率 $P(\theta|>_u)$ 寫為式（5.17）的形式：

$$P(\theta|>_u) \propto P(>_u|\theta)p(\theta) \tag{5.17}$$

這裡可以把 $>_u$ 理解成一個理想的推薦系統模型預測的個性化的物品排序。那麼可以採用最大化後驗機率的方法來學習模型參數 θ。這裡潛在的假設是使用者之間互相獨立。另一個假設是，對任何一個使用者而言，一對物品的排序不受其他物品排序的影響。那麼可以把似然函數 $P(>_u|\theta)$ 分解成式（5.18）所示的形式：

$$\prod_{u \in \mathcal{U}} P\left(\underset{u}{>} \middle| \theta\right) =$$
$$\prod_{(u,i_1,i_2) \in \mathcal{U} \times \mathcal{I} \times \mathcal{I}} P\left(i_1 \underset{u}{>} i_2 \middle| \theta\right)^{\mathbb{1}((u,i_1,i_2) \in D_s)} \left(1 - P\left(i_2 \underset{u}{>} i_1 \middle| \theta\right)\right)^{\mathbb{1}((u,i_1,i_2) \notin D_s)} \tag{5.18}$$

其中，$\mathbb{1}$ 是指示函數：

$$\mathbb{1}(x) = \begin{cases} 1 & x \text{ 為真} \\ 0 & \text{其他} \end{cases}$$

根據 $>_u$ 的完全性和不對稱性，可以把式（5.18）簡化成式（5.19）所示的形式：

$$\prod_{u \in \mathcal{U}} P\left(>_u \middle| \theta\right) = \prod_{(u,i_1,i_2) \in D_s} P\left(i_1 >_u i_2 \middle| \theta\right) \tag{5.19}$$

其中，$P(i_1 >_u i_2|\theta)$ 代表參數 θ 的推薦系統模型把物品 i_1 排在物品 i_2 前的機率。那麼如何計算這一機率呢？ Rendle 等人引入了如式（5.20）所示的參數化的似然函數模型：

$$P(i_1 >_u i_2|\theta) = \sigma\left(\hat{s}_{(u,i_1,i_2)}(\theta)\right) \tag{5.20}$$

其中，$\sigma(x) = \frac{1}{1+e^{-x}}$ 是 S 型函數，$\hat{s}_{(u,i,j)}(\boldsymbol{\theta}) \mathbb{R}$ 是模型預測的對使用者 u 而言 i_1 排在 i_2 之前的分數。分數可以是任意實數，越高的分數，意味著對使用者 u 而言 i_1 排在 i_2 之前的機率越大。注意式（5.20）仍然是模型無偏的，即可以用任意一個推薦系統模型如矩陣分解模型或者最近鄰居模型去預測一個三元組 (u,i_1,i_2) 的分數。然後還需要參數化模型參數的先驗分佈 $P(\boldsymbol{\theta})$ 來實現後驗機率最大化（見式（5.17））。在文獻 [210] 中，Rendle 等人假設模型參數的先驗分佈是服從式（5.21）中的多變數高斯分佈的：

$$P(\boldsymbol{\theta}) = \mathcal{N}(\mathbf{0}, \lambda_{\boldsymbol{\theta}} \boldsymbol{I}) \tag{5.21}$$

其中，I 代表單位矩陣。有了以上的基礎，貝氏個性化排序的廣義最佳化原則 BPR-OPT 可以被式（5.22）定義：

$$
\begin{aligned}
\underset{\boldsymbol{\theta}}{\arg\max} \; &\ln P(\boldsymbol{\theta} \mid >_u) \\
= &\ln P(>_u \mid \boldsymbol{\theta}) P(\boldsymbol{\theta}) \\
= &\prod_{(u,i_1,i_2) \in D_s} \sigma\left(\hat{s}_{ui_1i_2}(\boldsymbol{\theta})\right) P(\boldsymbol{\theta}) \\
= &\sum_{(u,i_1,i_2) \in D_s} \ln\left(\sigma(\hat{s}_{ui_1i_2})\right) + \ln P(\boldsymbol{\theta}) \\
= &\sum_{(u,i_1,i_2) \in D_s} \ln\left(\sigma(\hat{s}_{ui_1i_2})\right) + \lambda_{\boldsymbol{\theta}} \parallel \boldsymbol{\theta} \parallel^2
\end{aligned}
\tag{5.22}
$$

其中，$\hat{s}_{ui_1i_2}$ 是 $\hat{s}_{ui_1i_2}(\boldsymbol{\theta})$ 的簡寫。第四個等式可以由多變數高斯分佈的機率密度函數的定義得到。它也反映了最小化模型參數的 L2 范數的平方的意義：使模型參數的分佈更接近多變數高斯分佈 $\mathcal{N}(\mathbf{0}, \lambda_{\theta})$。式（5.22）鼓勵我們最大化 D_s 中每個樣本 (u,i_1,i_2) 的分數，同時對模型的參數進行基於 L2 範數的正規化處理，防止模型過擬合。這樣就可以基於梯度的最佳化演算法（如梯度上升法）利用 BPR-OPT 對模型參數 θ 來最佳化常見的隱性回饋的推薦系統模型（如矩陣分解模型）了。Rendle 等人還指出 BPR-OPT 本質上是在近似地最佳化推薦系統模型預測的個性化排序的 AUC（area under curve）值，有興趣了解的讀者可以參考文獻 [210]。

5.1.2　用因果推斷修正推薦系統中的偏差

　　本節將介紹推薦系統中常見的偏差，這些偏差的存在給了我們用因果推斷的思想來設計推薦系統的理由。文獻 [219] 對推薦系統中存在的偏差進行了比較全面的複習。我們可以發現一個真實世界的推薦系統由使用者、資料和推薦系統模型三方面組成。而一個推薦系統的運作可以視為這三方面的互動：模型推薦物品給使用者，使用者透過評分、點擊等方式給模型推薦的物品一個回饋，然後這些回饋又被當作資料去訓練推薦系統模型。由於這些互動的存在，如果不對推薦系統中的偏差做修正，那麼推薦系統的偏差也會因為這個反饋回路而長期存在，甚至經過這個反饋回路累積、放大。那麼推薦系統中的偏差又有哪些呢？在文獻 [219] 中，Chen 等人對其進行了複習。從模型推薦物品到使用者舉出回饋這個過程中，推薦系統會遭遇流行性偏差（popularity bias）和不公平（unfairness）。而在使用者舉出回饋到產生資料這個過程中，推薦系統會產生選擇性偏差（selection bias）、從眾性偏差（conformity bias）、曝光偏差（exposure bias）和位置偏差（position bias）。接下來著重介紹選擇性偏差。

1 · 顯性回饋的推薦系統中的選擇性偏差

　　推薦系統裡的選擇性偏差是因果推斷裡常提到的選擇性偏差的一種特殊情況 [220]。傳統的基於顯性回饋的推薦系統會有一個潛在的假設，即所有看見的顯性回饋都是同樣重要的。也就是說，我們會用模型在訓練集中觀察到每一個回饋標籤上誤差的平均值作為推薦系統模型的損失函數。但選擇性偏差的存在令這樣的假設不再成立。在早期的顯性回饋的推薦系統研究中，Marlin 等人就提到了選擇性偏差的問題 [221-222]。一般意義上講，選擇性偏差意味著資料中被觀測到的樣本不能代表整體。非正式地說，在顯性回饋的推薦系統中可以把選擇性偏差描述為使用者會更喜歡與自己偏好的物品互動 [223]。推薦系統中選擇性偏差的定義可以被寫成如下形式 [219]。

> **定義 5.1　選擇性偏差。**
>
> 因為在觀測性的推薦系統資料中，使用者是根據自己的喜歡對物品進行互動的，因此我們觀察到的使用者對物品的評分是非隨機缺失的（missing not at random，MNAR）。也就是說，觀測到的評分對整體而言並非是一個具有代表性的樣本。

（1）選擇性偏差帶來的問題。

在 Marlin 等人的研究中，他們讓使用者對隨機選擇的物品評分。他們發現，傳統的推薦系統中，使用者自己選擇的物品與隨機選擇的物品相比，從平均值來看，使用者自己選擇的物品會獲得更高的評分 [221]。

用公式來表現選擇性偏差的問題，首先可以用式（5.23）來描述傳統的顯性回饋的推薦系統的評價指標或損失函數，即在整體上模型預測的評分的誤差 [219,223]：

$$\mathcal{L}_{\text{true}} = \frac{1}{UI} \sum_{(u,i)} \delta\left(r_{ui}, \hat{r}_{ui}\right) \tag{5.23}$$

其中，δ 代表計算誤差的函數，如均方差 $\delta(r_{ui}, \hat{r}_{u'i}) = (\hat{r}_{ui} - \hat{r}_{u'i})^2$。$U$ 和 I 分別代表使用者和物品的總數量。而在傳統的推薦系統文獻中，最常見的用來估算誤差的方法便是直接在觀測到的評分中求平均誤差，我們稱之為樸素估計器，如式（5.24）所示：

$$\mathcal{L}_{\text{naive}} = \frac{1}{|\{(u,i)|e_{ui}=1\}|} \sum_{(u,i):e_{ui}=1} \delta\left(r_{ui}, \hat{r}_{ui}\right) \tag{5.24}$$

其中，e_{ui}=1 代表我們觀測到了使用者 u 對物品 i 的評分。式（5.24）便是基於之前提到的隨機缺失假設：每個被觀測到的評分都被指定了相同的權重。如果這個假設成立，那麼式（5.24）便是對模型在整體上的誤差（見式（5.23））的無偏估計。但由於選擇性偏差，觀測到的評分不是整體的代表性樣本，這就會導致由式（5.24）計算的誤差是有偏差的。這裡偏差的意思是，用式（5.24）

計算出的平均誤差與假想能觀測到所有的評分所計算出的平均誤差是不同的。在文獻 [223] 中，Schnabel 等人提出了利用基於傾向性評分的方法來修正顯性回饋的推薦系統中的選擇性偏差。要定義傾向性評分，就要知道處理變數和結果變數。在顯性回饋的推薦系統場景下，處理變數常被認為是使用者和物品間是否有互動（有時也被稱為曝光 [224-225]），而結果變數在顯性回饋的設定下就是使用者對物品的評分。

我們可以用如圖 5.3 中簡單的因果圖來描述顯性回饋的推薦系統中每一個評分資料的生成過程。其中 C 代表混淆變數。文獻 [224] 假設混淆變數是由使用者和物品的隱特徵 u 和 i 決定的。Wang 等人用使用者和物品的隱特徵來預測使用者和物品之間互動的機率，並將這些隱特徵作為一個替代混淆變數（substitute confounder）來控制混淆偏差。這是基於混淆變數能夠預測處理變數的原則。該原則在基於傾向性評分的因果推斷方法中被廣為接受 [226]。注意，這裡評分的隨機變數 R 並非指使用者給物品打的評分，而是觀測到的分數。是否有互動對觀測到的評分是一定有因果效應的，這是因為沒有互動的情況下被觀測到的分數一定是 0。在有互動的情況下評分是 1 到 5 之間的一個正整數。而是否有互動對有互動的情況下的評分則不一定有因果效應，即有沒有互動可能並不影響有互動的情況下使用者對物品的評分。

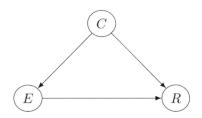

▲ 圖 5.3　一個描述顯性回饋推薦系統的選擇性偏差的因果圖

在其他工作中也有用其他變數作為混淆變數的。如在文獻 [223] 中，假設使用者與使用者之間的社群網站作為混淆變數的一部分。這是因為在社群網站中存在同質性（homophily）和社交影響（social influence）[228-229]。同質性是指在社群網站上相似的使用者之間更容易形成連接。社交影響是指一個使用者可能會從眾，即受到鄰居的影響，從而與鄰居做出相似或同樣的行為。例如，在豆

瓣網上，與張三關係很好的李四給一部電影打了 5 分，張三也會下意識地提高
對這部電影的評價。這些社群網站的特性導致一個使用者與物品互動的行為會
受到其他使用者（如她或者他的鄰居與物品互動的行為）的影響。同時，社群
網站也能透過同質性和社交影響這樣的機制去影響使用者對物品的評分。因此，
社群網站可以被認為是一個（近似的）混淆變數。

（2）利用 IPS 評價器修正選擇性偏差。

回到如何修正顯性回饋的推薦系統中的選擇性偏差這個問題，我們可以利
用基於傾向性評分給每個觀測到的評分計算一個權重（例如 IPS），從而使觀測
到的評分樣本能夠代表整體。文獻 [223] 中提出對使用者 - 物品互動的機率建立
一個傾向性評分模型，然後用預測到傾向性評分的倒數 $\frac{1}{p_{ui}}$ 作為每一個觀測到的
評分的權重。這很自然地利用了傳統因果推斷中 IPS（IPTW）的思想 [230-231]。在
傳統的因果推斷中，IPS 的主要想法是透過給觀測到的樣本分配一個權重，從而
得到一個新的分佈。在這個 IPS 創造的分佈裡，每種協變數（特徵）的值對應的
樣本在對照組和實驗組中出現的機率一樣大，從而可以實現對一個隨機試驗的模
擬。在認為使用者和物品的互動是處理變數的前提下，也可以利用 IPS 的思想，
重新為觀測到的每個使用者對物品的評分分配一個權重，從而用觀測性的顯性
回饋的推薦系統資料去模擬一個隨機實驗的資料分佈，得到對模型誤差的無偏
估計。給定一個推薦系統預測的評分矩陣 $\hat{R}$，Schnabel 等人首先提出了一個評價
器，利用觀測到的評分去估計一個給定的推薦系統模型在整體上的誤差。注意，
這裡整體上的誤差是指假想中，每對使用者 - 物品的評分都可以被觀測到時給定
的推薦系統模型對所有評分的預測的均方差或者平均絕對誤差。式（5.24）揭示
了因果機器學習中一種重要的思想。在因果機器學習中常常面對的挑戰是想要
估測的統計量（如這裡的推薦系統模型預測的評分誤差）中存在一些沒有被觀
測到的資料，例如，在這個場景下那些沒有被觀測到的評分。這便要求科學研
究人員們提出新的方法，利用觀測到的有某種偏差的資料和因果模型，透過設
計無偏的評價器去估測這些統計量。

Schnabel 等人 [223] 證明了式（5.25）中的評價器是無偏的。

$$\mathcal{L}_{\text{IPS}}(\widehat{\boldsymbol{R}}|\boldsymbol{P}) = \frac{1}{UI} \sum_{(u,i):e_{ui}=1} \frac{\delta(r_{ui}, \hat{r}_{ui})}{p_{ui}} \tag{5.25}$$

其中，U 和 I 分別是使用者和物品的數量，$\boldsymbol{P}$ 是傾向性評分矩陣的基準真相，它的每一個元素 p_{ui} 是使用者 u 對 i 進行互動的真實機率。我們可以用 $p_{ui}=P(e_{ui}=1)$ 來描述傾向性評分和互動之間的關係。式（5.25）中評價器用真實的傾向性評分的倒數作為每個觀測到的評分的權重。值得注意的一點是，這個 IPS 評價器的非偏性是不受觀測到的互動影響的。理論上，只要使用者和物品有足夠的互動，無論具體是哪些使用者和物品實際上發生了互動，都可以用式（5.25）來估測一個模型在整體上的平均誤差。下面舉出 IPS 評價器的無偏性的證明，如式（5.26）所示：

$$\begin{aligned}
\mathbb{E}_{(u,i):e_{ui}=1}&\left[\mathcal{L}_{\text{IPS}}(\widehat{\boldsymbol{R}}|\boldsymbol{P})\right] \\
&= \frac{1}{UI} \sum_u \sum_i \mathbb{E}_{(u,i):e_{ui}=1}\left[\frac{\delta(r_{ui}, \hat{r}_{ui})}{p_{ui}} e_{ui}\right] \\
&= \frac{1}{UI} \sum_u \sum_i \delta(r_{ui}, \hat{r}_{ui}) = \mathcal{L}_{\text{true}}
\end{aligned} \tag{5.26}$$

其中，第一個等式直接帶入了 IPS 評價器的定義（見式（5.25））。第二個等式利用期望的定義，如式（5.27）所示：

$$\begin{aligned}
\mathbb{E}_{(u,i):e_{ui}=1}&\left[\frac{\delta(r_{ui}, \hat{r}_{ui})}{p_{ui}} e_{ui}\right] \\
&= \frac{\delta(r_{ui}, \hat{r}_{ui})}{p_{ui}}P(e_{ui}=1)\times 1 + \frac{\delta(r_{ui}, \hat{r}_{ui})}{p_{ui}}P(e_{ui}=0)\times 0 \\
&= \delta(r_{ui}, \hat{r}_{ui})
\end{aligned} \tag{5.27}$$

　　這裡利用了 $P(e_{ui}=1)=p_{ui}$ 這一定義。那麼就由式（5.26）證明了 IPS 評價器（見式（5.25））對估計顯性回饋的推薦系統在整體上的誤差的無偏性。即 IPS 評價器在有互動的物品上的誤差的期望與顯性回饋的推薦系統在整體上的誤差的期望相等。但一個無偏的評價器可能在實際應用中會有方差過大的問題，尤其是當傾向性評分 p_{ui} 取值接近於 0 的時候。因此，Schnabel 等人利用了自歸一化（self normalized）的 IPS 評價器，即 SNIPS 評價器 [232]。SNIPS 評價器的定義如式（5.28）所示：

$$\mathcal{L}_{\text{SNIPS}}\big(\widehat{\boldsymbol{R}}|\boldsymbol{P}\big) = \frac{\sum_{(u,i):e_{ui}=1} \dfrac{\delta(r_{ui}, \hat{r}_{ui})}{p_{ui}}}{\sum_{(u,i):e_{ui}=1} \dfrac{1}{p_{ui}}} \tag{5.28}$$

　　我們可以發現，SNIPS 評價器就是對 IPS 評價器（見式（5.28））中的每一個樣本（使用者 - 物品對）重新分配了權重之後的誤差進行歸一化處理，即除以所有的 IPS 權重之和。之前的工作表示，在實際應用中，SNIPS 評價器與 IPS 相比，它會有更大的偏差，以及更小的方差 [233]。需要指出的是，雖然 SNIPS 和 IPS 都是無偏的評價器，但是它們在實際應用中很可能會有偏差。這是因為無偏性的證明是基於擁有傾向性評分 p_{ui} 的基準真相的。而實際應用中，我們需要利用機器學習模型對條件分佈 $P(e_{ui}=1|u,i)$ 建模來預測傾向性評分。這一步驟中的誤差會導致在實際應用中 IPS 評價器和 SNIPS 評價器的偏差。

　　（3）驗證 IPS 評價器有效性的實驗。

　　在文獻 [223] 中，為了驗證 IPS 和 SNIPS 評價器的有效性，進行了一個估測幾種不同的顯性回饋的推薦系統模型在整體上的誤差的實驗。該實驗利用了推薦系統領域著名的 MovieLens100K 資料集 [234]。注意，這個實驗的目的集中在驗證 IPS 和 SNIPS 評價器本身的性質（偏差和方差），而與估測傾向性評分無關。

　　因此，Schnabel 等人基於 MovieLens100K 資料集創造一個半合成資料集，以便得到傾向性評分矩陣 $\boldsymbol{P}$ 的基準真相和一個完整的評分矩陣 $\boldsymbol{R}$。為了得到完整的評分矩陣，Schnabel 等人用了文獻 [221] 中的方法。即利用一個矩陣分解模型補全那些沒有被觀測到的評分。但由於選擇性偏差，這樣預測出的評分會偏高。因此，為了讓這些預測出的評分更接近資料中評分的真實分佈，首先，可

以估測一個評分的邊緣分佈 $P(r_{ui}=r), r \in \{1,2,3,4,5\}$。然後，將預測的使用者 - 物品對按分數由低到高的順序排序，把預測的分數中最低的百分之 $P(r_{ui}=1)$ 的分數修正為 1 分，把接下來的百分之 $P(r_{ui}=2)$ 的分數修正為 2 分。依此類推，就可以對矩陣分解模型預測的偏高的評分進行修正。有了完整的評分矩陣 $\boldsymbol{R}$ 的基準真相後，還需要設計傾向性評分矩陣 $\boldsymbol{P}$ 的基準真相，並基於 $\boldsymbol{P}$ 對完整的評分矩陣進行抽樣，得到半合成的觀測性顯性回饋的推薦系統資料，即有缺失資料的評分矩陣。這樣的資料才能讓我們最終完成對 IPS 和 SNIPS 評價器的有效性評估。在文獻 [233] 中，具體的傾向性評分矩陣由式（5.29）舉出：

$$p_{ui} = \begin{cases} k & r_{ui} \geqslant 4 \\ k\alpha^{4-r_{ui}} & r_{ui} < 3 \end{cases} \tag{5.29}$$

其中，$\alpha \in (0,1]$ 和 k 是兩個參數。在選定了 α 後，設定 k 的值以使剛好 5% 的評分被觀測到。我們可以認為參數 α 控制了選擇性偏差的強度。α 越小，使用者與評分低的物品互動越少，選擇性偏差越大。這模擬了真實的 MovieLens10K 資料中被觀測到的評分的比例。在 $\alpha = 0.25$ 時，採樣到的評分的邊緣分佈與真實的 MovieLens10K 資料中評分的邊緣分佈幾乎一致。這驗證了這個合成資料集的評分矩陣和傾向性分數矩陣的生成過程是真實資料的一個高品質的近似。在這個半合成資料集中的實驗結果（見文獻 [233] 中的表 1）表示，利用 IPS 和 SNIPS 評價器對五種不同的顯性回饋推薦系統演算法在整體上的兩種誤差，即平均絕對誤差（見式（5.2））和 DCG@50（見式（5.6））進行估測，會得到比樣素評價器更小的偏差和方差。

（4）基於 IPS 評價器最佳化推薦系統。

有了這樣的結果支撐，Schnabel 等人進一步提出了基於 IPS 和 SNIPS 評價器的經驗風險最小化損失函數來訓練非偏的推薦系統模型，如式（5.30）所示：

$$\arg \min_{\widehat{\boldsymbol{R}}} \mathcal{L}\left(\widehat{\boldsymbol{R}} | \widehat{\boldsymbol{P}}\right) \tag{5.30}$$

注意，在一個真實世界的資料集中並不能觀測到傾向性分數矩陣的基準真相，因此，需要訓練一個模型來估測傾向性評分矩陣 $\hat{\boldsymbol{P}}$。然後才可以利用式（5.30）來訓練無偏的顯性回饋的推薦系統模型。由於式（5.30）是模型無偏的，所以用預測的評分矩陣 $\hat{\boldsymbol{R}}$ 來表示最佳化的物件。而式（5.30）中的損失函數 $\mathcal{L}$ 可以是 $\mathcal{L}_{\text{IPS}}$ 或者 $\mathcal{L}_{\text{SNIPS}}$。我們可以用最常用的矩陣分解模型來預測評分矩陣 $\hat{\boldsymbol{R}}$。矩陣分解模型用式（5.31）來預測一對使用者 - 物品的評分：

$$\hat{r}_{ui} = \boldsymbol{u}^{\mathrm{T}}\boldsymbol{i} + a_u + b_i + c \tag{5.31}$$

其中，$\boldsymbol{u}$ 和 $\boldsymbol{i}$ 分別是使用者 u 和物品 i 的隱特徵（又稱嵌入向量）。a_u、b_i 和 c 分別是使用者 u、物品 i 和所有樣本對應的偏置項。這樣可以得到基於 IPS 評價器的經驗風險最小化損失函數，如式（5.32）所示：

$$\arg\min_{U,I}\left[\sum_{(u,i):e_{ui}=1}\frac{\delta(r_{ui},\hat{r}_{ui})}{p_{ui}} + \lambda(\|\boldsymbol{U}\|_{\mathrm{F}}^2 + \|\boldsymbol{I}\|_{\mathrm{F}}^2)\right] \tag{5.32}$$

其中，正規項 $\lambda(\|\boldsymbol{U}\|_{\mathrm{F}}^2+\|\boldsymbol{I}\|_{\mathrm{F}}^2)$ 有防止過擬合的作用；λ 是制衡基於 IPS 的風險最小化損失函數和正規項的權重；$\|\boldsymbol{X}\|_{\mathrm{F}}^2$ 是矩陣 $\boldsymbol{X}$ 的弗羅貝尼烏斯範數（F 範數）的平方。

那麼如何估測傾向性分數矩陣呢？值得注意的是，只要能得到比樸素評價器中假設的符合均勻分佈的傾向性分數更接近基準真相，就能得到一個比樸素評價器更無偏的顯性回饋的推薦系統模型誤差的 IPS 或 SNIPS 評價器。

接下來介紹文獻 [223] 中提出的用機器學習模型來估測傾向性分數矩陣 $\boldsymbol{P}$ 的兩種方法。可以用單純貝氏模型估測傾向性分數矩陣。利用貝氏定理可以把估測的目標 $P(e_{ui}{=}1|r_{ui})$ 寫成式（5.33）所示的形式：

$$P(e_{ui} = 1|r_{ui}) = \frac{P(r_{ui}|e_{ui} = 1)P(e_{ui} = 1)}{P(r_{ui})} \tag{5.33}$$

其中，式（5.33）中左邊的條件機率 $P(e_{ui}=1|r_{ui})$ 是估測的目標，其右邊的 $P(r_{ui}|e_{ui}=1)$ 和 $P(e_{ui}=1)$ 兩項則可以直接從觀測性資料中估測。但我們需要一些隨機實驗的資料，即 p_{ui} 服從均勻分佈的資料來估測分母 $P(r_{ui})$，即整體上評分的邊緣分佈，也可以用邏輯回歸模型來估測傾向性分數矩陣。具體地講，可以透過式（5.34）用邏輯回歸模型對傾向性分數建模：

$$p_{ui} = \sigma(\boldsymbol{w}^{\mathrm{T}}\boldsymbol{x}_{ui} + \beta_i + \gamma_u) \tag{5.34}$$

其中，$\sigma(x) = \frac{1}{1+e^{-x}}$ 是 S 型函數，x_{ui} 代表一對使用者 - 物品的所有可以觀測到的資訊，β_i 和 γ_u 分別是物品 i 和使用者 u 的偏置項。有了預測傾向性評分的模型後，就可以預測傾向性分數矩陣 $\widehat{\boldsymbol{P}}$，並利用基於 IPS 或者 SNIPS 的經驗風險最小化（見式（5.30））來訓練無偏的推進系統模型。

（5）驗證選擇性偏差是否被修正的實驗。

基於之前提到的半合成的 MovieLens100K 資料集和附帶隨機實驗測試集的真實世界資料集 Coat Shopping（相關資訊見「連結 14」）和 Yahoo!R3 資料集 [221]（相關資訊見「連結 15」），Schnabel 等人驗證了基於 IPS 和 SNIPS 評價器的經驗風險最小化的有效性。在半合成資料集中，由於有完整的評分矩陣 $\boldsymbol{R}$ 的基準真相，可以直接利用 $\mathcal{L}_{\text{true}}$（見式（5.23））計算推薦系統模型在整體上的真實誤差。而在真實世界的資料集中，由於沒有完整的評分矩陣的基準真相，我們需要依賴於一個非偏的測試集來驗證模型的效果。這是因為我們仍然需要對 $\mathcal{L}_{\text{true}}$ 進行無偏估測。而 Coat Shopping 和 Yahoo!R3 資料集恰好有隨機實驗得到的測試集。這裡的隨機實驗指使用者對隨機選擇的物品評分。這樣搜集的測試集的傾向性分數的基準真相就是符合均勻分佈的，因此可以直接用樸素估計器（見式（5.24））在測試集中得到每個推薦系統模型的誤差的無偏估計。注意，在這兩個資料集中，訓練集仍然是有偏的，即訓練集中每一個使用者對物品的評分都是由使用者基於自己的偏好選擇的，而非隨機的。

在實驗結果中，Schnabel 等人展示了基於 IPS 和 SNIPS 評價器的經驗風險最小化的推薦系統模型的有效性。與基於樸素估計器的經驗風險最小化相比，基於 IPS 和 SNIPS 評價器訓練出的推薦系統模型在測試集中表現更佳（均方差和平均絕對誤差更小）。而在傾向性分數模型的對比中，單純貝氏模型需要約

100 個隨機實驗得到的樣本來達到與邏輯回歸模型相似的效果。另外，在 SNIPS 和 IPS 評價器的對比中，結果表示兩者並沒有顯著的差異。而一個比較令人吃驚的發現是，基於 IPS 評價器的經驗風險最小化在使用由單純貝氏和邏輯回歸估測到的傾向性分數的時候，竟然能得到比使用基準真相的傾向性分數時表現更佳。Schnabel 等人認為這是因為使用估測到的傾向性分數會有一種類似於分層抽樣的效果 [235]。

（6）複習與討論。

整體來說，文獻 [223] 中觀察到了顯性回饋的推薦系統中選擇性偏差這個問題，並提出了基於因果推斷中非常經典的 IPS 和 SNIPS 評價器的方法來估測一個顯性回饋的推薦系統模型在觀測性資料上的誤差。Schnabel 等人用半合成資料驗證了基於 IPS 和 SNIPS 的評價器能夠更準確地估測推薦系統模型在整體上的誤差，並進一步驗證了基於 IPS 和 SNIPS 評價器的經驗風險最小化能夠使在觀測性資料中訓練的推薦系統模型在整體上達到更小的誤差。

2 · 隱性回饋的推薦系統中的曝光偏差

（1）曝光偏差簡介。

在隱性回饋資料的生成過程中，對每個使用者而言，她或他只能與曝光給自己的物品發生互動。如張三要在視訊網站上點擊一個視訊，他首先需要這個視訊曝光給他。這就引起了曝光偏差的問題。在文獻 [219] 中，Chen 等人舉出了曝光偏差的定義。

定義 5.2　曝光偏差。

在觀測性的隱性推薦系統資料中，總只有一部分物品可以曝光給使用者。因此，如果我們觀察到一個使用者沒有與一個物品互動，它並不總是意味著該使用者對該物品沒有興趣。

隱性推薦系統中的曝光偏差產生的原因可以大致分為以下幾類。

- 前模型偏差（previous model bias）：指由之前的推薦系統模型產生的曝光偏差[236]。我們知道，一個使用者在一個網站或者 APP 上看見的物品列表其實是由一個之前存在的推薦系統模型決定的。因此，這個之前就存在的推薦系統模型是這種曝光偏差的根源。

- 使用者背景導致的曝光偏差：使用者的背景，如她或他的社交背景（如所屬的社區、地理位置等）會影響哪些物品被曝光給使用者[237]。這樣的偏差在社群網站上的推薦系統裡比較常見，比如，在微博上，如果把一條微博看成一個物品，那麼微博的資訊流推薦系統一般會將一個使用者的好友按讚轉發的微博推送給她或他，使該使用者有更大的機率與這樣的微博（物品）互動。

- 流行性偏差[238]：物品的流行性也會影響一個物品曝光給使用者的機率。真實世界的推薦系統一般都會將物品的流行性當作用來預測物品個性化排序的有效特徵。這會導致流行的物品更有機會曝光給使用者。

我們可以發現，與顯性推薦系統的選擇性偏差相比，曝光偏差產生的原因更複雜。

（2）評價個性化排序的指標。

與文獻 [223] 類似，文獻 [238] 提出了基於傾向性分數的 IPS 方法來修正隱性回饋的推薦系統中的一種曝光偏差：流行性偏差。Yang 等人首先將傳統的評價個性化排序的指標複習為式（5.35）：

$$\mathcal{L}(\hat{Z}) = \frac{1}{U} \sum_{u \in \mathcal{U}} \frac{1}{|\mathcal{I}_u^*|} \sum_{i \in \mathcal{I}_u^*} c(\hat{z}_{ui}) \tag{5.35}$$

其中，$\hat{z}_{ui} \in \{1,\cdots,I\}$ 是一個隱性回饋的推薦系統對使用者 u 預測的個性化物品排序中物品 i 的排序，而 $\hat{Z}$ 是預測的個性化物品排序的集合。$c:\{1,\cdots,I\} \rightarrow \mathbb{R}$ 是評價指標函數。它將物品 i 對使用者 u 的個性化排序映射到一個評價分數（實數）。函數 c 可以是 AUC 排序模型的評價指標，如式（5.36）所示：

$$\text{AUC}: c(\hat{z}_{ui}) \quad = 1 - \frac{\hat{z}_{ui}}{|I|} \tag{5.36}$$

其他之前介紹的評價隱性回饋的推薦系統（個性化排序）的評價指標如召回率 @K（見式（5.3））、準確率 @K（見式（5.4））和 NDCG@K（見式（5.6））也可以作為這裡的函數 $c(\hat{Z}_{ui})$。式（5.35）揭示的挑戰是，對於每個使用者，它需要一個完整的 $\mathcal{I}_u^*$，即吸引使用者 u 的所有物品的集合。要得到這樣的集合，需要讓每個物品曝光給使用者 u。但實際上這是不現實的。因為一個真實世界的推薦系統中往往有幾百萬甚至上億的物品。一個使用者不可能瀏覽所有的物品，然後一一舉出回饋。因此，我們只能在觀測性的隱性回饋的推薦系統的資料中得到一個 $\mathcal{I}_u^*$ 的子集，即 $\mathcal{I}_u$，然後利用它來計算式（5.35），從而評價一個個性化的排序模型。

這裡可以用圖 5.4 中的因果圖來描述隱性回饋的推薦系統的資料生成過程，以解釋曝光偏差是如何出現的。我們可以假設每個使用者對每個物品都有一個真實的隱性回饋 $y_{ui}^* \in \{0,1\}$，被觀測到的隱性回饋 $y_{ui}=1$，當且僅當使用者 u 喜歡物品 i（即 $y_{ui}^*=1$）且物品 i 被曝光給了使用者 u（即 $o_{ui}=1$）。可以令 $q_{ui}=P(o_{ui}=1)$ 表示物品 i 被曝光給了使用者 u 的機率。那麼可以說 $o_{ui} \sim \text{Bern}(q_{ui})$。

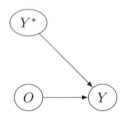

▲ 圖 5.4　描述隱性回饋的推薦系統曝光偏差的因果圖。若要在資料集中觀察到一次互動 $y_{ui}=1$，當且僅當使用者 u 喜歡物品 i（$y_{ui}^*=1$）且物品 i 被曝光給了使用者 u（$o_{ui}=1$）

（3）曝光偏差造成的問題。

Yang 等人 [238] 首先分析了傳統的計算隱性回饋的推薦系統評價指標的方法為何存在偏差。傳統的隱性回饋的推薦系統的評價指標被叫作總平均評價器（average-over-all evaluator），簡稱 AOA 評價器，其定義由式（5.37）舉出：

$$\mathcal{L}_{\text{AOA}}(\hat{Z}) \quad = \frac{1}{U}\sum_{u\in U}\frac{1}{|\mathcal{I}_u|}\sum_{i\in\mathcal{I}_u}c\,(\hat{z}_{ui})$$

$$= \frac{1}{U}\sum_{u\in U}\frac{1}{\sum_{i\in\mathcal{I}_u^*}o_{ui}}\sum_{i\in\mathcal{I}_u^*}c\,(\hat{z}_{ui})o_{ui} \qquad (5.37)$$

我們可以發現，式（5.37）中 AOA 評價器的值僅由被曝光給使用者的物品決定。這顯然讓它在整體上計算出的基準真相（見式（5.35））有偏差。這裡用一個簡化版本 [238] 的例子對這一偏差進行分析。

如圖 5.5 所示，假設在一個推薦系統中有四個物品 i_1、i_2、i_3 和 i_4，其中用方形表示的 i_1 和 i_2 是曝光機率較高的物品（如比較流行的物品），令它們的曝光機率 q_{ui}=0.9。用圓形表示的 i_3 和 i_4 是曝光機率較低的物品（如不流行的物品），令它們的曝光機率 q_{ui}=0.1。假設紅色背景表示使用者 u 喜歡的物品，黑色背景表示使用者 u 不喜歡的物品。$\hat{Z}_1$ 和 $\hat{Z}_2$ 是兩個隱性回饋的推薦系統為使用者 u 產生的個性化排序的物品列表。用式（5.35）可以計算兩個個性化排序 $\hat{Z}_1$ 和 $\hat{Z}_2$ 的評價指標的基準真相。然後，根據假設的曝光機率 q_{ui}，可以用 AOA 評價器基於觀測性資料（只能觀察到 $\mathcal{I}_u$，而非 $\mathcal{I}_u^*$）來估測這兩個個性化排序 $\hat{Z}_1$ 和 $\hat{Z}_2$ 的評價指標。這裡以函數 c 為 DCG（見式（5.6））的情況為例來展示評估隱性推薦系統時，曝光偏差帶來的影響。

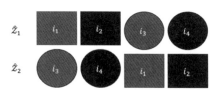

▲ 圖 5.5 隱性回饋的推薦系統中曝光偏差的例子。曝光偏差導致 AOA 評價器無法對推薦系統模型的個性化排序的指標做出無偏的估計

表 5.1 展示了曝光偏差（不同物品具有不同的曝光機率 q_{ui}）對估測兩個推薦系統產生的個性化排序的 DCG 分數的影響。用式（5.35）得到的 DCG 分數的基準真相表示預測出個性化排序 $\hat{z}_1$ 和 $\hat{z}_2$ 的兩個推薦系統的 DCG 分數應該都一樣。注意，這裡用到了集合 $\mathcal{I}_u^*$ 的資訊，這個集合在觀測性資料中並不可見。這意味著，如果沒有曝光偏差，即對使用者 u 來說，如果每個物品的曝光機率 q_{ui} 都一樣，我們也能從觀測性資料中得到相同的結果，即認為 $\hat{z}_1$ 和 $\hat{z}_2$ 一樣好。但在有曝光偏差的情況下，用 AOA 評價器由觀測性資料中計算的 $\hat{z}_1$ 和 $\hat{z}_2$ 的 DCG 分數卻顯著不同。

→ 表 5.1　隱性回饋的推薦系統中曝光偏差對推薦系統模型評價指標估測的影響。具有相同的基準真相 DCG 分數的兩個推薦系統模型產生的個性化排序 $\hat{z}_1$ 和 $\hat{z}_2$，用 AOA 評價器基於觀測性資料計算出的 DCG 分數則有顯著差異

	$\hat{z}_1$	$\hat{z}_2$
基準真相 $\mathcal{L}(\hat{z})$	0.35	0.35
AOA 評價器 $\mathcal{L}_{AOA}(\hat{z})$	0.43	0.20

我們知道，在推薦系統的實際應用中，離線環境下常常會用一個有曝光偏差的驗證集（往往是訓練集的一個子集）去選擇一系列推薦系統模型中表現最好的那個模型。例如，我們進行超參數最佳化，獲得了一系列的超參數不同的推薦系統模型，我們需要選擇其中預期表現最好的模型進行部署上線[①]。這意味著，如果在實際應用中使用 AOA 評價器去估測不同推薦系統模型的表現，從而做模型選擇，那麼曝光偏差可能會導致我們做出錯誤的選擇，即 AOA 評價器估測的評價指標最好的推薦系統模型可能並不是基準真相評價指標最高的那個。這將導致一個不是最優的模型被選中，並部署上線，進而可能影響使用者體驗並導致公司利潤受損。

---

① 這裡的離線指不部署模型，即不令該推薦系統模型預測的個性化物品排序展示在網頁或者 APP 的物品欄位裡。上線則指將模型預測的個性化排序靠前的物品展示在網頁或者 APP 中物品欄位裡展示給使用者。

式（5.38）和式（5.39）展示了 DCG 分數的基準真相和 AOA 評價器估測的值的具體計算過程供讀者參考。

$$\mathcal{L}(\hat{\mathcal{Z}}_1) = \mathcal{L}(\hat{\mathcal{Z}}_2) = \frac{1}{4}\left[\frac{1}{1+\log_2(1)} + \frac{1}{1+\log_2(3)}\right] \approx 0.35 \tag{5.38}$$

$$\begin{cases} \mathbb{E}\big[\mathcal{L}_{\mathrm{AOA}}(\hat{\mathcal{Z}}_1)\big] = \dfrac{1}{2.2}\left[0.9 \times \dfrac{1}{1+\log_2(1)} + 0.1 \times \dfrac{1}{1+\log_2(3)}\right] \approx 0.43 \\[4mm] \mathbb{E}\big[\mathcal{L}_{\mathrm{AOA}}(\hat{\mathcal{Z}}_2)\big] = \dfrac{1}{2.2}\left[0.1 \times \dfrac{1}{1+\log_2(1)} + 0.9 \times \dfrac{1}{1+\log_2(3)}\right] \approx 0.20 \end{cases} \tag{5.39}$$

（4）用 IPS 評價器修正曝光偏差。

為了修正曝光偏差對隱性回饋推薦系統的評價指標的影響，就像文獻 [223] 中修正顯性回饋的推薦系統的選擇性偏差一樣，Yang 等人 [238] 提出了基於傾向性分數的 IPS 評價器。與文獻 [223] 不同的是，這裡的傾向性評分指曝光機率，即 q_{ui}。那麼可以用式（5.40）定義隱性回饋的推薦系統的評價指標的 IPS 評價器：

$$\begin{aligned} \mathcal{L}_{\mathrm{IPS}}(\hat{\mathcal{Z}}|\boldsymbol{Q}) &= \frac{1}{U}\sum_{u\in\mathcal{U}} \frac{1}{|\mathcal{I}_u^*|} \sum_{i\in\mathcal{I}_u} \frac{c(\hat{z}_{ui})}{q_{ui}} \\ &= \frac{1}{U}\sum_{u\in\mathcal{U}} \frac{1}{|\mathcal{I}_u^*|} \sum_{i\in\mathcal{I}_u^*} \frac{c(\hat{z}_{ui})}{q_{ui}} o_{ui} \end{aligned} \tag{5.40}$$

假設有傾向性評分的基準真相 $\boldsymbol{Q}$，IPS 評價器的非偏性可以由式（5.41）證明：

$$\begin{aligned} \mathbb{E}\big[\mathcal{L}_{\mathrm{IPS}}(\hat{\mathcal{Z}}|\boldsymbol{Q})\big] &= \frac{1}{U}\sum_{u\in\mathcal{U}} \frac{1}{|\mathcal{I}_u^*|} \sum_{i\in\mathcal{I}_u^*} \frac{c(\hat{z}_{ui})}{q_{ui}} \mathbb{E}[o_{ui}] \\ &= \frac{1}{U}\sum_{u\in\mathcal{U}} \frac{1}{|\mathcal{I}_u^*|} \sum_{i\in\mathcal{I}_u^*} c(\hat{z}_{ui}) = \mathcal{L}(\hat{\mathcal{Z}}) \end{aligned} \tag{5.41}$$

其中，第二個等式利用了期望的定義，即 $\mathbb{E}[o_{ui}]=1\times P(o_{ui}=1)+0\times P(o_{ui}=0)=P(o_{ui}=1)=q_{ui}$。與文獻 [223] 中的情況類似，既然有了 IPS 評價器，那麼也可以設計對應的 SNIPS 評價器來減小估測的評價指標的方差 [232]。隱性回饋的推薦系統評價指標的 SNIPS 評價器定義如式（5.42）所示：

$$
\begin{aligned}
\mathcal{L}_{\text{SNIPS}}(\hat{Z}|\boldsymbol{Q}) &= \frac{1}{U}\sum_{u\in\mathcal{U}}\frac{1}{|\mathcal{I}_u^*|}\frac{\mathbb{E}\left[\sum_{i\in\mathcal{I}_u}\frac{1}{q_{ui}}\right]}{\sum_{i\in\mathcal{I}_u}\frac{1}{q_{ui}}}\sum_{i\in\mathcal{I}_u}\frac{c(\hat{z}_{ui})}{q_{ui}} \\
&= \frac{1}{U}\sum_{u\in\mathcal{U}}\frac{1}{\sum\limits_{i\in\mathcal{I}_u}q_{ui}}\sum_{i\in\mathcal{I}_u}\frac{c(\hat{z}_{ui})}{q_{ui}}
\end{aligned}
\tag{5.42}
$$

注意，Yang 等人 [238] 在這裡並沒有對每一對使用者 - 物品做歸一化處理，而是對每一個使用者的評價指標的 IPS 估測進行歸一化處理。式（5.42）中的第二個等式成立的依據是式（5.43）：

$$
\begin{aligned}
\mathbb{E}\left[\sum_{i\in\mathcal{I}_u}\frac{1}{q_{ui}}\right] &= \sum_{i\in\mathcal{I}_u^*}\mathbb{E}\left[\frac{1}{q_{ui}}o_{ui}\right] \\
&= \sum_{i\in\mathcal{I}_u^*}1 = |\mathcal{I}_u^*|
\end{aligned}
\tag{5.43}
$$

由於傾向性分數 $\boldsymbol{Q}$ 在真實世界的隱性回饋的推薦系統的觀測性資料中並不可見，要基於 IPS 和 SNIPS 評價器估測一個隱性回饋的推薦系統的評價指標，還需對傾向性分數進行建模。Yang 等人 [238] 首先假設曝光機率不隨使用者改變，即 $q_{ui}=q_i$。這是因為在很多場景下沒有足夠的使用者資訊對傾向性分數進行個性化建模。接下來需要對 q_i 進行參數化處理。Yang 等人 [238] 假設所有的隱性回饋都是由一個已經存在的推薦系統導致的。基於這個假設，可以將使用者與物品互動的資料生成過程分為兩步。

首先，一個已經存在的推薦系統透過預測個性化物品排序將物品展示給使用者。

　　然後，使用者瀏覽這些被展示的物品，並在其中選擇自己喜歡的進行互動（點擊、收藏等）。這時可以把曝光機率做如下分解，如式（5.44）所示：

$$q_i = q_i^{\text{select}} q_i^{\text{interact|select}} \tag{5.44}$$

　　其中，q_i^{select} 是物品 i 被推薦的機率，$q_i^{\text{interact|select}}$ 是物品 i 被推薦的情況下，使用者與物品 i 互動的機率。Yang 等人 [238] 分別對 q_i^{select} 和 $q_i^{\text{interact|select}}$ 進行了如式（5.45）所示的參數化操作，以使它們可以從觀測性的隱性回饋資料中進行估測。

$$q_i^{\text{interact|select}} \propto n_i^* \tag{5.45}$$

　　其中，$n_i^* = \sum_u \mathbb{1}(i \in \mathcal{I}_u^*)$ 是物品 i 在整體上的真實流行度，即物品 i 在被曝光給所有的使用者後獲得隱性回饋的次數。這樣設計是因為使用者更傾向於與流行的物品互動。而 q_i^{select} 則被認為是與物品 i 在觀測性資料中和使用者的總互動次數有如式（5.46）所示的關係：

$$q_i^{\text{select}} = (n_i)^\gamma \tag{5.46}$$

　　這樣設計的原因是物品的互動次數在觀測性資料中呈現出冪律分佈（power-law distribution）。其中，$n_i = \sum_u \mathbb{1}(i \in \mathcal{I}_u)$ 是觀測到的物品 i 與使用者間的總互動次數。由於 n_i^* 是不可以由觀測性資料直接估測的，因為無法觀察到集合 $\mathcal{I}_u^*$，因此，Yang 等人 [238] 提出了如式（5.47）所示的公式，僅用 n_i 和超參數 γ 來對傾向性分數 q_i 進行參數化：

$$q_i \propto (n_i)^{\left(\frac{\gamma+1}{2}\right)} \tag{5.47}$$

　　至此便可以利用觀測性的隱性回饋資料經由 IPS 或 SNIPS 評價器估測無偏的隱性回饋的推薦系統的評價指標。

為了驗證傾向性分數模型的正確性，文獻 [238] 分析了資料中的流行性偏差——一種重要的曝光偏差。實現結果證明，在三個不同的真實世界隱性回饋資料集（citeulike[238]（相關資訊見「連結 16」）、Tradesy[238]（相關資訊見「連結 17」）和 Amazon book[238]）中，n_i 的分佈確實可以用冪律分佈近似。而進一步的實驗表示，這種流行性的偏差會導致基於隱性回饋的推薦系統更傾向於推薦更流行（n_i 更大）的物品。在這三個資料集中訓練的四種不同的隱性回饋的推薦系統模型包括貝氏個性化排序和機率矩陣分解等，而在模型預測的個性化排序的前 50 名中，物品出現的次數與物品流行度 n_i 的關係也近似符合冪律，這表示有曝光偏差的觀測性資料訓練出的隱性回饋的推薦系統模型會做出偏袒流行物品的推薦。另一組實驗則回答了 IPS 和 SNIPS 評價器是否能夠準確地對推薦系統模型的評價指標做出無偏估測。這組實驗是基於之前介紹過的 Yahoo!R3 資料集，因為它附帶一個隨機試驗產生的測試集，可以為模型評價指標提供基準真相。實驗表示，在對四種不同的推薦系統模型的兩種評價指標（AUC 和召回率）進行估測的任務中，基於 IPS 和 SNIPS 的評價器比 AOA 評價器具有更低的誤差。

除文獻 [238] 中利用 IPS 評價器對隱性回饋的推薦系統的評價指標針對曝光誤差進行修正外，還有一系列工作力圖在訓練階段對隱性回饋的推薦系統的曝光偏差進行修正。如文獻 [241] 中，Saito 等人提出的基於 IPS 的損失函數可以被用來訓練無偏的隱性回饋推薦系統。感興趣的讀者可以參考文獻 [219] 中相關的內容。

（5）複習與討論。

整體來說，推薦系統是在真實世界應用中最常見的機器學習模型之一。它透過與人類使用者互動而產生有標籤的資料。其中，顯性回饋資料（評分）更難獲得，但含有更豐富的資訊。隱性回饋（點擊、收藏、購買等）資料則可以在使用者與推薦系統預測的個性化物品清單的互動中自然地被搜集。無論是顯性回饋還是隱性回饋的資料，都會存在一些偏差，而這種偏差由於推薦系統的使用者 - 模型 - 資料之間的反應環的存在，往往容易累積。這些偏差可能造成一系列不好的後果，如在隱性回饋的推薦系統的模型選擇中，曝光偏差可能會導致離線指標最好的模型上線後的表現不佳，或是不流行的物品被模型推薦給使用者的機會更少，從而變得更加不流行。這些現象可能造成更深遠的問題，如

使用者體驗不佳導致使用者流失，平臺上的賣家或內容創作者之間的不公平導致贏者通吃等，這些都不利於一個網站或者 APP 的長期發展。因此，很有必要利用因果推斷的工具對這些偏差進行分析，然後使用因果推斷的方法，例如，基於傾向性評分的 IPS 或 SNIPS 評價器，對這些偏差進行修正。

5.2 基於因果推斷的學習排序

學習排序（learning to rank）是除推薦系統外的另一種非常重要的在資訊技術工業界有著非常廣泛應用的機器學習模型。學習排序的第一批成功應用是在網頁（文件）搜尋網站如 Google、百度、Bing 網中。而在網際網路深入到生活的各行各業的今天，學習排序模型可以幫助使用者在蝦皮、MOMO 等網上搜尋商品，在 Airbnb 網搜尋房間和旅行體驗，在 LinkedIn 搜尋工作機會，在 Redfin 上搜尋房源等。總之，搜尋（學習排序）與推薦系統在當今的網際網路應用中同樣扮演著不可或缺的角色。本節首先介紹學習排序的基礎知識，即什麼是學習排序模型，訓練學習排序模型的資料是什麼樣的。然後介紹搜尋中的觀測性資料存在哪些偏差，它們會造成什麼樣的問題，以及如何用基於因果推斷的方法改進學習排序模型，從而對它們進行修正。

5.2.1 學習排序簡介

下面首先對經典的學習排序模型 [242] 進行介紹。與推薦系統不同，在搜尋中給定一個文件①的集合，學習排序的任務是針對使用者在搜尋欄輸入的一條查詢（query），返回針對該查詢對文件進行排序的一個列表。圖 5.6 展示了一個簡化的學習排序模型工作的原理。

---

① 這裡用「文件」一詞來代表搜索的物件。但它也可以代表商品、音樂、酒店房間、旅行體驗、房源、工作機會等。

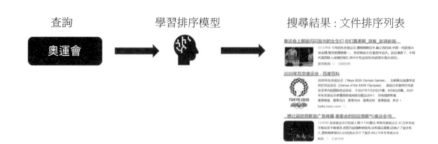

▲　圖 5.6　真實世界中簡化的搜尋（學習排序）案例。在中文搜尋網站百度中查詢「奧運會」後，學習排序模型根據查詢的內容和其他特徵，如使用者的地理位置及搜尋歷史等資訊，展示使用者可能感興趣的網頁（文件）排序列表。被模型認為相關度更高的網頁會被排在前面

　　這裡用正式的符號來描述學習排序的資料，主要考慮隱性回饋的搜尋資料。在搜尋中，顯性回饋指由領域專家標注的每個文件與對應的查詢之間的連結性分數。而隱性回饋指使用者與學習排序系統預測的排序文件清單中文件的互動，如點擊、收藏等。這使它與推薦系統的隱性回饋資料相似。如圖 5.6 中那樣，對於一個查詢 q，已經存在的學習排序模型會返回一系列搜尋結果頁面。一個搜尋結果頁面其實是對文件進行排序的一個列表，可以用 $\{(\boldsymbol{X}^q, \boldsymbol{c}^q, \bar{\boldsymbol{y}}^q)\}_{q=1}^n$ 代表一個隱性回饋的搜尋資料集。其中，每一個元素 $(\boldsymbol{X}^q, \boldsymbol{c}^q, \bar{\boldsymbol{y}}^q)$ 代表查詢 q 對應的搜尋結果頁面中所有文件的資訊，$\boldsymbol{X}^q \in \mathbb{R}^{n_q \times d}$ 是這些文件的特徵矩陣，n_q 是查詢 q 的搜尋結果頁面中的文件數量，d 是特徵向量的維度；$\boldsymbol{c}^q \in \{0,1\}^{n_q}$ 是查詢 q 的搜尋結果頁面中文件的隱性回饋向量；$\bar{\boldsymbol{y}}^q \in \{1,\cdots,n_q\}^{n_q}$ 是在觀測性搜尋（日誌）資料中已存在的學習排序模型預測的查詢 q 對應的文件在其搜尋結果頁面內的排序。令 x_i^q 和 c_i^q 分別表示查詢 q 的搜尋結果頁面中第 i 個文件的特徵和隱性回饋。x_i^q 特徵向量一般包括查詢 q 的文字特徵、第 i 個文件的文字特徵，以及一些歷史統計資料，如電子商務中查詢 q 的搜尋結果頁面被點擊商品的歷史均價等。因為 x_i^q 既包含查詢的特徵，也包含文件的特徵，我們也可以把 x_i^q 稱為查詢 - 文件的特徵。$c_i^q=1$ 和 $c_i^q=0$ 分別表示第 i 個文件有和沒有獲得使用者的正面回饋（如點擊）。因為本書中只討論一個查詢的搜尋結果頁面中文件的重排序，而不考慮查詢之間的關係，所以在接下來的內容中我們簡化以上符號，不再使用上標 q。

　　這裡先簡單介紹一下學習排序常用的評價指標。以下評價指標的物件皆為一個查詢 q 對應的排序的文件列表，其中包括所有搜尋結果頁面裡的文件。一般僅考慮排在前 K 個位置的文件，因為使用者瀏覽搜尋結果頁面時，點擊文件的機率隨位置衰減 [243]。

　　歸一化折損累計增益 @K（NDCG@K）[244]：每一個標籤為正的文件排在文件列表的前 K 個位置都會提高 NDCG@K 的值，標籤值越大，排名越靠前，收益越大。其定義如式（5.48）所示：

$$\begin{cases} \text{NDCG@K} = \dfrac{\text{DCG@K}}{\text{IDCG@K}} \\ \text{DCG@K} = \sum_{i:y_i \leqslant K} \dfrac{2^{l_i} - 1}{\log(1 + \hat{y}_i)} \end{cases} \tag{5.48}$$

　　其中，$\hat{y}_i$ 是模型預測的文件 i 的排序，l_i 是文件的標籤。給定一組文件，其中 IDCG@K 是 NDCG@K 在這組文件任意排序所能取到的最大值。與隱性回饋的推薦系統中的 NDCG@K（見式（5.6））略有區別的是，搜尋的 NDCG@K 中，每一項標籤為正的文件帶來的增益與標籤的值是有關的。它既可以被用於顯性回饋（即標籤代表連結性評分的情況），也可以被用於隱性回饋（標籤代表二值的隱性回饋時）。

- 平均倒數排名（mean reciprocal rank，MRR）是一個對隱性回饋搜尋的評價指標。它鼓勵將標籤為正的文件排在前面，對於一個查詢 q，其定義如式（5.49）所示：

$$\text{MRR} = \frac{1}{n_q} \sum_{i=1}^{n_q} \frac{1}{\hat{y}_i} \tag{5.49}$$

　　學習排序模型一般分為三類：單文件（pointwise）方法、文件對（pairwise）方法和文件列表（listwise）方法。下面對它們進行簡單介紹。一般來說，一個學習排序模型可以被函數 $f:\mathbb{R}^{\text{d}} \to \mathbb{R}$ 描述，它將查詢 - 文件的特徵向量映射到一個實數，也就是模型對該查詢 - 文件預測的分數。有了一組文件的分數，就可以對它們進行排序。三種方法的主要區別是損失函數的設計。

　　在單文件方法中，一個潛在的假設就是每個查詢 - 文件是獨立同分佈的樣本。單文件方法令學習排序模型準確地預測每個查詢 - 文件樣本的標籤（如連結性分數或點擊）。這可以被當成一個分類或者回歸問題，取決於標籤是離散的還是連續的 [245-246]。如果連結性分數是連續的，對於每一個查詢 - 文件樣本，可以利用平方差損失函數來訓練學習排序模型 f，如式（5.50）所示：

$$\mathcal{L}_{\text{point}} = \left(\hat{l}_i - l_i \right)^2 \tag{5.50}$$

　　其中，$\hat{l}_i = f(\boldsymbol{x}_i)$ 是學習排序模型預測的一個查詢 - 文件樣本的標籤，而 l_i 是標籤的基準真相。但事實上，在搜尋結果頁面中，每個文件的排序並不是獨立的。因此，單文件方法不能利用一個搜尋結果頁面中文件之間的位置關係。而在搜尋中，重要的恰恰是排序，即文件之間的位置關係，這限制了單文件方法的學習排序模型的表現。

　　文件對方法 [247] 與推薦系統中的貝氏個性化排序十分類似，它的目標是對同一個查詢對應的一對文件進行正確排序。對於一對文件 (i, j)，可以把文件對學習排序模型看作一個二分類機器學習模型 $f_{\text{pair}}:(\mathbb{R}^d \times \mathbb{R}^d) \to [0,1]$，它將一對文件的特徵 $(\boldsymbol{x}_i, \boldsymbol{x}_j)$ 映射到條件機率 $P(l_j=1|\boldsymbol{x}_i, \boldsymbol{x}_j)$，其中式（5.51）：

$$l_{ij} = \begin{cases} 1 & l_i \geqslant l_j \\ 0 & \text{其他情況} \end{cases} \tag{5.51}$$

可以用二值交叉熵損失函數來訓練這個二分類模型，如式（5.52）所示：

$$\mathcal{L}_{\text{pair}}\left(\hat{l}_{ij}\right) = -l_{ij}\log\hat{l}_{ij} - \left(1 - l_{ij}\right)\log\left(1 - \hat{l}_{ij}\right) \tag{5.52}$$

為了簡化模型，可以把文件對學習排序模型參數化為式（5.53）所示的形式：

$$\hat{l}_{ij} = f_{\text{pair}}(\boldsymbol{x}_i, \boldsymbol{x}_j) = \sigma\left(\hat{l}_i - \hat{l}_j\right) = \sigma\left(f(\boldsymbol{x}_i) - f(\boldsymbol{x}_j)\right) \tag{5.53}$$

　　其中，$\sigma(x) = \frac{1}{1+e^{-x}}$ 代表 S 型函數。$\hat{l}_i$ 是學習排序模型 f 對第 i 個文件預測的排序分數。本質上，文件對模型也是在對每一個查詢 - 文件樣本預測一個排序分數。但損失函數是由兩個文件的相對順序來計算的，比起單文件模型，

是一個更適合學習排序的場景的最佳化目標。常見的文件對模型包括但不限於
RankSVM[248]、LambdaMART[249] 和 RankBoost[250] 等。文件對模型只最佳化了每
一對文件之間的排序,而一個搜尋結果頁面中更豐富的位置資訊不能被該類型
的學習排序模型使用到。

　　文件清單方法則是對一個學習排序模型 f 預測的文件清單計算一個損失函
數。一般來講,文件清單模型會嘗試直接最佳化學習排序的評價指標,但這些
評價指標(如 NDCG@K,見式(5.48))往往不是連續函數。要克服這個困難,
基於文件清單的學習排序模型往往利用一個連續可導的代理損失函數(surrogate
loss function)來作為最佳化的目標。例如,式(5.54)所示的檔案列表的
softmax 的交叉熵損失函數 [251]:

$$\mathcal{L}_{\text{list}} = -\sum_{i:l_i>1} \log \frac{\exp\big(f(\boldsymbol{x}_i)\big)}{\sum_j \exp\big(f(\boldsymbol{x}_j)\big)} \tag{5.54}$$

　　它本質上是用 softmax 函數對 f 預測的查詢 q 對應的所有文件的排序分數進
行了一個歸一化處理,從而使其能夠對條件機率 $P(l_i>0|\boldsymbol{X})$ 進行建模。也就是說,
經過最佳化,標籤為正的文件會得到更高的排序分數 $f(\boldsymbol{x}_i)$,標籤為負的文件的
排序分數則會下降。分母中對查詢 q 對應的排序列表中所有的文件求和來做歸
一化處理表現了它是一種文件列表學習排序方法。

5.2.2　用因果推斷修正學習排序中的偏差

　　隱性回饋的學習排序作為一種依賴使用者打標籤的互動性機器學習模型,
與推薦系統相似,也會在各階段遭遇不同的偏差。在使用者給排序的文件列表
打標籤時,位置偏差會使被學習排序模型排在靠前位置的文件更有機會得到正
的回饋 [252-256]。文獻 [257] 認為在觀測性的搜尋日誌資料中,標籤為正的文件並
不能代表那些曝光給使用者就會得到正標籤的文件。於是出現了另一種偏差——
選擇性偏差,這種選擇性偏差出現的原因有兩種:第一,因為使用者的注意力
隨位置衰減,導致排序過低的文件無法曝光給使用者。第二,由於搜尋結果頁
面只展示排序在前 K 個位置的文件。這意味著選擇性偏差可能會因位置偏差而
發生。但它強調的是有部分文件被曝光給使用者的機率為 0,因此不可能得到正
的隱性回饋。

1‧隱性回饋學習排序中的位置偏差

考慮基於隱性回饋搜尋日誌資料的學習排序時，可以用圖 5.7 中的例子來說明位置偏差產生的原因和影響。如圖 5.7 所示，假設令一個已存在的模型對使用者輸入的查詢返回展示了六個文件的排序的一個搜尋結果頁面，然後令該使用者與展示出的文件互動，並得到它們的隱性回饋。由於只能觀察到隱性回饋標籤，我們需要推測出每個文件的連結性來訓練學習排序模型。因為隱性回饋的標籤由文件是否被曝光給使用者和文件是否與使用者輸入的查詢兩者有連結性兩者決定，要推測連結性，就要求同時推測曝光的資訊。在該例中，第二行第一個位置的文件被點擊了，假設使用者總是從上到下、從左至右地瀏覽網頁，那麼可以推測排在第一行的兩個文件被曝光給了使用者，但使用者認為它們與輸入的查詢沒有連結性。同時第二行第一列的文件也被曝光給了使用者，且使用者認為它與查詢有連結性。對於這幾個位置上的文件，我們可以有把握地推測出曝光和連結性的資訊。但是對於搜尋結果頁面中排在更靠後的位置的文件，則不確定這個文件沒有被點擊的原因是它沒有被曝光給使用者，還是使用者認為它與查詢沒有連結性。這便是我們所說的位置偏差問題。

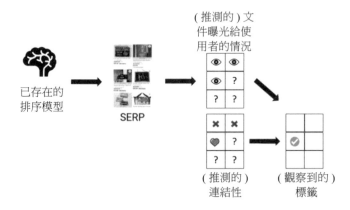

▲ 圖 5.7　隱性回饋搜尋日誌資料的生成過程。已存在的排序模型首先為一個查詢返回一個搜尋結果頁面，之後使用者與該頁面中各位置的文件或商品互動，產生隱性回饋（如點擊）。注意，圖中只能看見隱性回饋標籤，而我們的目的是推測每個文件的連結性，並用它們最佳化學習排序模型

參考文獻 [219]，其中舉出了搜尋隱性回饋日誌資料中位置偏差的定義。

定義 5.3　搜尋隱性回饋資料中的位置偏差。

位置偏差代表在一個搜尋結果頁面中，位置更靠前的文件有更大的機率被曝光給使用者。這僅與文件的位置（排序）有關，與文件本身和查詢的連結性無關。

這裡用類似於文獻 [252,258] 中的一個例子展示隱性回饋的搜尋資料中的位置誤差。假設每個文件的連結性是二值的 $r \in \{0,1\}$，對於一個查詢對應的所有文件的排序 $\boldsymbol{y}$，假設這裡的評價指標是所有連結性 $r=1$ 的文件的排序之和，如式（5.55）所示：

$$\mathcal{L}(\boldsymbol{y}|\boldsymbol{X},\boldsymbol{r}) = \sum_{i}^{n_q} y_i \times r_i \tag{5.55}$$

對於同樣的一組文件，評價指標 $\mathcal{L}$ 越小，說明學習排序模型預測的排序清單 $\boldsymbol{y}$ 效果越好。假設搜尋結果頁面有 6 個位置，文件曝光給使用者的機率僅與文件的位置有關，並滿足 $P(o_i=1|y_i)= 0.5^{(y_i-1)}$。

在圖 5.8 中，兩個排序 $\boldsymbol{y}$ 和 $\boldsymbol{y}'$ 的真實評價指標值為 7，如式（5.56）所示：

$$\mathcal{L}(\boldsymbol{y}|\boldsymbol{X},\boldsymbol{r}) = 1 \times 1 + 6 \times 1 = \mathcal{L}(\boldsymbol{y}'|\boldsymbol{X},\boldsymbol{r}) = 3 \times 1 + 4 \times 1 = 7 \tag{5.56}$$

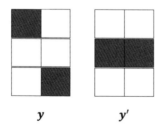

$\boldsymbol{y}$　　　　$\boldsymbol{y}'$

▲ 圖 5.8 展示隱性回饋搜尋日誌資料的位置偏差的例子。紅色方塊代表該位置是連結性為 1 的文件。兩種排序 $\boldsymbol{y}$ 和 $\boldsymbol{y}'$ 應當擁有相同的評價指標（見式（5.56））的值，但由於位置偏差，我們用觀測到的隱性回饋標籤計算該評價指標時會對左邊的排序得到更高的值（見式（5.59））

在考慮位置偏差的時候，有可能遇到一個文件的連結性為 1 但沒有曝光給使用者，進而導致使用者沒有點擊該文件的情況。這裡引入一個在非偏學習排序（unbiased learning to rank）中被廣泛應用的假設，如式（5.57）所示：

$$c_i = o_i \times r_i \qquad (5.57)$$

該假設意味著每一個正面的隱性回饋（如點擊）的發生取決於兩件事：第一，文件的連結性為正，即 $r_i=1$，第二，該文件被曝光給了該使用者，即 $o_i=1$[252,254-256]。對應地，在傳統的隱性回饋的學習排序中，式（5.58）常被用來借助隱性回饋的搜尋日誌資料估測這兩個排序文件列表的評價指標：

$$\hat{\mathcal{L}}_{\text{naive}}(\boldsymbol{y}|\boldsymbol{X},\boldsymbol{c}) = \mathbb{E}_{o_i \sim P(o_i)}\left[\sum_i^{n_q} y_i \times c_i\right] = \sum_i^{n_q} y_i \times P(o_i=1) \times r_i \qquad (5.58)$$

根據前面假設的 $P(o_i=1)$ 的值，可以計算 $\mathcal{L}(\boldsymbol{y}|\boldsymbol{X},\boldsymbol{c})$ 和 $\mathcal{L}(\boldsymbol{y}|\boldsymbol{X},\boldsymbol{c})$ 的期望，如式（5.59）所示：

$$\begin{aligned} \hat{\mathcal{L}}_{\text{naive}}(\boldsymbol{y}|\boldsymbol{X},\boldsymbol{c}) &= \mathbb{E}[\mathcal{L}(\boldsymbol{y}|\boldsymbol{X},\boldsymbol{c})] = 1 \times 1 + 0.5^5 \times 6 = 0.69 \\ \hat{\mathcal{L}}_{\text{naive}}(\boldsymbol{y}'|\boldsymbol{X},\boldsymbol{c}) &= \mathbb{E}[\mathcal{L}(\boldsymbol{y}'|\boldsymbol{X},\boldsymbol{c})] = 0.5^2 \times 3 + 0.5^3 \times 4 = 1.25 \end{aligned} \qquad (5.59)$$

可以發現，位置偏差的存在使我們錯誤地認為排序清單 $\boldsymbol{y}$ 比 $\boldsymbol{y}'$ 更好，儘管它們的真實評價指標的值應當一樣。

2 · 用 IPS 評價器修正位置偏差

而利用基於傾向性分數的 IPS 評價器可以被用來修正位置偏差[252,253]。在上面的例子中，利用 $P(o_i=1)$ 的基準真相，可以準確地修正位置偏差。為了估測式（5.55）中的評價指標，可以根據得到正回饋的文件的位置資訊對它們分配權重，即對每一個有正回饋的文件，用它的位置的傾向性分數的倒數作為它的權重。這樣就能得到 IPS 評價器，如式（5.60）所示：

$$\hat{\mathcal{L}}_{\text{IPS}} = \mathbb{E}[\mathcal{L}(\boldsymbol{y}|\boldsymbol{X},\boldsymbol{c})] = \sum_i y_i \times \frac{\mathbb{E}[c_i]}{P(o_i=1)} \qquad (5.60)$$

利用式（5.60）中的傾向性評分的倒數（IPS），可以對例中的位置偏差進行修正，得到對排序的文件列表 y 和 y' 的評價指標的正確估測。感興趣的讀者可以自行計算驗證。

更廣義地講，對於一系列學習排序的評價指標，都可以利用 IPS 評價器修正隱性回饋標籤帶來的位置偏差，並用它或者近似它的損失函數來在有偏的搜尋日誌資料上最佳化學習排序模型。令 $\mathcal{L}(y|X,r)$ 表示一個排序列表的評價指標（如 NDCG@K、MRR 等），那麼它的 IPS 評價器可以用式（5.61）表示：

$$\hat{\mathcal{L}}_{\text{IPS}}(y|X,r) = \sum_i \frac{l(y_i|\boldsymbol{x}_i,r_i)}{\hat{P}(o_i=1|y_i,\boldsymbol{x}_i,r_i)} \tag{5.61}$$

其中，$l(y_i|\boldsymbol{x}_i,r_i)$ 是單一文件 i 的評價指標。例如，在 NDCG 中，$l(y_i|\boldsymbol{x}_i,r_i)$ 被定義為式（5.62）所示的形式：

$$l(y_i|\boldsymbol{x}_i,r_i) = \frac{2^{r_i}-1}{\log(1+y_i)} \tag{5.62}$$

但還需要傾向性分數的基準真相 $P(o_i=1|y_i,\boldsymbol{x}_i,r_i)$ 才可以計算 IPS 評價器的值。

不幸的是，與推薦系統類似，在隱性回饋的搜尋日誌資料中，在不做額外處理的情況下，無法觀察到傾向性分數的基準真相。例如，一個電子商務網站無從得知一個使用者在瀏覽搜尋結果頁面的時候，有多大機率會在某個位置停下，或是有多大機率跳過某些位置不看。不僅如此，我們也無從得知使用者到底根據什麼標準來決定要看搜尋結果頁面的某一個位置。例如，這是與查詢本身的內容有關嗎？與展示在搜尋結果頁面中商品的圖片、評分或價格有關嗎？或者與頁面展示什麼樣的廣告有關嗎？在非偏學習排序的文獻中，有一系列方法被提出用來估測傾向性分數，這裡介紹幾種比較經典的方法供讀者參考。

在文獻 [252] 中，康奈爾大學的電腦教授 Thorsten Joachims 等人提出了一種透過設計隨機實驗來準確估測傾向性分數的方法。樸素的隨機實驗 [258]，即完全隨機地對一個查詢的搜尋結果頁面中的所有文件進行排序，再展示給使用者搜集隱性回饋標籤的方法，這樣有一個很大的問題，那就是完全隨機排序的文件列表會嚴重影響使用者的體驗，從而使使用者黏性下降，影響提供搜尋服務

的公司的盈利。那麼如何在最小化對使用者體驗的負面影響的條件下進行排序
的隨機實驗呢？Joachims 等人首先簡化了這個任務。因為在搜尋中，一個排序
的文件列表 **y** 的評價指標是各位置上文件的評價指標的加權和（見式（5.61））。
因此，比起精確地估測傾向性分數 $P(o_i\,|y_i,\pmb{x}_i,\pmb{r}_i)$ 的值，其實只需要估測同一個搜
尋結果頁面中文件之間的傾向性分數的比例。因此，在 Joachims 等人設計的隨
機實驗方法中，我們在將一個學習排序模型預測的搜尋結果頁面展示給使用者
之前，可以隨機對選擇的兩個文件進行調換。假設交換了位置為 y_i 和 y_j 的文件
i 和文件 j，並且傾向性分數僅受到排序位置的影響，即 $P(o_i\,|y_i,\pmb{x}_i,\pmb{r}_i)=P(o_i\,|y_i)$，
那麼就會有式（5.63）所示的關係：

$$\begin{cases} P(c_i = 1|\text{no-swap}) = \alpha P(c_i = 1|o_i = 1) \\ P(c_i = 1|\text{swap-i-and-j}) = \beta P(c_i = 1|o_i = 1) \end{cases} \tag{5.63}$$

其中，$\alpha=\gamma\mathrm{P}(o_i=1|y_i)$，$\beta=\gamma\mathrm{P}(o_i=1|\mathrm{y}_j)$，$\gamma>0$。而條件機率 $P(c_i=1|o_i=1)$ 代表原
本排在 y_i 的文件 i 被曝光給使用者的條件下被點擊的機率。這裡假設它不隨該文
件的位置而改變，僅與文件和查詢的連結性有關，如式（5.64）所示：

$$P(c_i = 1|o_i = 1) = P(c_i = 1|r_i = 1, o_i = 1)P(r_i = 1) + \\ P(c_i = 1|r_i = 0, o_i = 1)P(r_i = 0) \tag{5.64}$$

這樣，式（5.64）其實提供了估測 α 和 β 的比例的理論基礎。即我們對同一
搜尋結果頁面中不同位置和不同的查詢對應的搜尋結果頁面做這種文件位置調
換，就能對每一對位置 i 和 j 求出 $\frac{\alpha}{\beta}=\frac{P(o_i=1|y_i)}{P(o_i=1|y_j)}$。對同一個搜尋結果頁面，事實
上可以把 i 固定為某一個位置，而不停地改變 j 來估測，如式（5.65）所示：

$$\frac{P(o_i = 1|y_i)}{P(o_i = 1|y_1)}, \cdots, \frac{P(o_i = 1|y_i)}{P\left(o_i = 1|y_{n_q}\right)} \tag{5.65}$$

這一系列的不同位置的傾向性分數之間的比例，甚至可以只考慮幾種特別
的 j 的取值，然後利用一個回歸模型如插值法（interpolation）來推測該比例對
於不同的 j 時的取值。實踐中，因為很多查詢都會被不同的使用者輸入不止一
次，所以可以把這一系列經過位置調換的搜尋結果頁面展示給使用者來搜集他
們的隱性回饋標籤（點擊）。然後可以透過對不同的查詢對應的搜尋結果頁面

中估測到的這一組比例求平均,最終達到用 IPS 評價器對模型評價指標(或損失函數)進行估測的目的。這種方法曾經被多家美國網際網路公司部署在他們的學習排序模型預測的搜尋結果頁面中。在文獻 [252] 中,Joachims 等人還討論了利用傾向性分數模型如何修正其他種類的搜尋日誌資料中的偏差。比如修正在學習排序中的信任誤差(trust bias)[259]。信任誤差指位置還會影響到最終觀察到的(隱性回饋)標籤的取值。在這種情況下,除了傾向性分數,還需要對條件分佈 $P(c_i|x_i,y_i,r_i)$ 建模。

3 · 其他修正位置偏差的方法

在另外一系列非偏的學習排序演算法的研究工作中 [254-256],幾種不同的參數化模型被用來對位置偏差中的傾向性分數建模。在文獻 [254] 中,Ai 等人考慮了一個基於 softmax 的文件清單模型,並直接利用最大似然估計(maximum likelihood estimation,MLE)去最佳化每個位置的傾向性分數。他們令每個位置的傾向性分數為一個可學習的參數 Φ_{y_i},用 softmax 函數對 Φ_{y_i} 進行歸一化處理,就可以得到 $P(o_i=1)$,如式(5.66)所示:

$$P(o_i) = \frac{\exp(\phi_{y_i})}{\sum_{i'=1}^{n_q} \exp(\phi_{y_{i'}})} \tag{5.66}$$

同時,Ai 等人用一個基於神經網路的排序模型來對一個文件的連結性為 1 的機率(即 $P(r_i=1|x_i)$)進行建模,如式(5.67)所示:

$$\hat{P}(r_i = 1) = \frac{\exp(f(x_i))}{\sum_{i'=1}^{n_q} \exp(f(x_{i'}))} \tag{5.67}$$

其中,$f:\mathcal{X} \to \mathbb{R}$ 是一個輸入為特徵向量 x、輸出為實數的神經網路模型。然後用以下附帶權重的負對數似然函數作為一個查詢 q 對應的搜尋結果頁面中所有文件對應的損失函數,如式(5.68)所示:

$$\mathcal{L}_\phi = - \sum_{i:c_i=1} \frac{\hat{P}(r_j = 1|x_j)}{\hat{P}(r_i = 1|x_i)} \log \frac{\exp(\phi_{y_i})}{\sum_{i'=1}^{n_q} \exp(\phi_{y_{i'}})} \tag{5.68}$$

其中，文件 j 是排在第一個位置的文件，即 $y_j=1$。權重 $\dfrac{\hat{P}(r_j=1|x_j)}{\hat{P}(r_i=1|x_i)}$ 是學習排序模型對文件 j 與文件 i 連結性為 1 的機率之比。

在文獻 [255] 中，Hu 等人提出非偏的 LambdaMART，這個工作主要考慮的是對文件對學習排序模型進行非偏化處理。比起文獻 [252,254,258] 中採用的非偏學習排序模型，我們可以觀察到，文件對學習排序模型的損失函數需要輸入一對隱性回饋標籤分別為正和負的文件（見式（5.52））。所以對於基於 IPS 評價器的非偏文件對學習排序模型的最大挑戰是，文件對學習排序模型的輸入是一對文件，而非一個。這就要求我們對每一對文件計算一個 IPS 權重，從而得到非偏的文件對模型。因為這一對文件一定是一正一負的，正的指得到隱性回饋（如點擊）的，因此連結性也為正的文件，負的則是沒有隱性回饋。注意，如果一個文件沒有正的隱性回饋，它的連結性就是未知的。在其他工作中[252,254,258]，只有隱性回饋為正的文件會影響到損失函數和評價指標的計算。而還沒有太多的研究談及如何對沒有正回饋標籤的文件的傾向性評分進行建模。因此，在文獻 [255] 中，針對常用的 pairwise 的學習排序模型 LambdaMART，Hu 等人提出了一種計算傾向性評分的方法。因為 LambdaMART 這個模型沒有損失函數的解析運算式，只有其梯度的解析運算式，因此用式（5.69）代表 LambdaMART 的經驗風險最小化的損失函數：

$$\mathcal{L}_{\text{naive}} = \sum_{i,j} \Delta\left(f(x_i), c_i, f(x_j), c_j\right) \tag{5.69}$$

其中，$\Delta(f(x_i),c_i,f(x_j),c_j)$ 代表一對文件 i 和 j 對應的 LambdaMART 的損失函數，它在 $c_i=c_j$ 時取值為 0。而 $\mathcal{L}_{\text{naive}}$ 是對一個查詢對應的所有文件對求和。但理想的損失函數則應當是基於文件與查詢間的連結性的，如式（5.70）所示：

$$\mathcal{L}_{\text{ideal}} = \sum_{i,j} \Delta^r\left(f(x_i), r_i, f(x_j), r_j\right) \tag{5.70}$$

與基於隱性回饋的損失函數類似，基於連結性的損失函數 $\Delta^r(f(x_i),r_i,f(x_j),r_j)$ 也在 $r_i=r_j$ 時應當取值為 0。接下來，Hu 等人引入了兩個假設來解釋隱性回饋 - 連結性 - 曝光之間的關係，如式（5.71）所示：

$$
\begin{cases}
P(c_i = 1|\boldsymbol{x}_i) & = t_{y_i}^+ P(r_i = 1|\boldsymbol{x}_i) \\
P(c_i = 0|\boldsymbol{x}_i) & = t_{y_i}^- P(r_i = 0|\boldsymbol{x}_i)
\end{cases}
\tag{5.71}
$$

其中，$t_{y_i}^+$ 和 t_{yi}^- 分別是位置 y_i 對應的正隱性回饋和負隱性回饋的傾向性分數。Hu 等人把它們簡化為隱性回饋為正（負）和連結性為正（負）之間的比例。式（5.71）的第一個式子與其他工作中的假設一致，即隱性回饋為正的機率是該文件的位置對應的傾向性分數與連結性為正的機率之積。第二個式子則假設另外一組傾向性分數 t_{yi}^-，它描述了文件的隱性回饋為負的機率與文件和查詢連結性為負的機率的比例。這裡其實潛在地假設了傾向性分數會受到文件隱性回饋和文件與查詢間連結性的值的影響，也就是潛在地有考慮到信任偏差等除位置偏差外的搜尋日誌資料中的偏差問題。這一點與之前工作中的傾向性分數模型有所不同。有了這兩種不同的傾向性分數，便可以定義非偏的基於隱性回饋的 LambdaMART 的損失函數來估測 $\mathcal{L}_{\text{ideal}}$，如式（5.72）所示：

$$
\mathcal{L}_{\text{IPS}} = \sum_{(i,j):c_i=1,c_j=0} \frac{1}{t_{y_i}^+ \times t_{y_j}^-} \Delta\big(f(\boldsymbol{x}_i), c_i, f(\boldsymbol{x}_j), c_j\big)
\tag{5.72}
$$

L_{IPS} 的非偏性證明如式（5.73）所示：

$$
\begin{aligned}
& \int\int \frac{\Delta\big(f(\boldsymbol{x}_i), c_i, f(\boldsymbol{x}_j), c_j\big)}{t_{y_i}^+ \times t_{y_j}^-} \mathrm{d}P(\boldsymbol{x}_i, c_i = 1)\mathrm{d}P(\boldsymbol{x}_j, c_j = 0) \\
& = \int\int \frac{\Delta\big(f(\boldsymbol{x}_i), c_i, f(\boldsymbol{x}_j), c_j\big)}{\dfrac{P(c_i = 1|\boldsymbol{x}_i)P(c_j = 0|\boldsymbol{x}_j)}{P(r_i = 1|\boldsymbol{x}_i)P(r_j = 0|\boldsymbol{x}_j)}} \mathrm{d}P(\boldsymbol{x}_i, c_i = 1)\mathrm{d}P(\boldsymbol{x}_j, c_j = 0) \\
& = \int\int \Delta\big(f(\boldsymbol{x}_i), c_i, f(\boldsymbol{x}_j), c_j\big)\mathrm{d}P(\boldsymbol{x}_i, r_i = 1)\mathrm{d}P(\boldsymbol{x}_j, r_j = 0)
\end{aligned}
\tag{5.73}
$$

其中，第二個等式用到了如式（5.74）所示的關係：

$$
\begin{cases}
P(\boldsymbol{x}_i, c_i = 1) & = P(c_i = 1|\boldsymbol{x}_i)P(\boldsymbol{x}_i) = t_i^+ P(r_i = 1|\boldsymbol{x}_i)P(\boldsymbol{x}_i) = t_i^+ P(r_i = 1, \boldsymbol{x}_i) \\
P(\boldsymbol{x}_i, c_i = 0) & = P(c_i = 0|\boldsymbol{x}_i)P(\boldsymbol{x}_i) = t_i^- P(r_i = 0|\boldsymbol{x}_i)P(\boldsymbol{x}_i) = t_i^- P(r_i = 0, \boldsymbol{x}_i)
\end{cases}
\tag{5.74}
$$

這些等式都可以由式（5.71）直接得到。

4 · 用實驗驗證修正位置偏差的演算法

接下來介紹用實驗驗證修正位置偏差的學習排序演算法。理想情況下，希望擁有一個學習排序資料集，其中既有顯性回饋（即連結性），也有隱性回饋（點擊、購買等）。這樣就可以用隱性回饋作為有位置偏差的訓練集和驗證集中的標籤，同時，用顯性回饋作為測試集中計算評價指標基準真相的標籤。不幸的是，這樣的資料集非常難得。因此，在一系列工作中，一種比較常見的方法是利用有顯示標籤的學習排序資料集，如 Yahoo! learning-to-rank challenge dataset[260]（相關資訊見「連結 18」）。而對於訓練集和驗證集中需要的隱性回饋標籤，則可以使用在搜尋領域常見的點擊模型來產生模擬的點擊資料。在文獻 [254-255] 中，以下點擊模型被用來生成模擬的點擊資料。首先，用隨機採樣的 1% 的原訓練集的子集訓練一個 RankSVM 模型，來扮演那個已存在的學習排序模型的角色。這個 RankSVM 負責將訓練集和驗證集中的每個搜尋結果頁面進行排序，從而模擬搜尋日誌資料。但還需要得到這些搜尋日誌資料中每個搜尋結果頁面的排序的隱性回饋。這將由一個點擊模型來完成。在文獻 [254-255] 中，基於位置的點擊模型（position-based model，PBM）被用於完成這項任務。PBM 也是基於式（5.71）中的第一個假設，即點擊的機率等於傾向性分數（曝光機率）乘以連結性為正的機率。之後，需要參數化曝光機率。這裡還是基於曝光機率僅受到位置影響，與文件的特徵、點擊和連結性都無關這一點。式（5.75）描述了這裡的曝光機率，即傾向性分數的參數化：

$$P(o_i = 1|y_i) = \rho_{y_i}^{\theta} \tag{5.75}$$

其中，$\theta \in [0,+\infty]$ 是一個可調節的參數，它控制了位置偏差的程度，在實驗中被設為 $\theta=1$。基礎的位置偏差機率 ρ_{y_i} 的值來自一個著名的眼動追蹤實驗（eye tracking experiment）的結果 [261]。而一個文件的二值的連結性的基準真相 $P(r_i=1)$ 則由式（5.76）舉出：

$$P(r_i = 1) = \epsilon + (1-\epsilon)\frac{2^{\tilde{r}} - 1}{2^4 - 1} \tag{5.76}$$

　　其中，$\tilde{r} \in [0,1,2,3,4]$ 是原資料集中，專家給每個文件標注的取值為 0 到 4 的連結性分數。分母則是一個對該機率進行歸一化的項。$\epsilon \in [0,1)$ 代表標籤中雜訊的權重。因為有時使用者會誤認為一個連結性為負的文件是與查詢有連結性的，並做出點擊。在文獻 [255] 中，它被設定為 $\epsilon = 0.1$。

　　除了用測試集中基於連結性 r 計算的學習排序模型的評價指標 NDCG 和 mAP 等來驗證一個非偏學習排序模型的有效性，在文獻 [255] 中，Hu 等人還對非偏學習排序模型的其他性質進行了測試。在其中的一個實驗中，Hu 等人觀察了新訓練的非偏學習排序模型和產生日誌資料的已存在模型 RankSVM 之間的差別。他們發現新訓練的非偏的 LambdaMART 模型與其他非偏學習排序模型相比，預測的文件排序列表中各文件的排序與已存在的 RankSVM 預測排序的相關度最低。也就是說，非偏的 LambdaMART 最能減小位置偏差對其預測造成的影響。在另一個實驗中，Hu 等人還嘗試去觀察非偏的 LambdaMART 所學到的正負隱性回饋對應的兩種傾向性評分。可惜的是，他們對此沒有展示與這兩種傾向性評分的基準真相的值的對比。另外，它們還考察了非偏學習排序模型在不同的點擊模型生成的半合成搜尋日誌資料上的表現，以及對不同程度的位置偏差的反應（由式（5.75）中的 θ 值決定）。他們發現，基於文件對模型對位置偏差進行修正的 IPS 評價器（以非偏的 LambdaMART 為例）比針對單一文件的位置偏差進行修正的 IPS 評價器，對更高程度的位置偏差也表現得更堅固，即逐漸增大的 θ 值對非偏的 LambdaMART 的表現的影響小於它對其他非偏學習排序模型（如 EM-Regression[253]）的影響。最後，Hu 等人還將他們提出的非偏的 LambdaMART 模型上線進行 A/B 測試，比較沒有修正位置偏差的 LambdaMART 和非偏的 LambdaMART 在今日頭條新聞推薦 APP 的兩個用到學習排序的產品上的表現。他們發現非偏的 LambdaMART 可以顯著地提高點擊率，並且在人類評估中被認為預測的搜尋結果頁面中的文件排序清單比沒有修正位置偏差的 LambdaMART 更好的機率要大於更差的機率。

　　5.2.1 節對學習排序模型進行了簡介。學習排序模型從 2000 年起 [252] 就在資訊檢索和機器學習社區被大量工作討論，也是除推薦系統外，在現實應用中最為成功的另一類機器學習模型。微軟亞洲研究院和 Yahoo!Research 也曾經是學習排序浪潮中的中流砥柱。5.2.2 節以 Joachims 等人在非偏學習排序領域的早期

工作 [252] 介紹了非偏的學習排序。文獻 [252] 獲得了資料探勘、資訊檢索社區的 ACM WSDM'17 大會的最佳論文，同 Google 的 Wang 等人 [258] 一起借由因果機器學習的新浪潮，重新讓人們意識到多年前在學習排序領域中發現的各種誤差其實都是可以用因果推斷模型來分析和解釋的。而基於這些因果推斷模型的分析，IPS 評價器這個簡單而有效的因果推斷方法再次在學習排序這個機器學習問題中發光發熱。對於非偏的學習排序，我們集中介紹了位置偏差和如何用 IPS 評價器來修正這種偏差。具體而言，可以將一個文件有連結性和一個文件有正的隱性回饋的機率的比稱為傾向性分數，因為它代表一個位置上的任意文件被曝光給輸入查詢的使用者的機率。這種思路可以被用在各類學習排序模型上。如 RankSVM[252] 和 LambdaMART[255]。

未來可以展望的研究方向包括但不限於以下兩類：第一，搜尋中其他類型的偏差理論上也可以被基於因果推斷的模型所修正；第二，基於因果推斷的偏差修正技術在更複雜的資訊檢索任務（如在知識圖譜、影像、音樂等類型的資料中進行搜尋）中的應用。

第6章
複習與展望

6.1 定義因果關係的兩種基本框架

本書主要介紹了關於那些嘗試回答「如何更好地結合因果推斷和機器學習？」這個問題的內容。從以下兩個角度回答這個問題：

第一，我們知道，機器學習模型具有強大的利用多種資料和擬合複雜的資料分佈的能力。那麼第一個角度就是，如何利用這些機器學習模型更好地解決因果推斷問題。

第二，如何透過對因果模型（資料生成過程）的先驗知識進行建模，以使機器學習模型預測的時候更公平，更具可解釋性，從而達到更好的泛化性能。

1 · 第 1 章

本書首先從傳統的因果推斷出發，第 1 章講解了兩個著名的定義因果關係的理論框架，即潛結果框架和結構因果模型。

潛結果框架主要用於解決因果效應估測中的因果辨識問題。因果辨識指將因果量（帶有潛結果，尤其是反事實結果的量）轉換為統計量的過程。它適用於對因果模型的先驗知識有限，但符合某種已知模式的場景。例如，在隱藏混淆變數存在的情況下，可以透過幾種特殊的變數（如工具變數或是設定變數）來完成對因果效應的辨識。

潛結果框架比較直接、簡單，可以用它解決複雜的因果效應估測問題。比如，在很多實際場景中，SUTVA（個體處理穩定性假設）並不成立。例如，在一個社群網站的使用者個人首頁上打廣告，會影響所有存取這個頁面的人對廣告介紹的商品的購買決定。那麼，我們很容易發現在這個問題中，一個使用者個體的潛結果不僅受到該個體的處理變數的影響，還受到資料集中其他個體的狀態變數取值的影響。同時，我們也會發現，儘管經濟學家和統計學家已經基於潛結果框架發現了很多種因果辨識的方法，但是直到今天，基於潛結果框架仍然不能用一致的數學語言來描述各個因果辨識方法所基於的假設。反映到實際情況中，一個普通人難以領悟到我們同時需要 SUTVA、非混淆假設和一致性假設這三個假設來完成對 CATE 的因果辨識，而且弄明白它們之間的聯繫也非常費勁。潛結果框架也難以系統性地舉出發現一種新的因果辨識方法的規律。比如，很難發現中斷點回歸設計和工具變數這兩種基於潛結果框架提出的因果辨識方法之間到底有什麼關係。每個因果辨識方法的發現更像是某個經濟學家或是統計學家基於「尋找觀測性資料中自然存在的隨機實驗」的靈光一現。

　　與潛結果框架相比，結構因果模型的一大特點是它能夠對所有變數之間的因果關係進行一個完整的描述。具體地講，每個結構方程式都描述了一個變數是如何由其父變數和雜訊生成的。因果圖也繼承了機率圖模型／貝氏網路模型的一些性質。例如，我們可以利用由機率圖模型演化而來的 d- 分離來判斷一對因果圖中的變數是否條件獨立，要使它們條件獨立，應該以哪些變數為條件。結構因果模型的一個最大優勢是它的通用性——可利用該通用性來解決不同的問題。最明顯的一個例子是結構因果模型可以被用於解決因果發現問題。因果發現的目的是從資料樣本中學習因果圖或者整個結構因果模型。可以想像，沒有結構因果模型而僅僅基於潛結果框架，因果發現這個問題本身就很難被定義。而在利用結構因果模型進行因果辨識時，可以將後門準則和前門準則這樣的規則撰寫成程式，對任意給定的一對狀態變數 - 結果變數，它可以在一個很大的因果圖上來回答如下問題：「是否能夠找到一個變數集合，以其為條件時能夠辨識給定的狀態變數 - 結果變數的因果效應。」這一點也是潛結果框架欠缺的。潛結果框架更適用於已經知道哪一對狀態變數 - 結果變數是研究物件的場景。例如，已經決定要研究推薦系統對使用者行為的影響，則可以放心大膽地使用潛結果框架。而當你不確定觀測到的變數間是否存在因果關係的時候，或者只有一個值得關注的結果變數，卻不知道哪些其他變數對其有顯著的因果效應的時候，可能從結構因果模型出發是一個更好的選擇。但是結構因果模型要求更多的先驗知識。如果想使用前門準則或後門準則這樣的工具，必須先得到因果圖。而從觀測性資料中發現因果圖也是非常有挑戰性的。

　　在實踐中往往會面臨一種尷尬情況，就是運行了好幾種因果發現演算法，得到的因果圖卻不完全一致。這時，需要根據資料來猜測哪些因果發現的假設是更加可能成立的。我們會面臨隱藏混淆變數的干擾嗎？Faithfulness 假設（從觀測性資料中透過條件獨立檢驗得到的變數之間的條件獨立關係，應當與基準真相中因果圖所對應的變數間的條件獨立關係相同）[13,262] 成立嗎？這些假設與潛結果框架解決因果辨識時需要的可忽略性假設一樣，都難以用資料驅動的方法來檢驗，因而更需要相關領域的專家利用其先驗知識對得到的因果圖進行驗證。

總之，潛結果框架和結構因果模型各有利弊。一般而言，當要解決的問題是因果效應估測，並且資料集的特點可以對應到潛結果框架中的一種或多種因果辨識方法時，可以首先考慮潛結果框架，否則可以從結構因果模型入手。

對於因果效應估測，第 1 章中講解了幾種常見的當資料中存在隱藏混淆變數時的因果辨識的方法：工具變數、中斷點回歸設計、前門準則、雙重差分模型和合成控制。這些方法都基於一系列其他的假設來回避隱藏混淆變數帶來的麻煩。它們被廣泛地運用於因果效應估測。

2・第 2 章

第 2 章介紹了一系列利用機器學習模型來完成對因果效應估測任務中協變數、狀態變數和結果變數之間的關係進行建模的任務。貝氏加性回歸樹（BART）簡單好用，沒有機器學習背景的實踐者也可以利用它來估測 CATE，同時也能得到估測的 CATE 的置信區間。有了置信區間，我們就可以結合相關領域專家的意見，做出正確的決策。但回歸數的局限性是它只能對特徵空間進行平行於各特徵軸的劃分，與神經網路相比，它對非線性關係的建模能力還有一定差距。

基於神經網路的因果效應估測模型，本書介紹了反事實回歸網路（CFRNet）、因果效應變分自編碼器（CEVAE）。它們利用了機器學習領域，特別是深度學習近年來的一些進展，如 CFRNet 中表徵平衡的理論，即在反事實資料中誤差的上界是事實資料中誤差與兩個分部之間的距離的和，非常類似於域適應中測試域資料中誤差和訓練集資料中誤差之間的關係。而表徵平衡中可微分的透過樣本測量兩個分佈之間距離的方法則基於生成對抗網路多年來的發展。本書詳細介紹了 MMD 和 W- 距離這兩種測量分佈之間距離的方法，它們都是 IPM 的特殊形式。從實踐上講，它們都是可以用樣本來估測的函數，這使得它們的計算不再是一個挑戰。而它們連續可微分的特性則方便我們利用反向傳播訓練神經網路模型。

因果效應變分自編碼器則基於變分自編碼器，利用預先假設的結構因果模型（因果圖）對資料分佈進行分解，然後對分解後的每一個結構方程式單獨進行建模。變分自編碼器原本是擬合資料聯合分佈的利器，因此它被用於解決因果推斷問題也是非常自然的。深度生成模型和結構因果模型的差別其實主要在於該模

型是否能夠對反事實進行建模；或者說，該模型是否能夠接受將對變數的干預作為其輸入。CEVAE 在解碼器端允許對狀態變數進行干預，從而能夠完成透過對反事實結果的預測來達到對 CATE 的估測。類似地，Ma 等人[263] 利用相似的思想提出了一種生成反事實圖資料的變分自編碼器來解決反事實公平性的問題。另一個類似想法的實現在文獻 [264] 中被提及，Zhang 等人利用 Conditional GAN 生成不同域中的資料，從而對不同的資料分佈做資料增強，每一個 Conditional GAN 都造成對一個結構方程組進行建模的作用。這些 Conditional GAN 模型結合在一起，能夠以對任何一個變數的干預作為輸入來生成其對應的反事實資料分佈。

除此之外，我們介紹了幾個比較有特點的，利用機器學習解決因果推斷問題的工作，這些工作可以作為讀者做這一類研究時參考的例子。首先介紹了將 CEVAE 延伸到解決存在隱藏混淆變數的情況下如何解決因果中介效應分析的問題。然後介紹了如何利用多模態資料解決有多個狀態變數存在的情況下的因果效應估測問題。最後簡單介紹了一種利用網路資料弱化可忽略性假設的方法。

3 · 第 3 章

第 3 ～ 5 章著重介紹了利用因果模型來解決機器學習問題的幾個熱門研究方向。

第 3 章介紹了一個重要的因果機器學習問題：域外泛化。它想要回答的問題是：「如何利用對生成資料集的因果模型的理解來使機器學習模型，尤其是深度學習模型泛化到不同的資料分佈（域）？」，這個問題又常被稱為域外泛化。在這個研究方向上，本章介紹了幾種不同類型的方法。

（1）第一類方法：資料增強。

第一類方法是透過資料增強來提高模型的域外泛化能力。也就是說，如果我們能向訓練集中增加來自不同資料分佈的資料，那麼可以想像模型的泛化能力將會增強。如何才能生成這樣的資料？其實利用因果模型來解釋為什麼不同域的資料分佈是不同的。這是因為我們可以認為不同域的資料是由同一個結構因果模型在不同的干預狀態下產生的。主要的挑戰就是如何能夠訓練出一個可以生成不同域的資料的模型。本書介紹了三種方法。

第一種方法就是回避這個挑戰而直接利用人類的智慧來標注反事實資料。由於眾包平臺的出現，獲得人工資料標注變得非常方便。具體的事情中可以用一些規則指導眾包平臺的工作人員，使其更好地將人類對因果關係的理解標注到資料中。

第二種方法則是利用一些先驗知識中的規則來獲得反事實資料，如在句子分類中對關鍵的形容詞取其反義詞，就可以得到一個標籤變化的反事實樣本。

第三種方法則是借助對能極佳地擬合現實資料分佈的生成模型來實現生成反事實樣本，從而做到反事實資料增強。

（2）第二類方法：設計新的歸納偏置。

第二類方法則是透過設計新的歸納偏置來使機器學習模型在訓練過程中自動將變數間的因果關係考慮進去，在近年來因果機器學習的文獻中有一系列這樣的工作。本書介紹了這些嘗試從觀測性資料的因果模型出發，去找到那些與預測目標有著不隨資料分佈變化的因果關係的方法。我們介紹了該領域的奠基之作——基於不變機制的模型及其近期發展，包括不變風險最小化等模型。它們本質上是利用因果模型推導來解釋為何每個域的資料分佈不同的，再根據這些因果模型來設計歸納偏置，使機器學習模型可以透過最小化某種損失函數來學習這些跨域不變的關係，或者說是學到那些可以泛化到不同域的變數（即目標變數的因）。這些方法不透過資料增強來向模型展示不同域的資料分佈應該如何改變，而是直接透過建模（如設計損失函數）來抓住那些能夠泛化到不同資料分佈的關係。

4 · 第 4 章

第 4 章介紹了另一個熱門的研究方向：利用因果模型提高機器學習模型的可解釋性和公平性。有時候也可以將其相關的概念統一起來稱為有社會責任的人工智慧（socially responsible AI）[137]。與普通的基於相關性的可解釋性方法相比，基於因果性的可解釋性方法的優勢主要表現為：基於因果的可解釋性方法透過對資料生成過程建立因果模型，從而能夠合理地預測對觀測到的資料樣本進行干預造成的結果。這有助於找出某個機器學習模型做出某個預測的原因，

而不僅僅是與預測目標有很強的相關性的變數。知道預測的原因往往有助於我們在現實場景中對樣本的某些特徵進行改進，從而獲得更好的預測結果。例如，因果可解釋性模型建議申請信用卡失敗的人可以透過提高收入或降低債務來提高信用分數。在公平性這個問題中，因果關係也起著非常重要的作用。基於相關性的公平性模型可以幫助我們在一定程度上使模型對於不同的觀察群眾做出公平的預測。例如，可以使機器學習模型對不同種族中有相同的事實結果的部分樣本做出相似的預測。而基於因果的反事實公平性則要求機器學習模型對每個樣本和它們對應的反事實的預測要相似或者相同。這使我們能夠把加到機器學習演算法中的公平性條件細化到個人等級（individual-level），而不僅僅是群眾等級（group-level）。在自然語言處理中，公平性則關注神經語言模型從帶有人類偏見的資料中學到的偽相關性。例如，Vig 等人發現的大規模預訓練模型會利用性別和職業之間的偽相關性對句子中下一個應該出現的代詞的性別做預測
[153]。

5 · 第 5 章

第 5 章特別關注了因果模型在推薦系統和學習排序（搜尋）這兩個非常重要的工業界應用中可以扮演的角色。推薦和搜尋有一個共同的特點，那就是它們都需要利用使用者回饋來訓練模型。而使用者回饋資料會有選擇偏差的問題，這是因為搜集使用者回饋時，推薦的物品列表並不是隨機的，而是由之前已經存在的模型預測得到的。例如，在顯性回饋的推薦系統中，使用者更傾向於給自己喜歡的電影評分，這是因為他們更有可能看自己喜歡的電影，而不會花幾個小時時間去看他們不感興趣的電影。我們可以透過分析各變數之間的因果關係，來理解產生選擇偏差的原因，這有利於我們對選擇偏差建模，從而更合理地利用觀測到的使用者回饋資料。例如，在顯性回饋的推薦系統中，我們可以將推薦系統問題轉化為一個多狀態變數的因果推斷問題 [70]。而核心挑戰就變成了如何對混淆偏差進行調整或者說如何從觀測性資料中學到隱藏混淆變數 [224]。在學習排序中，可以透過合理地假設「使用者是否點擊」和「文件是否連結」之間的因果關係。這使模型能夠考慮到每個物品在頁面不同位置被點擊／購買時面臨的選擇偏差的不同。

6.2 展望

　　在本書中，儘管我們覆蓋了一系列連接因果推斷與機器學習的研究，但這些研究方向只能算是冰山一角。在已知的和尚未展開的研究中，因果推斷與機器學習還有更多、更有趣、更實用的結合等待研究人員去發掘。這裡拋磚引玉，對因果推斷與機器學習未來的研究方向進行一個展望。

　　在真實的場景中，很多時候因果推斷問題不僅僅是一個靜態的過程，而多臂老虎機或者是強化學習中的馬可夫決策過程可能更接近於很多因果推斷問題的現實場景。在現有的文獻中，多臂老虎機用於因果推斷的研究還不多，可以簡略地複習為兩個方向。第一個方向是利用離線的觀測性資料作為多臂老虎機模型的初始化資料[265]。這裡涉及一個從觀測性模型中得到的因果關係是否可以被之後線上訓練的多臂老虎機模型利用的問題[266]。而多臂老虎機模型的任務其實就是對不同臂的因果效應進行估測。這在經濟學中被稱為適應性實驗（adaptive experiments）。這種隨機實驗與普通的 RCT 不同的點在於它會隨著實驗的進行來調節不同臂的機率。這樣做的目的是在適應性實驗中，在透過隨機實驗估測因果效應的同時，最最佳化實驗樣本的結果。而因果推斷中直接利用適應性實驗資料的工作還不多[267]。

　　第二個方向是因果強化學習。雖然強化學習可以看成某種機器學習問題，但也可以把它看作是對一個狀態下，每個可以選擇的動作的長期因果效應估測的問題。在因果強化學習中，很多工作都在考慮馬可夫決策過程的一些對資料生成過程的假設是否成立，以及如果不成立應該怎麼辦的問題。有幾個研究可以作為參考。Zhang 等人考慮了資料在多個不同的環境生存的情況下，如何學到一個能夠泛化到不同環境的策略的方法[268]。Huang 等人則考慮了當資料分佈發生變化時，如何利用因果模型來針對分佈的變化進行深度強化學習模型的更新，從而使我們能更加有效率地更新強化學習策略[269]。當然，在一些資料比較複雜的情況下，比如影像、文字、網路資料作為混淆變數、狀態變數或者結果變數，很多問題仍待回答。例如，我們應該做出哪些對於結構因果模型的假設？應該應用哪些因果辨識的方法？如何設計估測因果效應的模型等[270]？

在解決機器學習問題的方向中，因果推斷能做的事情可能更依賴於機器學習本身的發展。例如，近年來預訓練語言模型的火熱使我們想要對其的可解釋性、公平性和域外泛化性能進行研究[153]。而提出更多的問題，尤其是那些因果模型能夠幫助機器學習模型解決的問題也非常重要。

除了以上提到的動態資料中的因果推斷、因果強化學習和用因果推斷解決機器學習這些問題，關於如何找到具有挑戰性且能夠發揮因果模型獨一無二的作用，同時兼具影響力的問題也將成為未來幾年因果機器學習的重點。例如，在自動駕駛中，能否透過對世界建模來使自動駕駛策略避免出現非常少見並且會導致人類生命財產安全受到威脅的錯誤。其中涉及的問題非常多，例如，如何對新的環境中可能發生的事故場景進行反事實生成，是一個很有挑戰性的問題。隨著機器學習技術的突飛猛進，因果機器學習研究也應該與時俱進，使那些真正被大規模上線，對人類將產生深刻影響的機器學習模型擁有像人一樣的因果推理能力，從而更好地為人類服務。

術語表

中文	英文
資料生成過程	data generating process，縮寫為 DGP
統計連結	statistical association
相關性	correlation
共同原因	common cause
訓練集	training set
測試集	test set
觀測性資料	observational data
隨機控制實驗	randomized controlled trial，縮寫為 RCT
生成對抗網路	generative adversarial network，縮寫為 GAN
處理變數	treatment variable

續表

中文	英文
結果變數	outcome variable
結構因果模型	structural causal model，縮寫為 SCM
因果圖	causal graph/causal diagram
結構方程組	structural equations
貝氏網路	Bayesian networks
有向邊	directed edges
D- 分離	D-separation
條件獨立	conditional independence
有向通路	directed path
有向無環圖	directed acyclic graph，縮寫為 DAG
中介變數	mediator
因果中介效應分析	causal mediation analysis，縮寫為 CMA
混淆變數 / 混淆因數	confounder
對撞因數	collider
阻塞	block
後裔	descendent
因果馬可夫條件	causal Markovian condition
父變數	parent variables
雜訊項	noise term
結構方程式模型	structural equation model，縮寫為 SEM
外生變數	exogenous variable
內生變數	endogenous variable
干預	intervention
do 運算元	do calculus

續表

中文	英文
干預分佈	interventional distribution/post-intervention distribution
實驗組	treatment group
對照組	control group
平均因果效應	average treatment effect，縮寫為 ATE
實驗組的平均因果效應	average treatment effect on the treated，縮寫為 ATT
對照組的平均因果效應	average treatment effect on the controlled，縮寫為 ATC
條件平均因果效應	conditional average treatment effect，縮寫為 CATE
個人因果效應	individual treatment effect，縮寫為 ITE
混淆偏差	confounding bias
因果辨識	causal identification
後門準則	back-door criterion
後門通路	back-door path
單位 / 個體 / 樣本 / 實例	unit/individual/sample/example/instance
亞群	subpopulation
調控	adjustment for
容許集	admissible set
邊緣化	marginalization
特徵 / 協變數	feature/covariates
選擇偏差	selection bias
獨立同分佈	independent and identically distributed，縮寫為 i.i.d.
反事實	counterfactual
整體	population
干擾	interference/spillover effect
潛結果框架	potential outcome framework

續表

中文	英文
缺失資料問題	missing data problem
事實結果	factual outcome
反事實結果	counterfactual Outcome
有限樣本	finite sample
一致性假設	consistency assumption
個體處理穩定性假設	stable unit treatment value assumption，縮寫為 SUTVA
二分實驗	bipartite experiment
強可忽略性	strong ignorability
重疊	overlapping
單一世界干預圖	single world intervention graphs，縮寫為 SWIG
因果發現	causal discovery
工具變數	instrumental variable，縮寫為 IV
中斷點回歸設計	regression discontinuity design，縮寫為 RDD
監督學習	supervised learning
排除約束	exclusion restriction
同質性因果效應	homogeneous treatment effect
異質性因果效應	heterogeneous treatment effect
比例估計量	ratio estimator
單調性	monotonicity
局部平均因果效應	local average treatment effect，縮寫為 LATE
兩階段最小平方法	two stage least square，縮寫為 2SLS
設定變數	running variable
精確中斷點回歸設計	sharp regression discontinuity design，縮寫為 Sharp RDD
模糊中斷點回歸設計	fuzzy regression discontinuity design，縮寫為 Fuzzy RDD

續表

中文	英文
傾向性評分	propensity score
准實驗設計	quasi-experiment
干預前結果 / 負結果控制	pre-treatment outcome/negative outcome control
加性混淆效應	additive confounding effect
加性偽混淆	additive quasi-confounding
潛在對照組	donor Pool
外插	extrapolation
歐幾里德範數	euclidean Norm
Convex Hull	convex Hull
差異	discrepancy
總因果效應	total effect
直接因果效應	direct causal effect
間接因果效應	indirect causal effect
干預前協變數	pre-treatment covariates
干預後變數	post-treatment variable
因果中介效應	causal mediation effect
自然間接效應	natural indirect effect，縮寫為 NIE
平均因果中介效應	average causal mediation effect，縮寫為 ACME
自然直接效應	natural direct effect，縮寫為 NDE
控制直接效應	controlled direct effect
序列可忽略	sequential ignorability
部分辨識	partial identification
點估計	point estimate
觀測—反事實分解	observational-counterfactual decomposition
非負單調狀態回饋假設	nonnegative monotonic treatment response

續表

中文	英文
單調狀態選擇假設	monotonic treatment selection
最優狀態選擇假設	optimal treatment selection
否定證明	contrapositive
卷積神經網路	convolutional neural network，縮寫為 CNN
長短期記憶	long short term memory，縮寫為 LSTM
圖神經網路	graph neural network，縮寫為 GNN
整合學習	ensemble learning
隨機森林	random forests
貝氏加性回歸樹	Bayesian additive regression tree，縮寫為 BART
加性誤差均值回歸	additive error mean regression
分段常數二值回歸樹	piecewise constant binary regression tree
正規化引入的混淆偏差	regularization-induced confounding，縮寫為 RIC
反事實回歸網路	counterfactual regression network，縮寫為 CFRNet
平衡神經網路	balancing neural network，縮寫為 BNN
積分機率度量	integral probability metric，縮寫為 IPM
散度	divergence
最大均值差異	maximum mean discrepancy，縮寫為 MMD
特徵	characteristic kernel
再生核希爾伯特空間	reproducing kernel Hilbert space，縮寫為 RKHS
W 距離	wasserstein distance
最優傳輸	optimal transport
證據下界	evidence lower bound，縮寫為 ELBO
似然	likelihood
簡森不等式	Jensen's inequality

續表

中文	英文
代理變數	proxy variable
因果中介效應分析變分自編碼器	causal mediation analysis with variational auto-encoder，縮寫為 CMAVAE
線上口碑	electronic word of mouth
情緒得分	sentiment
細細微性的多方面情感分析	multi-aspect sentiment analysis，縮寫為 MAS
多因	multiple causes
替代混淆因數	substitute confounder
單一忽略性	single ignorability
單因	single-cause
代理編碼網路	proxies encoding network
因果調整網路	causal adjustment network
均方誤差	mean squared error，縮寫為 MSE
使用者 - 物品二分圖	user-item bipartite graph
近端變數	proximal variable
同質偏好	homophily
度數矩陣	degree matrix
半合成資料	semi-synthetic data
表徵學習	representation learning
歸納偏置	inductive bias
泛化能力	generalizability
資料不符合獨立同分佈假設	non-i.i.d. data
資料增強	data augmentation

續表

中文	英文
自監督學習	self supervised learning
不變風險最小化	invariant risk minimization，縮寫為 IRM
人和物體互動	human object interaction，縮寫為 HOI
自然語言推斷	natural language inference
前提句	premise
假設句	hypothesis
蘊涵	entailment
矛盾	contradiction
人機共生	humanin-the-loop
高斯加性雜訊的線性結構因果模型	linear Gaussian model
決策邊界	decision boundary
假陽性	false positive
惡意文字分類	toxicity classification
族群	ethinic group
真實相關	genuine correlation
很可能是目標變數的因的特徵	likely causal features
提示語	prompt
語義合理	semantically sound
神經網路機器翻譯	neural machine translation
從序列到序列	sequence to sequence，縮寫為 seq2seq
平行語料庫	parallel copora
缺乏資源語言	low resource language
對齊	alignment

續表

中文	英文
無監督子句對齊	unsupervised phrasal alignment
詞替換	word replacement
還原翻譯	back translation
不變因果預測	invariant causal prediction
因果特徵	causal features
空假設	null hypothesis
可能的因果預測量	plausible causal predictors
可辨識的因果預測量	identifiable causal predictors
獨立因果機制	principle of independent mechanisms
協變數偏移	covariate shift
半監督學習	semi-supervised learning
聚類假設	cluster assumption
低密度分離假設	low density separation assumption
域外泛化	out-of-distribution generalization，縮寫為 OOD Generalization
域適應	domain adaptation
有色的手寫數字辨識資料集	colored MNIST
預測器	predictor
不變風險最小化 v1	IRMv1
最終的一個全連接層的輸出	logits
零空間	null space
最大化互資訊	maximizing mutual information
細細微性情感分析	aspect based sentiment analysis
理由生成器	rationale generator

續表

中文	英文
域無偏	domain-agnostic
對域敏感	domain-aware
表示力	representation power
拉格朗日形式	Lagrange form
對抗學習	adversarial learning
最大最小博弈	minimax game
多方面啤酒評論資料集	multi-aspect beer review
美國食品和藥物管理局	U.S. food and drug administration，縮寫為 FDA
可解釋性	interpretability/explainability
人口統計學資訊	demographic information
表達力	expressive power
透明性	translucency
可攜性	portability
演算法複雜度	algorithmic complexity
保真度	fidelity
可理解性	comprehensibility
代表性	representativeness
內建	intrinsic
事後	post-hoc
決策樹	decision Tree
窮舉的	exhaustive
模型無關的局部可解釋模型	local Interpretable model-agnostic explanations，縮寫為 LIME
顯著圖	saliency map
對抗樣本	adversarial examples

續表

中文	英文
原型	prototypes
駁斥	criticisms
影響函數	influence function，縮寫為 IF
堅固統計學	robust statistics
基於干預的可解釋性	causal interventional interpretability
基於反現實的可解釋性	counterfactual interpretability
歸因問題	attribution
參照基準	reference baseline
維度災難	curse of dimensionality
前饋神經網路	feedforward neural network
刻板印象	stereotype
反刻板印象	anti-stereotype
對抗訓練	adversarial training
稀疏性	sparsity
中值絕對偏差	median absolute deviation
公差	tolerance
非支配排序遺傳演算法	non-dominated sorting genetic algorithm，縮寫為 NSGA
羅生門效應	Rashomon effect
二元強迫選擇	binary forced choice
基準真相	ground truth
彈性網路	elastic network，縮寫為 EN
資料流程形	data manifold
自編碼器	autoencoder，縮寫為 AE
偏見	prejudice
偏向	favoritism

續表

中文	英文
替代性制裁犯罪矯正管理剖析軟體	correctional offender management profiling for alternative sanctions，縮寫為 COMPAS
消費者金融保護局	consumer financial protection bureau
形式化	formalization
有偏的	skewed
敏感屬性	sensitive attributes
機構偏見 / 系統偏見	institutional bias/systematic bias
交叉性偏差	intersectional bias
有意識公平性	fairness through awareness
無意識公平性	fairness through unawareness
個體公平性	individual fairness
群眾公平性	group fairness
統計均等	statistical/demographic parity
統計均等的惰性	laziness of statistical parity
機率均等	equalized odds/positive rate parity
機會均等	equal opportunity/true positive rate parity
待遇均等	treatment equality
準確性均等	accuracy parity
真陽率	true positive rate，縮寫為 TPR
測試均等	test fairness/predictive rate parity
辛普森悖論	Simpson' s Paradox
反事實公平	counterfactual fairness
基於特定路徑的反事實公平	path-specific counterfactual fairness，縮寫為 PSCF
間接性別歧視	indirect gender discrimination

續表

中文	英文
直接性別歧視	direct gender discrimination
敏感屬性 / 紅線屬性	redlining attribute
基於特定路徑的效應	path-specific effect，縮寫為 PSE
尚未解決的歧視	unresolved discrimination
代理歧視	proxy discrimination
基於平均因果效應的公平性	fairness on average causal effect，縮寫為 FACE
基於實驗組平均因果效應的公平性	fairness on average causal effect on the treated，縮寫為 FACT
前置處理	pre-processing
處理中	in-processing
後處理	post-processing
公平表徵任務	fair representation task
特徵變換	feature transformation
判別器	critic
公平建模任務	fair modeling task
經驗損失函數	empirical loss function
馬可夫鏈蒙地卡羅	Markov chain Monte Carlo，縮寫為 MCMC
公平決策任務	fair decision-making task
不可辨識性	unidentification
校準公平性	calibration
一致性問題	the alignment problem
顯性的	explicit
隱性的	implicit
離線資料 / 日誌資料	offline data/log data

續表

中文	英文
離線策略評估	off-policy evaluation
線上資料	online data
平均絕對誤差	mean absolute error，縮寫為 MAE
排序評分	ranking score
召回率 @K	recall@K
準確率 @K	precision@K
F1 值 @K	F1score@K
歸一化折損累計增益 @K	NDCG@K
命中率 @K	hit ratio@K，縮寫為 HR@K
全類平均準確率 @K	mean average precision@K，縮寫為 mAP@K
平均準確率	average precision，縮寫為 AP
協作過濾	collaborative filtering，縮寫為 CF
貝氏個性化排序	Bayesian personalized ranking，縮寫為 BPR
最近鄰居	nearest neighbor
彙總函式	aggregation function
皮爾森相關係數	Pearson correlation
嵌入向量	embedding vector
潛特徵	latent features
分解機	factorization machine
完全性	totality
不對稱性	asymmetry
傳遞性	transitivity
貝氏個性化排序最佳化	BPR-OPT
指示函數	indicator function
正規化	regularization

續表

中文	英文
流行性偏差	popularity bias
從眾性偏差	conformity bias
曝光偏差	exposure bias
位置偏差	position bias
非隨機缺失	missing not at random，縮寫為 MNAR
樸素估計器	naive estimator
社交影響	social influence
自歸一化	self normalized
模型無偏	model agnostic
弗羅貝尼烏斯範數	F 範數
前模型偏差	previous model bias
總平均評價器	average-over-all evaluator
學習排序	learning to rank
平均倒數排名	mean reciprocal rank，縮寫為 MRR
非偏學習排序	unbiased learning to rank
使用者黏性	customer stickiness
插值法	interpolation
信任誤差	trust bias
最大似然估計	maximum likelihood estimation，縮寫為 MLE
點擊模型	click model
基於位置的點擊模型	position-based model，縮寫為 PBM
眼動追蹤實驗	eye tracking experiment
有社會責任的人工智慧	socially responsible AI
適應性實驗	adaptive experiments

參考文獻

[1]   KAHNEMAN D. Thinking, fast and slow[M]. [S.l.]: Macmillan, 2011.

[2]   GOODFELLOW I, POUGET-ABADIE J, MIRZA M, et al. Generative adversarial nets[C]//Advances in neural information processing systems. [S.l. : s.n.], 2014: 2672-2680.

[3]   DOSOVITSKIY A, BEYER L, KOLESNIKOV A, et al. An image is worth 16x16 words: Transformers for image recognition at scale[J]. ArXiv preprint arXiv:2010.11929, 2020.

[4]   ANDERSON M, MAGRUDER J. Learning from the crowd: Regression discontinuity estimates of the effects of an online review database[J]. The Economic Journal, 2012, 122(563): 957-989.

[5]   PEARL J. Causality[M]. [S.l.]: Cambridge university press, 2009.

[6]   PEARL J. Probabilistic reasoning in intelligent systems: networks of plausible inference[M]. [S.l.]: Elsevier, 2014.

[7]   PAUL M. Feature selection as causal inference: Experiments with text classification[C]// Proceedings of the 21st Conference on Computational Natural Language Learning (CoNLL 2017). [S.l. : s.n.], 2017: 163-172.

[8] PEARL J. Theoretical impediments to machine learning with seven sparks from the causal revolution[J].ArXiv preprint arXiv:1801.04016, 2018.

[9] SHPITSER I, TCHETGEN E T, ANDREWS R. Modeling interference via symmetric treatment de- composition[J]. ArXiv preprint arXiv:1709.01050, 2017.

[10] RUBIN D B. Estimating causal effects of treatments in randomized and nonrandomized studies.[J].Journal of educational Psychology, 1974, 66(5): 688.

[11] RUBIN D B. Causal inference using potential outcomes: Design, modeling, decisions[J]. Journal of the American Statistical Association, 2005, 100(469): 322-331.

[12] DOUDCHENKO N, ZHANG M, DRYNKIN E, et al. Causal inference with bipartite designs[J]. ArXiv preprint arXiv:2010.02108, 2020.

[13] PEARL J, et al. Causal inference in statistics: An overview[J]. Statistics surveys, 2009, 3: 96-146.

[14] RICHARDSON T S, ROBINS J M. Single world intervention graphs: a primer[C]// Second UAI workshop on causal structure learning, Bellevue, Washington. [S.l. : s.n.], 2013.

[15] ARAL S, NICOLAIDES C. Exercise contagion in a global social network[J]. Nature communications, 2017, 8(1): 1-8.

[16] ANGRIST J D, IMBENS G W, RUBIN D B. Identification of causal effects using instrumental variables[J]. Journal of the American statistical Association, 1996, 91(434): 444-455.

[17] SHALIZI C. Advanced data analysis from an elementary point of view[Z]. 2013.

[18] HARTFORD J, LEWIS G, LEYTON-BROWN K, et al. Deep IV: A flexible approach for counterfactual prediction[C]//International Conference on Machine Learning. [S.l. : s.n.], 2017: 1414-1423.

[19] ANGRIST J D, IMBENS G W. Two-stage least squares estimation of average causal effects in models with variable treatment intensity[J]. Journal of the American statistical Association, 1995, 90(430): 431-442.

[20] CAMPBELL D T. Reforms as experiments.[J]. American psychologist, 1969, 24(4): 409.

[21] GELMAN A, IMBENS G. Why high-order polynomials should not be used in regression discontinuity designs[J]. Journal of Business & Economic Statistics, 2019, 37(3): 447-456.

[22] ANGRIST J D, LAVY V. Using Maimonides' rule to estimate the effect of class size on scholastic achievement[J]. The Quarterly journal of economics, 1999, 114(2): 533-575.

[23] CATTANEO M D, IDROBO N, TITIUNIK R. A practical introduction to regression discontinuity designs: Foundations[M]. [S.l.]: Cambridge University Press, 2019.

[24]　CARD D, KATZ L F, KRUEGER A B. Comment on David Neumark and William Wascher, "Employment effects of minimum and subminimum wages: Panel data on state minimum wage laws" [J]. ILR Review, 1994, 47(3): 487-497.

[25]　HERNÁN M A, ROBINS J M. Causal inference: what if[Z]. 2020.

[26]　ABADIE A. Semiparametric difference-in-differences estimators[J]. The Review of Economic Studies, 2005, 72(1): 1-19.

[27]　ABADIE A, DIAMOND A, HAINMUELLER J. Synthetic control methods for comparative case studies: Estimating the effect of California's tobacco control program[J]. Journal of the American statistical Association, 2010, 105(490): 493-505.

[28]　ABADIE A, GARDEAZABAL J. The economic costs of conflict: A case study of the Basque Country[J].American economic review, 2003, 93(1): 113-132.

[29]　ROSENBAUM P R. Interference between units in randomized experiments[J]. Journal of the American Statistical Association, 2007, 102(477): 191-200.

[30]　ABADIE A, DIAMOND A, HAINMUELLER J. Comparative politics and the synthetic control method[J]. American Journal of Political Science, 2015, 59(2): 495-510.

[31]　ABADIE A, L'HOUR J. A penalized synthetic control estimator for disaggregated data[J]. Journal of the American Statistical Association, 2021: 1-18.

[32]　COCHRAN W G. Analysis of covariance: its nature and uses[J]. Biometrics, 1957, 13(3): 261-281.

[33]　IMAI K, KEELE L, YAMAMOTO T. Identification, inference and sensitivity analysis for causal mediation effects[J]. Statistical science, 2010: 51-71.

[34]　PEARL J. Direct and indirect effects[C]//Proceedings of the Seventeenth Conference on Uncertainty and Artificial Intelligence, 2001. [S.l. : s.n.], 2001: 411-420.

[35]　ROBINS J M. Semantics of causal DAG models and the identification of direct and indirect effects[J].Oxford Statistical Science Series, 2003: 70-82.

[36]　ROBINS J M. Marginal structural models versus structural nested models as tools for causal infer- ence[G]//Statistical models in epidemiology, the environment, and clinical trials. [S.l.]: Springer, 2000: 95-133.

[37]　MANSKI C F. Partial identification of probability distributions[M]. [S.l.]: Springer Science & Business Media, 2003.

[38]　NEAL B. Introduction to causal inference from a machine learning perspective[J]. Course Lecture Notes(draft), 2020.

[39]　KALLUS N, ZHOU A. Assessing disparate impact of personalized interventions: identifiability and bounds[J]. Advances in neural information processing systems, 2019, 32.

[40]　CINELLI C, HAZLETT C. Making sense of sensitivity: Extending omitted variable bias[J]. Journal of the Royal Statistical Society: Series B (Statistical Methodology), 2020, 82(1): 39-67.

[41]　LECUN Y, BENGIO Y, et al. Convolutional networks for images, speech, and time series[J]. The handbook of brain theory and neural networks, 1995, 3361(10): 1995.

[42]　HOCHREITER S, SCHMIDHUBER J. Long short-term memory[J]. Neural computation, 1997, 9(8): 1735-1780.

[43]　KIPF T, WELLING M. Semi-Supervised Classification with Graph Convolutional Networks[J]. ArXiv, 2017, abs/1609.02907.

[44]　VASWANI A, SHAZEER N, PARMAR N, et al. Attention is all you need[C]//Advances in neural information processing systems. [S.l. : s.n.], 2017: 5998-6008.

[45]　CHEN T, GUESTRIN C. Xgboost: A scalable tree boosting system[C]//Proceedings of the 22nd acm sigkdd international conference on knowledge discovery and data mining. [S.l. : s.n.], 2016: 785-794.

[46]　KE G, MENG Q, FINLEY T, et al. Lightgbm: A highly efficient gradient boosting decision tree[J]. Advances in neural information processing systems, 2017, 30: 3146-3154.

[47]　BREIMAN L. Random forests[J]. Machine learning, 2001, 45(1): 5-32.

[48]　LOUIZOS C, SHALIT U, MOO J M, et al. Causal Effect Inference with Deep Latent-Variable Models[C]//NIPS. [S.l. : s.n.], 2017.

[49]　VELIKOVI P, CUCURULL G, CASANOVA A, et al. Graph Attention Networks[C]// International Conference on Learning Representations. [S.l. : s.n.], 2018.

[50]　YU Y, CHEN J, GAO T, et al. Dag-gnn: Dag structure learning with graph neural networks[C]// International Conference on Machine Learning. [S.l. : s.n.], 2019: 7154-7163.

[51]　CHIPMAN H A, GEORGE E I, MCCULLOCH R E. BART: Bayesian additive regression trees[J]. The Annals of Applied Statistics, 2010, 4(1): 266-298.

[52]　HILL J L. Bayesian nonparametric modeling for causal inference[J]. Journal of Computational and Graphical Statistics, 2011, 20(1): 217-240.

[53]　HAHN P R, MURRAY J S, CARVALHO C M. Bayesian regression tree models for causal inference: Regularization, confounding, and heterogeneous effects (with discussion)[J]. Bayesian Analysis, 2020, 15(3): 965-1056.

[54]　HAHN P R, CARVALHO C M, PUELZ D, et al. Regularization and confounding in linear regression for treatment effect estimation[J]. Bayesian Analysis, 2018, 13(1): 163-182.

[55]　HE J, YALOV S, HAHN P R. XBART: Accelerated Bayesian additive regression trees[C]// The 22nd International Conference on Artificial Intelligence and Statistics. [S.l. : s.n.], 2019: 1130-1138.

[56] SHALIT U, JOHANSSON F D, SONTAG D. Estimating individual treatment effect: generalization bounds and algorithms[C]//International Conference on Machine Learning. [S.l. : s.n.], 2017: 3076- 3085.

[57] JOHANSSON F, SHALIT U, SONTAG D. Learning representations for counterfactual inference[C]// International conference on machine learning. [S.l. : s.n.], 2016: 3020-3029.

[58] GANIN Y, LEMPITSKY V. Unsupervised domain adaptation by backpropagation[C]// International conference on machine learning. [S.l. : s.n.], 2015: 1180-1189.

[59] GRETTON A, BORGWARDT K M, RASCH M J, et al. A kernel two-sample test[J]. The Journal of Machine Learning Research, 2012, 13(1): 723-773.

[60] ARJOVSKY M, CHINTALA S, BOTTOU L. Wasserstein gan[J]. ArXiv preprint arXiv:1701.07875, 2017.

[61] CUTURI M, DOUCET A. Fast computation of Wasserstein barycenters[J]., 2014.

[62] GUO R, LI J, LI Y, et al. IGNITE: A minimax game toward learning individual treatment effects from networked observational data[C]//29th International Joint Conference on Artificial Intelligence, CAI 2020. [S.l. : s.n.], 2020: 4534-4540.

[63] KINGMA D P, WELLING M. Auto-encoding variational bayes[J]. ArXiv preprint arXiv:1312.6114, 2013.

[64] WENG L. From Autoencoder to Beta-VAE[J/OL]. Lilianweng.github.io/lil-log, 2018. http://lilianwen g.github.io/lil-log/2018/08/12/from-autoencoder-to-beta-vae.html.

[65] MIAO W, GENG Z, TCHETGEN TCHETGEN E J. Identifying causal effects with proxy variables of an unmeasured confounder[J]. Biometrika, 2018, 105(4): 987-993.

[66] CHENG L, GUO R, LIU H. Causal Mediation Analysis with Hidden Confounders[C]// WSDM. [S.l. : s.n.], 2022.

[67] CHEVALIER J A, MAYZLIN D. The effect of word of mouth on sales: Online book reviews[J]. Journal of marketing research, 2006, 43(3): 345-354.

[68] CHENG L, GUO R, CANDAN K S, et al. Effects of Multi-Aspect Online Reviews with Unobserved Confounders: Estimation and Implication[C]//ICWSM. [S.l. : s.n.], 2022.

[69] RANGANATH R, PEROTTE A. Multiple causal inference with latent confounding[J]. ArXiv preprint arXiv:1805.08273, 2018.

[70] WANG Y, BLEI D M. The blessings of multiple causes[J]. Journal of the American Statistical Association, 2019, 114(528): 1574-1596.

[71] TIPPING M E, BISHOP C M. Probabilistic principal component analysis[J]. Journal of the Royal Statistical Society: Series B (Statistical Methodology), 1999, 61(3): 611-622.

[72]　CHENG L, GUO R, LIU H. Estimating Causal Effects of Multi-Aspect Online Reviews with Multi- Modal Proxies[C]//WSDM. [S.l. : s.n.], 2022.

[73]　D' AMOUR A, DING P, FELLER A, et al. Overlap in observational studies with high-dimensional covariates[J]. Journal of Econometrics, 2021, 221(2): 644-654.

[74]　GUO R, LI J, LIU H. Learning individual causal effects from networked observational data[C]// Proceedings of the 13th International Conference on Web Search and Data Mining. [S.l. : s.n.], 2020: 232-240.

[75]　HAMILTON W, YING Z, LESKOVEC J. Inductive representation learning on large graphs[C]// Advances in neural information processing systems. [S.l. : s.n.], 2017: 1024-1034.

[76]　KIPF T N, WELLING M. Semi-supervised classification with graph convolutional networks[C]// International Conference on Learning Representations. [S.l. : s.n.], 2017.

[77]　TCHETGEN TCHETGEN E J, YING A, CUI Y, et al. An introduction to proximal causal learning[J].ArXiv e-prints, 2020: arXiv-2009.

[78]　PEROZZI B, AL-RFOU R, SKIENA S. Deepwalk: Online learning of social representations[C]// Proceedings of the 20th ACM SIGKDD international conference on Knowledge discovery and data mining. [S.l. : s.n.], 2014: 701-710.

[79]　SHALIZI C R, THOMAS A C. Homophily and contagion are generically confounded in observational social network studies[J]. Sociological methods & research, 2011, 40(2): 211-239.

[80]　KRIZHEVSKY A, SUTSKEVER I, HINTON G E. Imagenet classification with deep convolutional neural networks[J]. Advances in neural information processing systems, 2012, 25: 1097-1105.

[81]　DEVLIN J, CHANG M W, LEE K, et al. BERT: Pre-training of Deep Bidirectional Transformers for Language Understanding[C]//Proceedings of the 2019 Conference of the North American Chapter of the Association for Computational Linguistics: Human Language Technologies, Volume 1 (Long and Short Papers). [S.l. : s.n.], 2019: 4171-4186.

[82]　AMODEI D, ANANTHANARAYANAN S, ANUBHAI R, et al. Deep speech 2: End-to-end speech recognition in english and mandarin[C]//International conference on machine learning. [S.l. : s.n.], 2016: 173-182.

[83]　SCHÖLKOPF B, LOCATELLO F, BAUER S, et al. Toward causal representation learning[J]. Proceedings of the IEEE, 2021, 109(5): 612-634.

[84]　BROWN T B, MANN B, RYDER N, et al. Language models are few-shot learners[J]. ArXiv preprint arXiv:2005.14165, 2020.

[85] ARJOVSKY M, BOTTOU L, GULRAJANI I, et al. Invariant risk minimization[J]. ArXiv preprint arXiv:1907.02893, 2019.

[86] BEERY S, VAN HORN G, PERONA P. Recognition in terra incognita[C]//Proceedings of the European Conference on Computer Vision (ECCV). [S.l. : s.n.], 2018: 456-473.

[87] GEIRHOS R, JACOBSEN J, MICHAELIS C, et al. Shortcut learning in deep neural networks[J]. Nature Machine Intelligence, 2020, 2(11): 665-673.

[88] SONG Y, LI W, ZHANG L, et al. Novel human-object interaction detection via adversarial domain generalization[J]. ArXiv preprint arXiv:2005.11406, 2020.

[89] KAUSHIK D, LIPTON Z C. How Much Reading Does Reading Comprehension Require? A Critical Investigation of Popular Benchmarks[C]//Proceedings of the 2018 Conference on Empirical Methods in Natural Language Processing. [S.l. : s.n.], 2018: 5010-5015.

[90] BOWMAN S, ANGELI G, POTTS C, et al. A large annotated corpus for learning natural language infer- ence[C]//Proceedings of the 2015 Conference on Empirical Methods in Natural Language Processing. [S.l. : s.n.], 2015: 632-642.

[91] GURURANGAN S, SWAYAMDIPTA S, LEVY O, et al. Annotation Artifacts in Natural Language Inference Data[C]//Proceedings of the 2018 Conference of the North American Chapter of the Association for Computational Linguistics: Human Language Technologies, Volume 2 (Short Papers). [S.l.: s.n.], 2018: 107-112.

[92] POLIAK A, NARADOWSKY J, HALDAR A, et al. Hypothesis Only Baselines in Natural Language Inference[C]//Proceedings of the Seventh Joint Conference on Lexical and Computational Semantics. [S.l. : s.n.], 2018: 180-191.

[93] KAUSHIK D, HOVY E, LIPTON Z. Learning The Difference That Makes A Difference With Counterfactually-Augmented Data[C]//International Conference on Learning Representations. [S.l. : s.n.], 2019.

[94] MAAS A, DALY R E, PHAM P T, et al. Learning word vectors for sentiment analysis[C]// Proceedings of the 49th annual meeting of the association for computational linguistics: Human language technolo- gies. [S.l. : s.n.], 2011: 142-150.

[95] KAUSHIK D, SETLUR A, HOVY E H, et al. Explaining the Efficacy of Counterfactually Augmented Data[C]//International Conference on Learning Representations. [S.l. : s.n.], 2020.

[96] DEYOUNG J, JAIN S, RAJANI N F, et al. ERASER: A Benchmark to Evaluate Rationalized NLP Models[C]//Proceedings of the 58th Annual Meeting of the Association for Computational Linguistics. [S.l. : s.n.], 2020: 4443-4458.

[97] WRIGHT S. The method of path coefficients[J]. The annals of mathematical statistics, 1934, 5(3): 161-215.

[98]　TENEY D, ABBASNEDJAD E, van den HENGEL A. Learning what makes a difference from counter-factual examples and gradient supervision[C]//Computer Vision–ECCV 2020: 16th European Conference, Glasgow, UK, August 23–28, 2020, Proceedings, Part X 16. [S.l. : s.n.], 2020: 580-599.

[99]　SRIVASTAVA M, HASHIMOTO T, LIANG P. Robustness to spurious correlations via human annota- tions[C]//International Conference on Machine Learning. [S.l. : s.n.], 2020: 9109-9119.

[100]　WANG Z, CULOTTA A. Identifying spurious correlations for robust text classification[C]// Proceedings of the 2020 Conference on Empirical Methods in Natural Language Processing: Findings. [S.l. : s.n.], 2020: 3431-3440.

[101]　WULCZYN E, THAIN N, DIXON L. Ex machina: Personal attacks seen at scale[C]// Proceedings of the 26th international conference on world wide web. [S.l. : s.n.], 2017: 1391-1399.

[102]　RADFAR B, SHIVARAM K, CULOTTA A. Characterizing variation in toxic language by social context[C]//Proceedings of the International AAAI Conference on Web and Social Media: vol. 14. [S.l. : s.n.], 2020: 959-963.

[103]　IMBENS G W. Nonparametric estimation of average treatment effects under exogeneity: A review[J]. Review of Economics and statistics, 2004, 86(1): 4-29.

[104]　WANG Z, CULOTTA A. Robustness to Spurious Correlations in Text Classification via Automatically Generated Counterfactuals[C]//Proceedings of the AAAI Conference on Artificial Intelligence: vol. 35: 16. [S.l. : s.n.], 2021: 14024-14031.

[105]　PANG B, LEE L. Seeing stars: exploiting class relationships for sentiment categorization with respect to rating scales[C]//Proceedings of the 43rd Annual Meeting on Association for Computational Linguistics. [S.l. : s.n.], 2005: 115-124.

[106]　HE R, MCAULEY J. Ups and downs: Modeling the visual evolution of fashion trends with one-class collaborative filtering[C]//Proceedings of the 25th international conference on world wide web. [S.l. : s.n.], 2016: 507-517.

[107]　KARRAS T, LAINE S, AITTALA M, et al. Analyzing and improving the image quality of stylegan[C]// Proceedings of the IEEE/CVF Conference on Computer Vision and Pattern Recognition. [S.l. : s.n.], 2020: 8110-8119.

[108]　LIU Q, KUSNER M, BLUNSOM P. Counterfactual Data Augmentation for Neural Machine Translation[C]//Proceedings of the 2021 Conference of the North American Chapter of the Association for Computational Linguistics: Human Language Technologies. [S.l. : s.n.], 2021: 187-197.

[109] ZOPH B, YURET D, MAY J, et al. Transfer Learning for Low-Resource Neural Machine Translation[C]//Proceedings of the 2016 Conference on Empirical Methods in Natural Language Processing. [S.l. : s.n.], 2016: 1568-1575.

[110] SAKAGUCHI K, DUH K, POST M, et al. Robsut wrod reocginiton via semi-character recurrent neural network[C]//Thirty-first AAAI conference on artificial intelligence. [S.l. : s.n.], 2017.

[111] MICHEL P, NEUBIG G. MTNT: A Testbed for Machine Translation of Noisy Text[C]// Proceedings of the 2018 Conference on Empirical Methods in Natural Language Processing. [S.l. : s.n.], 2018: 543-553.

[112] CHEN T, KORNBLITH S, NOROUZI M, et al. A simple framework for contrastive learning of visual representations[C]//International conference on machine learning. [S.l. : s.n.], 2020: 1597-1607.

[113] DYER C, CHAHUNEAU V, SMITH N A. A simple, fast, and effective reparameterization of ibm model 2[C]//Proceedings of the 2013 Conference of the North American Chapter of the Association for Computational Linguistics: Human Language Technologies. [S.l. : s.n.], 2013: 644-648.

[114] NEUBIG G, WATANABE T, SUMITA E, et al. An unsupervised model for joint phrase alignment and extraction[C]//Proceedings of the 49th Annual Meeting of the Association for Computational Linguistics: Human Language Technologies. [S.l. : s.n.], 2011: 632-641.

[115] RAFFEL C, SHAZEER N, ROBERTS A, et al. Exploring the Limits of Transfer Learning with a Unified Text-to-Text Transformer[J]. Journal of Machine Learning Research, 2020, 21: 1-67.

[116] CONNEAU A, LAMPLE G. Cross-lingual language model pretraining[J]. Advances in Neural Information Processing Systems, 2019, 32: 7059-7069.

[117] POST M. A Call for Clarity in Reporting BLEU Scores[C]//Proceedings of the Third Conference on Machine Translation: Research Papers. [S.l. : s.n.], 2018: 186-191.

[118] PETERS J, BÜHLMANN P, MEINSHAUSEN N. Causal inference by using invariant prediction: identification and confidence intervals[J]. Journal of the Royal Statistical Society. Series B (Statistical Methodology), 2016: 947-1012.

[119] PETERS J, JANZING D, SCHÖLKOPF B. Elements of causal inference: foundations and learning algorithms[M]. [S.l.]: The MIT Press, 2017.

[120] SCHÖLKOPF B, JANZING D, PETERS J, et al. On causal and anticausal learning[J]. ArXiv preprint arXiv:1206.6471, 2012.

[121] SCHÖLKOPF B, HOGG D W, WANG D, et al. Modeling confounding by half-sibling regression[J].Proceedings of the National Academy of Sciences, 2016, 113(27): 7391-7398.

[122]　ZHANG K, SCHÖLKOPF B, MUANDET K, et al. Domain adaptation under target and conditional shift[C]//International Conference on Machine Learning. [S.l. : s.n.], 2013: 819-827.

[123]　WALD Y, FEDER A, GREENFELD D, et al. On Calibration and Out-of-domain Generalization[J].ArXiv preprint arXiv:2102.10395, 2021.

[124]　AHUJA K, WANG J, DHURANDHAR A, et al. Empirical or Invariant Risk Minimization? A Sample Complexity Perspective[J]. ArXiv preprint arXiv:2010.16412, 2020.

[125]　LECUN Y, BOTTOU L, BENGIO Y, et al. Gradient-based learning applied to document recognition[J]. Proceedings of the IEEE, 1998, 86(11): 2278-2324.

[126]　LEI T, BARZILAY R, JAAKKOLA T. Rationalizing neural predictions[J]. ArXiv preprint arXiv:1606.04155, 2016.

[127]　CHANG S, ZHANG Y, YU M, et al. Invariant rationalization[C]//International Conference on Machine Learning. [S.l. : s.n.], 2020: 1448-1458.

[128]　HJELM R D, FEDOROV A, LAVOIE-MARCHILDON S, et al. Learning deep representations by mutual information estimation and maximization[C]//International Conference on Learning Representations. [S.l. : s.n.], 2018.

[129]　PONTIKI M, GALANIS D, PAPAGEORGIOU H, et al. Semeval-2016 task 5: Aspect based sentiment analysis[C]//International workshop on semantic evaluation. [S.l. : s.n.], 2016: 19-30.

[130]　SHANNON C E. A mathematical theory of communication[J]. The Bell system technical journal, 1948, 27(3): 379-423.

[131]　MCAULEY J, LESKOVEC J, JURAFSKY D. Learning attitudes and attributes from multi-aspect reviews[C]//2012 IEEE 12th International Conference on Data Mining. [S.l. : s.n.], 2012: 1020-1025.

[132]　CHOE Y J, HAM J, PARK K. An empirical study of invariant risk minimization[J]. ArXiv preprint arXiv:2004.05007, 2020.

[133]　GUO R, ZHANG P, LIU H, et al. Out-of-distribution prediction with invariant risk minimization: The limitation and an effective fix[J]. ArXiv preprint arXiv:2101.07732, 2021.

[134]　YU M, CHANG S, ZHANG Y, et al. Rethinking Cooperative Rationalization: Introspective Extraction and Complement Control[C]//Proceedings of the 2019 Conference on Empirical Methods in Natural Language Processing and the 9th International Joint Conference on Natural Language Processing (EMNLP- CNLP). [S.l. : s.n.], 2019: 4094-4103.

[135] ALEMZADEH H, RAMAN J, LEVESON N, et al. Adverse events in robotic surgery: a retrospective study of 14 years of FDA data[J]. PloS one, 2016, 11(4): e0151470.

[136] ZHONG H, XIAO C, TU C, et al. How Does NLP Benefit Legal System: A Summary of Legal Artificial Intelligence[C]//Proceedings of the 58th Annual Meeting of the Association for Computational Linguistics. [S.l. : s.n.], 2020: 5218-5230.

[137] CHENG L, VARSHNEY K R, LIU H. Socially responsible AI algorithms: issues, purposes, and challenges[J]. Journal of Artificial Intelligence Research, 2021, 71: 1137-1181.

[138] CHENG L, MOSALLANEZHAD A, SHETH P, et al. Causal Learning for Socially Responsible AI[J].ArXiv preprint arXiv:2104.12278, 2021.

[139] MEHRABI N, MORSTATTER F, SAXENA N, et al. A survey on bias and fairness in machine learning[J]. ArXiv preprint arXiv:1908.09635, 2019.

[140] CARUANA R, LOU Y, GEHRKE J, et al. Intelligible models for healthcare: Predicting pneumonia risk and hospital 30-day readmission[C]//Proceedings of the 21th ACM SIGKDD international conference on knowledge discovery and data mining. [S.l. : s.n.], 2015: 1721-1730.

[141] ROBNIK-IKONJA M, BOHANEC M. Perturbation-based explanations of prediction models[G]// Human and machine learning. [S.l.]: Springer, 2018: 159-175.

[142] MOLNAR C. Interpretable machine learning[M]. [S.l.]: Lulu. com, 2020.

[143] 紀守領, 李進鋒, 杜天宇, 等. 機器學習模型可解釋性方法, 應用與安全研究整體說明[J]. 電腦研究與發展, 2019, 56(10): 2071.

[144] RIBEIRO M T, SINGH S, GUESTRIN C. " Why should i trust you?" Explaining the predictions of any classifier[C]//Proceedings of the 22nd ACM SIGKDD international conference on knowledge discovery and data mining. [S.l. : s.n.], 2016: 1135-1144.

[145] SIMONYAN K, VEDALDI A, ZISSERMAN A. Deep inside convolutional networks: Visualising image classification models and saliency maps[J]. ArXiv preprint arXiv:1312.6034, 2013.

[146] SU J, VARGAS D V, SAKURAI K. One pixel attack for fooling deep neural networks[J]. IEEE Transactions on Evolutionary Computation, 2019, 23(5): 828-841.

[147] ILYAS A, SANTURKAR S, TSIPRAS D, et al. Adversarial examples are not bugs, they are features[J].ArXiv preprint arXiv:1905.02175, 2019.

[148] KIM B, KOYEJO O, KHANNA R, et al. Examples are not enough, learn to criticize! Criticism for Interpretability.[C]//NIPS. [S.l. : s.n.], 2016: 2280-2288.

[149] KOH P W, LIANG P. Understanding black-box predictions via influence functions[C]//International Conference on Machine Learning. [S.l. : s.n.], 2017: 1885-1894.

[150] DENG J, DONG W, SOCHER R, et al. Imagenet: A large-scale hierarchical image database[C]//2009 IEEE conference on computer vision and pattern recognition. [S.l. : s.n.], 2009: 248-255.

[151] PEARL J, MACKENZIE D. The book of why: the new science of cause and effect[M]. [S.l.]: Basic books, 2018.

[152] CHATTOPADHYAY A, MANUPRIYA P, SARKAR A, et al. Neural network attributions: A causal perspective[C]//International Conference on Machine Learning. [S.l. : s.n.], 2019: 981-990.

[153] VIG J, GEHRMANN S, BELINKOV Y, et al. Causal mediation analysis for interpreting neural nlp: The case of gender bias[J]. ArXiv preprint arXiv:2004.12265, 2020.

[154] SUNDARARAJAN M, TALY A, YAN Q. Axiomatic attribution for deep networks[C]// International Conference on Machine Learning. [S.l. : s.n.], 2017: 3319-3328.

[155] RADFORD A, WU J, CHILD R, et al. Language models are unsupervised multitask learners[J]. OpenAI blog, 2019, 1(8): 9.

[156] SANH V, DEBUT L, CHAUMOND J, et al. DistilBERT, a distilled version of BERT: smaller, faster, cheaper and lighter[J]. ArXiv preprint arXiv:1910.01108, 2019.

[157] YANG Z, DAI Z, YANG Y, et al. Xlnet: Generalized autoregressive pretraining for language understanding[J]. Advances in neural information processing systems, 2019, 32.

[158] DAI Z, YANG Z, YANG Y, et al. Transformer-XL: Attentive Language Models beyond a Fixed-Length Context[C]//Proceedings of the 57th Annual Meeting of the Association for Computational Linguistics. [S.l. : s.n.], 2019: 2978-2988.

[159] LIU Y, OTT M, GOYAL N, et al. Roberta: A robustly optimized bert pretraining approach[J]. ArXiv preprint arXiv:1907.11692, 2019.

[160] LU K, MARDZIEL P, WU F, et al. Gender bias in neural natural language processing[G]// Logic, Language, and Security. [S.l.]: Springer, 2020: 189-202.

[161] ZHAO J, WANG T, YATSKAR M, et al. Gender Bias in Coreference Resolution: Evaluation and Debiasing Methods[C]//Proceedings of the 2018 Conference of the North American Chapter of the Association for Computational Linguistics: Human Language Technologies, Volume 2 (Short Papers). [S.l. : s.n.], 2018: 15-20.

[162] RUDINGER R, NARADOWSKY J, LEONARD B, et al. Gender Bias in Coreference Resolution[C]// Proceedings of the 2018 Conference of the North American Chapter of the Association for Computational Linguistics: Human Language Technologies, Volume 2 (Short Papers). [S.l. : s.n.], 2018: 8-14.

[163] FEDER A, OVED N, SHALIT U, et al. Causalm: Causal model explanation through counterfactual language models[J]. Computational Linguistics, 2021, 47(2): 333-386.

[164] HARRADON M, DRUCE J, RUTTENBERG B. Causal learning and explanation of deep neural net- works via autoencoded activations[J]. ArXiv preprint arXiv:1802.00541, 2018.

[165] ZHAO Q, HASTIE T. Causal interpretations of black-box models[J]. Journal of Business & Economic Statistics, 2021, 39(1): 272-281.

[166] BAU D, ZHU J Y, STROBELT H, et al. Gan dissection: Visualizing and understanding generative adversarial networks[J]. ArXiv preprint arXiv:1811.10597, 2018.

[167] WACHTER S, MITTELSTADT B, RUSSELL C. Counterfactual explanations without opening the black box: Automated decisions and the GDPR[J]. Harv. JL & Tech., 2017, 31: 841.

[168] DANDL S, MOLNAR C, BINDER M, et al. Multi-objective counterfactual explanations[C]// International Conference on Parallel Problem Solving from Nature. [S.l. : s.n.], 2020: 448-469.

[169] DEB K, PRATAP A, AGARWAL S, et al. A fast and elitist multiobjective genetic algorithm: NSGA-II[J].IEEE transactions on evolutionary computation, 2002, 6(2): 182-197.

[170] SELVARAJU R R, COGSWELL M, DAS A, et al. Grad-cam: Visual explanations from deep networks via gradient-based localization[C]//Proceedings of the IEEE international conference on computer vision. [S.l. : s.n.], 2017: 618-626.

[171] DOSHI-VELEZ F, KIM B. Towards a rigorous science of interpretable machine learning[J]. ArXiv preprint arXiv:1702.08608, 2017.

[172] MORAFFAH R, KARAMI M, GUO R, et al. Causal interpretability for machine learning-problems, methods and evaluation[J]. ACM SIGKDD Explorations Newsletter, 2020, 22(1): 18-33.

[173] VAN LOOVEREN A, KLAISE J. Interpretable counterfactual explanations guided by prototypes[J]. ArXiv preprint arXiv:1907.02584, 2019.

[174] GRATH R M, COSTABELLO L, VAN C L, et al. Interpretable credit application predictions with counterfactual explanations[J]. ArXiv preprint arXiv:1811.05245, 2018.

[175] MOTHILAL R K, SHARMA A, TAN C. Explaining machine learning classifiers through diverse counterfactual explanations[C]//Proceedings of the 2020 Conference on Fairness, Accountability, and Transparency. [S.l. : s.n.], 2020: 607-617.

[176] DATTA A, TSCHANTZ M C, DATTA A. Automated experiments on ad privacy settings: A tale of opacity, choice, and discrimination[J]. ArXiv preprint arXiv:1408.6491, 2014.

[177]　KUSNER M J, LOFTUS J R, RUSSELL C, et al. Counterfactual fairness[J]. ArXiv preprint arXiv:1703.06856, 2017.

[178]　BARTLETT R, MORSE A, STANTON R, et al. Consumer-lending discrimination in the FinTech era[J].Journal of Financial Economics, 2021.

[179]　KIM S, RAZI A, STRINGHINI G, et al. You Don't Know How I Feel: Insider-Outsider Perspective Gaps in Cyberbullying Risk Detection[C]//Proceedings of the International AAAI Conference on Web and Social Media: vol. 15. [S.l. : s.n.], 2021: 290-302.

[180]　BOLUKBASI T, CHANG K W, ZOU J, et al. Man is to computer programmer as woman is to homemaker? debiasing word embeddings[J]. ArXiv preprint arXiv: 1607. 06520, 2016.

[181]　劉文炎, 沈楚雲, 王祥豐, 等. 可信機器學習的公平性整體說明 [J]. 軟體學報, 2021, 32(5): 1404-1426.

[182]　DWORK C, HARDT M, PITASSI T, et al. Fairness through awareness[C]//Proceedings of the 3rdinnovations in theoretical computer science conference. [S.l. : s.n.], 2012: 214-226.

[183]　FRIEDLER S A, SCHEIDEGGER C, VENKATASUBRAMANIAN S, et al. A comparative study of fairness-enhancing interventions in machine learning[C]// Proceedings of the conference on fairness, accountability, and transparency. [S.l. : s.n.], 2019: 329-338.

[184]　HARDT M, PRICE E, SREBRO N. Equality of opportunity in supervised learning[J]. ArXiv preprint arXiv:1610.02413, 2016.

[185]　CHOULDECHOVA A. Fair prediction with disparate impact: A study of bias in recidivism prediction instruments[J]. Big data, 2017, 5(2): 153-163.

[186]　BICKEL P J, HAMMEL E A, O'CONNELL J W. Sex bias in graduate admissions: Data from Berkeley[J]. Science, 1975, 187(4175): 398-404.

[187]　KILBERTUS N, ROJAS-CARULLA M, PARASCANDOLO G, et al. Avoiding discrimination through causal reasoning[J]. ArXiv preprint arXiv:1706.02744, 2017.

[188]　KHADEMI A, LEE S, FOLEY D, et al. Fairness in algorithmic decision making: An excursion through the lens of causality[C]//The World Wide Web Conference. [S.l. : s.n.], 2019: 2907-2914.

[189]　PEARL J. Direct and indirect effects[J]. ArXiv preprint arXiv:1301.2300, 2013.

[190]　NABI R, SHPITSER I. Fair inference on outcomes[C]//Proceedings of the AAAI Conference on Artificial Intelligence: vol. 32: 1. [S.l. : s.n.], 2018.

[191]　LOFTUS J R, RUSSELL C, KUSNER M J, et al. Causal reasoning for algorithmic fairness[J]. ArXiv preprint arXiv:1805.05859, 2018.

[192] CHIAPPA S. Path-specific counterfactual fairness[C]//Proceedings of the AAAI Conference on Arti- ficial Intelligence: vol. 33: 01. [S.l. : s.n.], 2019: 7801-7808.

[193] MAKHLOUF K, ZHIOUA S, PALAMIDESSI C. Survey on Causal-based Machine Learning Fairness Notions[J]. ArXiv preprint arXiv:2010.09553, 2020.

[194] XU D, WU Y, YUAN S, et al. Achieving causal fairness through generative adversarial networks[C]// Proceedings of the Twenty-Eighth International Joint Conference on Artificial Intelligence. [S.l. : s.n.], 2019.

[195] KOCAOGLU M, SNYDER C, DIMAKIS A G, et al. CausalGAN: Learning Causal Implicit Generative Models with Adversarial Training[C]//International Conference on Learning Representations. [S.l. : s.n.], 2018.

[196] JIANG R, PACCHIANO A, STEPLETON T, et al. Wasserstein fair classification[C]// Uncertainty in Artificial Intelligence. [S.l. : s.n.], 2020: 862-872.

[197] WU Y, ZHANG L, WU X, et al. Pc-fairness: A unified framework for measuring causality-based fairness[J]. ArXiv preprint arXiv:1910.12586, 2019.

[198] WU Y, ZHANG L, WU X. Counterfactual fairness: Unidentification, bound and algorithm[C]// Proceedings of the Twenty-Eighth International Joint Conference on Artificial Intelligence. [S.l. : s.n.], 2019.

[199] SHPITSER I, PEARL J. Complete identification methods for the causal hierarchy[J]. Journal of Machine Learning Research, 2008, 9: 1941-1979.

[200] CHRISTIAN B. The Alignment Problem: Machine Learning and Human Values[M]. [S.l.]: WW Norton& Company, 2020.

[201] SHOKRI R, SHMATIKOV V. Privacy-preserving deep learning[C]//Proceedings of the 22nd ACM SIGSAC conference on computer and communications security. [S.l. : s.n.], 2015: 1310-1321.

[202] LIU L T, DEAN S, ROLF E, et al. Delayed impact of fair machine learning[C]// International Conference on Machine Learning. [S.l. : s.n.], 2018: 3150-3158.

[203] DE CHOUDHURY M, KICIMAN E. The language of social support in social media and its effect on suicidal ideation risk[C]//Proceedings of the International AAAI Conference on Web and Social Media: vol. 11: 1. [S.l. : s.n.], 2017.

[204] CHENG L, GUO R, SHU K, et al. Causal Understanding of Fake News Dissemination on Social Media[C]//KDD. [S.l. : s.n.], 2021.

[205] CHEN H, HARINEN T, LEE J Y, et al. CausalML: Python Package for Causal Machine Learning[Z]. 2020. arXiv: 2002.11631 [cs.CY].

[206] SHARMA A, KICIMAN E. DoWhy: An end-to-end library for causal inference[J]. ArXiv preprint arXiv:2011.04216, 2020.

[207] RAMSEY J D, ZHANG K, GLYMOUR M, et al. TETRAD—A toolbox for causal discovery[C]//8th International Workshop on Climate Informatics. [S.l. : s.n.], 2018.

[208] KOREN Y, BELL R. Advances in collaborative filtering[J]. Recommender systems handbook, 2015: 77-118.

[209] SU X, KHOSHGOFTAAR T M. A survey of collaborative filtering techniques[J]. Advances in artificial intelligence, 2009, 2009.

[210] RENDLE S, FREUDENTHALER C, GANTNER Z, et al. BPR: Bayesian personalized ranking from implicit feedback[C]//Proceedings of the Twenty-Fifth Conference on Uncertainty in Artificial Intelligence. [S.l. : s.n.], 2009: 452-461.

[211] RESNICK P, IACOVOU N, SUCHAK M, et al. Grouplens: An open architecture for collaborative filtering of netnews[C]//Proceedings of the 1994 ACM conference on Computer supported cooperative work. [S.l. : s.n.], 1994: 175-186.

[212] KONSTAN J A, MILLER B N, MALTZ D, et al. Grouplens: Applying collaborative filtering to usenet news[J]. Communications of the ACM, 1997, 40(3): 77-87.

[213] JANNACH D, ZANKER M, FELFERNIG A, et al. Recommender systems: an introduction[M]. [S.l.]: Cambridge University Press, 2010.

[214] RICCI F, ROKACH L, SHAPIRA B. Introduction to recommender systems handbook[G]// Recommender systems handbook. [S.l.]: Springer, 2011: 1-35.

[215] KOREN Y, BELL R, VOLINSKY C. Matrix factorization techniques for recommender systems[J].Computer, 2009, 42(8): 30-37.

[216] HE X, LIAO L, ZHANG H, et al. Neural collaborative filtering[C]//Proceedings of the 26th international conference on world wide web. [S.l. : s.n.], 2017: 173-182.

[217] RENDLE S, KRICHENE W, ZHANG L, et al. Neural collaborative filtering vs. matrix factorization revisited[C]//Fourteenth ACM Conference on Recommender Systems. [S.l. : s.n.], 2020: 240-248.

[218] RENDLE S. Factorization machines[C]//2010 IEEE International conference on data mining. [S.l. : s.n.], 2010: 995-1000.

[219] CHEN J, DONG H, WANG X, et al. Bias and debias in recommender system: A survey and future directions[J]. ArXiv preprint arXiv:2010.03240, 2020.

[220] HECKMAN J. Varieties of selection bias[J]. The American Economic Review, 1990, 80(2): 313-318.

[221] MARLIN B M, ZEMEL R S, ROWEIS S, et al. Collaborative filtering and the missing at random assumption[C]//Proceedings of the Twenty-Third Conference on Uncertainty in Artificial Intelligence. [S.l. : s.n.], 2007: 267-275.

[222] BAREINBOIM E, TIAN J, PEARL J. Recovering from selection bias in causal and statistical inference[C]//Twenty-Eighth AAAI Conference on Artificial Intelligence. [S.l. : s.n.], 2014.

[223] SCHNABEL T, SWAMINATHAN A, SINGH A, et al. Recommendations as treatments: Debiasing learning and evaluation[C]//International conference on machine learning. [S.l. : s.n.], 2016: 1670- 1679.

[224] WANG Y, LIANG D, CHARLIN L, et al. Causal inference for recommender systems[C]// Fourteenth ACM Conference on Recommender Systems. [S.l. : s.n.], 2020: 426-431.

[225] LIANG D, CHARLIN L, BLEI D M. Causal inference for recommendation[C]//Causation: Foundation to Application, Workshop at UAI. AUAI. [S.l. : s.n.], 2016.

[226] ROSENBAUM P R, RUBIN D B. Reducing bias in observational studies using subclassification on the propensity score[J]. Journal of the American statistical Association, 1984, 79(387): 516-524.

[227] LI Q, WANG X, XU G. Be Causal: De-biasing Social Network Confounding in Recommendation[J].ArXiv preprint arXiv:2105.07775, 2021.

[228] ZAFARANI R, ABBASI M A, LIU H. Social media mining: an introduction[M]. [S.l.]: Cambridge University Press, 2014.

[229] SHAKARIAN P, BHATNAGAR A, ALEALI A, et al. Diffusion in social networks[M]. [S.l.]: Springer.

[230] LITTLE R J, RUBIN D B. Statistical analysis with missing data[M]. [S.l.]: John Wiley & Sons, 2019.

[231] IMBENS G W, RUBIN D B. Causal inference in statistics, social, and biomedical sciences[M]. [S.l.]: Cambridge University Press, 2015.

[232] SWAMINATHAN A, JOACHIMS T. The self-normalized estimator for counterfactual learning[J].Advances in neural information processing systems, 2015, 28.

[233] HESTERBERG T. Weighted average importance sampling and defensive mixture distributions[J]. Technometrics, 1995, 37(2): 185-194.

[234] HARPER F M, KONSTAN J A. The movielens datasets: History and context[J]. Acm transactions on interactive intelligent systems (tiis), 2015, 5(4): 1-19.

[235] HIRANO K, IMBENS G W, RIDDER G. Efficient estimation of average treatment effects using the estimated propensity score[J]. Econometrica, 2003, 71(4): 1161-1189.

[236] LIU D, CHENG P, DONG Z, et al. A general knowledge distillation framework for counterfactual recommendation via uniform data[C]//Proceedings of the 43rd International ACM SIGIR Conference on Research and Development in Information Retrieval. [S.l. : s.n.], 2020: 831-840.

[237] TANG J, HU X, LIU H. Social recommendation: a review[J]. Social Network Analysis and Mining, 2013, 3(4): 1113-1133.

[238] YANG L, CUI Y, XUAN Y, et al. Unbiased offline recommender evaluation for missing-not-at-random implicit feedback[C]//Proceedings of the 12th ACM Conference on Recommender Systems. [S.l. : s.n.], 2018: 279-287.

[239] WANG H, WANG N, YEUNG D Y. Collaborative deep learning for recommender systems[C]// Proceedings of the 21th ACM SIGKDD international conference on knowledge discovery and data mining. [S.l. : s.n.], 2015: 1235-1244.

[240] HE R, MCAULEY J. VBPR: visual bayesian personalized ranking from implicit feedback[C]// Proceedings of the AAAI Conference on Artificial Intelligence: vol. 30: 1. [S.l. : s.n.], 2016.

[241] SAITO Y, YAGINUMA S, NISHINO Y, et al. Unbiased recommender learning from missing-not-at-random implicit feedback[C]//Proceedings of the 13th International Conference on Web Search and Data Mining. [S.l. : s.n.], 2020: 501-509.

[242] LIU T Y. Learning to rank for information retrieval[J]., 2011.

[243] CRASWELL N, ZOETER O, TAYLOR M, et al. An experimental comparison of click position-bias models[C]//WSDM. [S.l. : s.n.], 2008: 87-94.

[244] JÄRVELIN K, KEKÄLÄINEN J. IR evaluation methods for retrieving highly relevant documents[C]// ACM SIGIR Forum: vol. 51: 2. [S.l. : s.n.], 2017: 243-250.

[245] LI P, WU Q, BURGES C. Mcrank: Learning to rank using multiple classification and gradient boost-ing[J]. Advances in neural information processing systems, 2007, 20: 897-904.

[246] WU L, HU D, HONG L, et al. Turning clicks into purchases: Revenue optimization for product search in e-commerce[C]//The 41st International ACM SIGIR Conference on Research & Development in Information Retrieval. [S.l. : s.n.], 2018: 365-374.

[247] BURGES C, SHAKED T, RENSHAW E, et al. Learning to rank using gradient descent[C]//Proceedings of the 22nd international conference on Machine learning. [S.l. : s.n.], 2005: 89-96.

[248] JOACHIMS T. Optimizing search engines using clickthrough data[C]//Proceedings of the eighth ACM SIGKDD international conference on Knowledge discovery and data mining. [S.l. : s.n.], 2002: 133-142.

[249] WU Q, BURGES C J, SVORE K M, et al. Adapting boosting for information retrieval measures[J]. Information Retrieval, 2010, 13(3): 254-270.

[250] FREUND Y, IYER R, SCHAPIRE R E, et al. An efficient boosting algorithm for combining preferences[J]. Journal of machine learning research, 2003, 4(Nov): 933-969.

[251] AI Q, BI K, GUO J, et al. Learning a deep listwise context model for ranking refinement[C]//The 41st International ACM SIGIR Conference on Research & Development in Information Retrieval. [S.l.: s.n.], 2018: 135-144.

[252] JOACHIMS T, SWAMINATHAN A, SCHNABEL T. Unbiased learning-to-rank with biased feedback[C]//Proceedings of the Tenth ACM International Conference on Web Search and Data Mining. [S.l. : s.n.], 2017: 781-789.

[253] WANG X, GOLBANDI N, BENDERSKY M, et al. Position bias estimation for unbiased learning to rank in personal search[C]//WSDM. [S.l. : s.n.], 2018: 610-618.

[254] AI Q, BI K, LUO C, et al. Unbiased Learning to Rank with Unbiased Propensity Estimation[C]//The 41st International ACM SIGIR Conference on Research & Development in Information Retrieval. [S.l.: s.n.], 2018: 385-394.

[255] HU Z, WANG Y, PENG Q, et al. Unbiased LambdaMART: An Unbiased Pairwise Learning-to-Rank Algorithm[C]//The World Wide Web Conference. [S.l. : s.n.], 2019: 2830-2836.

[256] GUO R, ZHAO X, HENDERSON A, et al. Debiasing grid-based product search in e-commerce[C]// Proceedings of the 26th ACM SIGKDD International Conference on Knowledge Discovery & Data Mining. [S.l. : s.n.], 2020: 2852-2860.

[257] OVAISI Z, AHSAN R, ZHANG Y, et al. Correcting for selection bias in learning-to-rank systems[C]// Proceedings of The Web Conference 2020. [S.l. : s.n.], 2020: 1863-1873.

[258] WANG X, BENDERSKY M, METZLER D, et al. Learning to rank with selection bias in personal search[C]//Proceedings of the 39th International ACM SIGIR conference on Research and Development in Information Retrieval. [S.l. : s.n.], 2016: 115-124.

[259] JOACHIMS T, GRANKA L, PAN B, et al. Evaluating the accuracy of implicit feedback from clicks and query reformulations in web search[J]. ACM Transactions on Information Systems (TOIS), 2007, 25(2): 7-es.

[260] CHAPELLE O, CHANG Y. Yahoo! learning to rank challenge overview[C]//Proceedings of the learning to rank challenge. [S.l. : s.n.], 2011: 1-24.

[261] JOACHIMS T, GRANKA L, PAN B, et al. Accurately interpreting clickthrough data as implicit feed- back[C]//ACM SIGIR Forum: vol. 51: 1. [S.l. : s.n.], 2017: 4-11.

[262] SPIRTES P, GLYMOUR C N, SCHEINES R, et al. Causation, prediction, and search[M]. [S.l. : s.n.], 2000.

[263] MA J, GUO R, WAN M, et al. Learning Fair Node Representations with Graph Counterfactual Fairness[J]. ArXiv preprint arXiv:2201.03662, 2022.

[264] ZHANG K, GONG M, STOJANOV P, et al. Domain adaptation as a problem of inference on graphical models[J]. Advances in Neural Information Processing Systems, 2020, 33: 4965-4976.

[265] LI Y, XIE H, LIN Y, et al. Unifying offline causal inference and online bandit learning for data driven decision[C]//Proceedings of the Web Conference 2021. [S.l. : s.n.], 2021: 2291-2303.

[266] ZHANG J, BAREINBOIM E. Transfer learning in multi-armed bandit: a causal approach[C]//Proceedings of the 16th Conference on Autonomous Agents and MultiAgent Systems. [S.l. : s.n.], 2017: 1778-1780.

[267] ZHAN R, HADAD V, HIRSHBERG D A, et al. Off-policy evaluation via adaptive weighting with data from contextual bandits[C]//Proceedings of the 27th ACM SIGKDD Conference on Knowledge Discovery & Data Mining. [S.l. : s.n.], 2021: 2125-2135.

[268] ZHANG A, LYLE C, SODHANI S, et al. Invariant causal prediction for block mdps[C]// International Conference on Machine Learning. [S.l. : s.n.], 2020: 11214-11224.

[269] HUANG B, FENG F, LU C, et al. AdaRL: What, Where, and How to Adapt in Transfer Reinforcement Learning[J]. ArXiv preprint arXiv:2107.02729, 2021.

[270] FEDER A, KEITH K A, MANZOOR E, et al. Causal inference in natural language processing: Estimation, prediction, interpretation and beyond[J]. ArXiv preprint arXiv:2109.00725, 2021.

MEMO

MEMO

MEMO

MEMO

Deepen Your Mind

Deepen Your Mind